クーパー
生物物理化学

生命現象への新しいアプローチ

原書第2版

Alan Cooper 著　有坂文雄 訳

化学同人

Biophysical Chemistry

2nd Edition

by

Alan Cooper
Department of Chemistry, University of Glasgow, UK

Copyright © A. Cooper 2011.

All rights reserved.

Japanese translation rights arranged with Royal Society of Chemistry, through Japan UNI Agency, Inc., Tokyo.

はじめに

　生物学は想像をはるかに上まわるスケールの"化学"である．生物は進化の産物であり，進化は無数のランダムな実験の結果であって，生物界の高度な複雑性を生み出したものであり，私たちはその生物界の一部である．哲学的な考察はさておき，私たちを含む生物はウェットな，やわらかい袋に詰められた"化学"であり，多様なかたちで相互作用する複雑な分子の混合物である．そして，これらすべての事象は主として水中で起こる．水はほとんどの化学者がその複雑さのゆえに避けようとしてきた溶媒である．しかし，私たちはこの複雑さから学ぶことができる．生物は進化の過程で，研究室での実験からはまったく想像もできない広範な実験を繰り返してきた．その結果生じた"化学"はそれ自体素晴しく魅力のあるものであり，知的な満足のみからもその研究は然るべきものである．またこれは他の化学の領域にも応用でき，生物医学や環境問題の領域にも用いることができる．

　本書は生体高分子の物理化学に関するもので，またそれをどうやって研究するかについて記してある．本書のアプローチはあくまでも実験に基づくもので，実際にそれは科学が成立する過程であり，いずれにせよ，化学のより成熟した分野で見いだされるような厳密な理論的理解はまだ手にしていない．そしてこのことこそ，この分野を興味深くしているのであり，この分野が理論科学者にも実験科学者にも魅力的なチャレンジを提供している理由なのである．

　本書は化学科または物理学科の学部初年度のレベルを念頭に書かれている．しかし，この学際領域のトピックはしばしば後まわしになるので，より高学年の学生の基礎としても役立つと思われる．生物科学の学生にも本書で採用した，より取っつきやすいアプローチは適切かもしれない．

　この第2版では，第1版に対する学生や同僚からの親切なコメントに応えていくつかの誤りを正し，最近の新しい情報と，タンパク質の結晶構造解析と回折法を含むイメージング法についての1章を付け加えた．

　わが家の家族や動物たちは第1版の出版後，かなり成長した．改訂作業中の無愛想な私に我慢してくれたことにお礼をいいたい．どうもありがとう．私はもう元どおりだ．また本書の原稿を査読し，誤りを指摘してくれた学生や同僚，とくにAdrian Lapthorn, Nicola Meenan, Brian O. Smith および Steven Vance の私

の専門外の部分への示唆に感謝したい．私は必ずしもそれらすべてに従ったわけではないので，誤りや不正確なところがあったとすれば私の責任である．

Alan Cooper
グラスゴーにて

訳者まえがき

　本書は Alan Cooper 著"Biophysical Chemistry"第2版の邦訳である．大学初年級の生命科学分野の化学，物理化学の講義の教科書として書かれているが，すでに実験を始めている後期の学生や，複雑な数理的扱いが不得手な応用分野の学生が物理化学を復習する際にも最適な参考書である．

　本書の特徴は，著者自身が序文で述べているように，生化学・分子生物学の研究に必要な物理化学を，実験の背後にある原理の理解を通して理解させようとするところにある．数式は必要最小限にとどめ，物理化学の内容を，本質を損なうことなしにできる限り定性的に正しく解説しようとする著者の意図が随所に見られる．章中や章末には適切な演習問題が配置されており，実際に数値を当てはめて計算を行うことによって，分子レベルの現象について感覚的に理解できるよう配慮されている．たとえば，吸光度の測定においては迷光の影響が問題で，分光光度計を用いる際に考慮しなくてはならないことだが，演習問題によってそれがどれだけ測定値に影響を与えるかが理解されるようになっており，本書の特徴がよく現れている．最近は物理化学の教科書も分厚いものが多くなっているが，本書はハンディーなページ数に抑えられているのも魅力的で，より深く理解したい場合には各章末に掲げられている教科書や文献を参照することができる．もう一つの特徴は，取り上げられている実験が伝統的な分光学的手法や流体力学的手法だけでなく，1990年以降に市販され，近年広範囲に用いられるようになってきた，等温滴定型カロリメトリー(ITC)，表面プラズモン共鳴法(SPR)，原子間力顕微鏡(AFM)，光ピンセット法(optical tweezers)などについても解説されていることである．

　章立ては第1章　生体分子，第2章　分光学，第3章　質量分析，第4章　流体力学，第5章　熱力学と相互作用，第6章　反応速度論，第7章　クロマトグラフィーと電気泳動，第8章　像の可視化—イメージング技術—，第9章　1分子，となっている．第8章のイメージングは第2版で加えられたもので，X線結晶構造解析，X線小角散乱，X線繊維回折，中性子回折，電子顕微鏡というタンパク質やタンパク質複合体の構造を可視化する方法についてまとめられている．多くの生物物理化学の教科書が，生体分子について概説したあとで，まず熱力学について述べているのに対して，本書では熱力学の解説が流体力学的測定法のあとにまわさ

れ，カロリメトリーとの関連で解説されていて，物理化学の最初で学生がつまずくことのないように配慮されている．

　以上述べたように，本書は，生命科学分野の学生のための物理化学の教科書として利用できるだけでなく，学部後期の学生や大学院生にも，種々の測定法の原理を数式を必要最低限に抑えて解説した参考書として利用されることが期待される．

2014 年 7 月

有 坂 文 雄

目　次

第1章　生体分子　　1
1.1　序　論 — 1
1.2　タンパク質とペプチド — 2
1.3　核　酸 — 7
1.4　多糖類 — 9
1.5　脂肪と脂質，界面活性剤 — 10
1.6　水 — 12
1.7　泡と界面活性剤，エマルジョン — 14
1.8　酸と塩基，緩衝液および高分子電解質 — 16
1.9　単位についての注意 — 19
章末問題　20

第2章　分光学　　23
2.1　電磁波とその相互作用 — 23
2.2　紫外/可視分光法 — 30
2.3　円偏光二色性 — 42
2.4　蛍　光 — 46
2.5　振動分光法 ― 赤外分光とラマン分光 ― — 57
2.6　NMRの概略 — 61
章末問題　67

第3章　質量分析　　71
3.1　序　論 — 71
3.2　イオン源 — 72
3.3　イオン化の方法 — 72
3.4　質量分析計 — 74
3.5　検　出 — 77

3.6 質量分析の応用 ―――――――――――――――――― 77
章末問題　81

第4章　流体力学　83

4.1 密度と分子容 ――――――――――――――――――― 83
4.2 超遠心分析 ―――――――――――――――――――― 88
4.3 沈降平衡法 ―――――――――――――――――――― 89
4.4 沈降速度法 ―――――――――――――――――――― 89
4.5 拡散とブラウン運動 ―――――――――――――――― 92
4.6 動的光散乱法 ――――――――――――――――――― 96
4.7 粘　度 ―――――――――――――――――――――― 96
章末問題　99

第5章　熱力学と相互作用　101

5.1 初学者のための分子熱力学入門 ―――――――――― 101
5.2 示差走査型カロリメトリー ―――――――――――― 106
5.3 等温滴定型カロリメトリー ―――――――――――― 109
5.4 結合平衡 ―――――――――――――――――――― 111
5.5 熱力学的な性質を決定する一般的な方法 ――――――― 112
5.6 熱シフトアッセイ ――――――――――――――――― 117
5.7 平衡透析 ―――――――――――――――――――― 118
5.8 タンパク質の溶解度と結晶化 ――――――――――― 120
章末問題　123

第6章　反応速度論　127

6.1 反応速度論の基礎 ――――――――――――――――― 127
6.2 高速反応の技術 ―――――――――――――――――― 131
6.3 緩和法 ――――――――――――――――――――― 134
6.4 水素交換 ―――――――――――――――――――― 136
6.5 表面プラズモン共鳴法 ―――――――――――――― 138
6.6 酵素の反応速度論 ――――――――――――――――― 140
章末問題　145

第7章　クロマトグラフィーと電気泳動　147

7.1 クロマトグラフィー ―――――――――――――――― 147
7.2 電気泳動 ―――――――――――――――――――― 152

章末問題　157

第8章　像の可視化 ─ イメージング技術 ─　　159

- 8.1　波と粒子　159
- 8.2　レンズありか？　レンズなしか？　─ 像の再構成 ─　161
- 8.3　X線回折とタンパク質結晶学　163
- 8.4　繊維回折と小角散乱　170
- 8.5　中性子回折と中性子散乱　171
- 8.6　電子顕微鏡　171

章末問題　174

第9章　1分子　　177

- 9.1　1本の針の先端に何個の分子を乗せられるか？　177
- 9.2　熱力学的ゆらぎとエルゴード仮説　179
- 9.3　原子間力顕微鏡　181
- 9.4　光ピンセット　184
- 9.5　1分子蛍光　185

章末問題　187

章末問題の解答　189
索　引　199

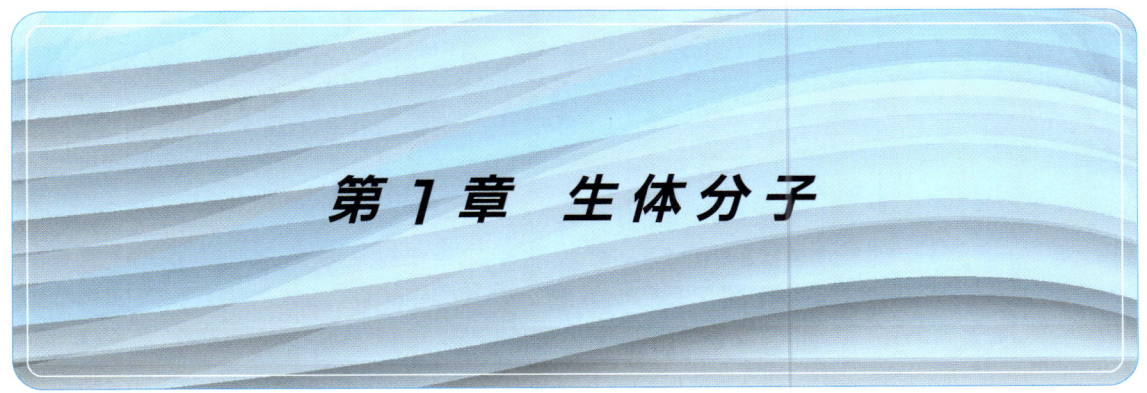

第1章 生体分子

読者は生体分子を研究するために生物学を知っている必要はないが，ある程度の知識をもっていることは役に立つ．

この章の目的

本章では，生体(高)分子の基本を簡単におさらいする．これまでに得ている知識と参考書などからの知識によって，この章を終えるまでに以下のことができるようになる．

- ポリペプチド，ポリヌクレオチド，脂質，多糖類の基本的な化学構造を説明する．
- 蛋白質†の一次構造，二次構造，三次構造，四次構造について説明する．
- 脂肪，脂質，界面活性剤の挙動について説明する．
- 液体の水の特異な構造について説明する．
- 酸塩基平衡の基本を思い出す．

† 訳者注 "蛋白質"の"蛋"という文字は常用漢字に含まれていないため，一般には"たんぱく質"や"タンパク質"などと書かれることが多い．これにならい，本書でも以下では"タンパク質"と表記することにする．

1.1 序 論

本書では主として，生体を構成している分子の物理的性質と機能を理解するための実験法について書かれている．これらの分子，すなわちタンパク質，ポリヌクレオチド，多糖類，脂質は他の化学の分野で研究されている分子ととくに異なるわけではない．しかし，これらの分子には生物起源であることから生じるいくつかの付加的な要素があることに注意する必要がある．

- 生体高分子は小さな，多くの単位からなる巨大分子で，(通常は)正確な長さと配列をもった高分子である．
- (通常は)非共有結合によって安定化された特異的なコンフォメーションの集合体を形成している．

図1.1 ポリペプチドの構造を回転可能な角 ϕ, ψ とともに示してある．平面構造のペプチド結合（アミド結合）は太い青の線で示し，これは通常，トランスである．

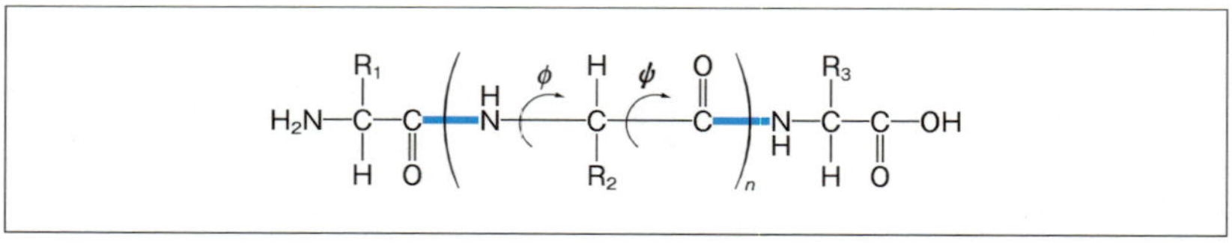

- （通常は）集合体の形成は水中で起こる．
- （通常は）進化の結果，生き残った分子である．

生物物理化学者を興奮させるのはこの最後の点である．今日私たちが目にする分子は何億年に及ぶほぼランダムといってよい無数の実験の結果であって，その間，生物はいまだ明らかになっていない物理化学の原理に基づいて少しずつ有利に進化してきたのである．このような系を研究することによって，物理化学一般の原理をより深く知ることができ，他の分野での応用にもつながるのである．

D-アミノ酸は細菌の細胞壁やペプチド性抗生物質のような特殊な場合にのみ見いだされる．

図1.2 三文字表記および一文字表記で表した20種の天然のアミノ酸の側鎖（残基）．

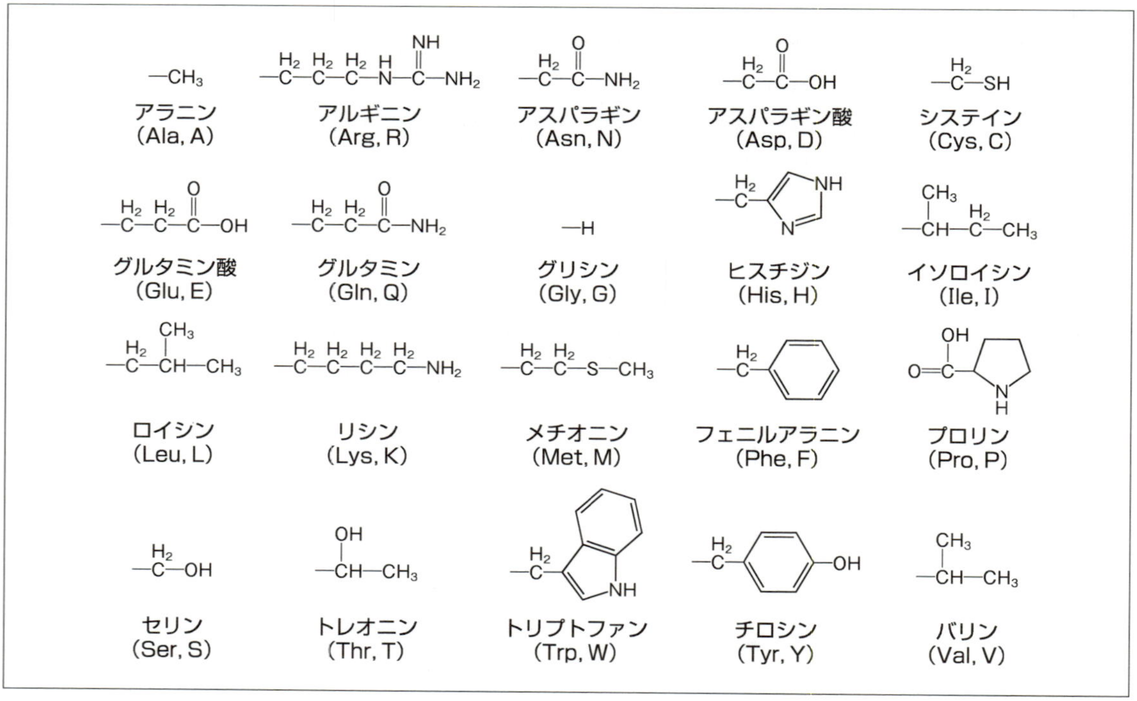

1.2 タンパク質とペプチド

　タンパク質はL-アミノ酸が共有結合であるペプチド結合（アミド結合）によって特異的な配列でつながった高分子である（図1.1）．アミノ酸は側鎖の異なる20種類の基本単位（図1.2）から選ばれるが，時によって特別な目的（たとえばヒドロキシプロリン）に応じた側鎖となる．典型的なタンパク質は約50から5,000残

基の長さをもつ．アミノ酸の平均残基量は約 110 なので，タンパク質の分子量は 5,000 から 500,000（5〜500 kDa），あるいは特異的な集合体をなす複数のサブユニットをもつタンパク質ではさらに大きな分子量となる（表 1.1 を見よ）．

表 1.1　多量に存在するタンパク質

名　称	アミノ酸数	分子量	機　能
インシュリン	51（2本のポリペプチド鎖，21+30）	5,784	血糖値を制御するホルモン．A 鎖と B 鎖はジスルフィド結合で結合している．球状
リゾチーム（卵白）	129	14,313	細菌の細胞壁の多糖の加水分解．卵白，涙や他の生物の分泌液に含まれる．球状
ミオグロビン	153	17,053	筋肉の酸素輸送．ヘムを含む．球状
ヘモグロビン	574（2×141+2×146）	61,986（2×15,126+2×15,867）	血流における酸素輸送．四つのサブユニット（2本の α 鎖と 2 本の β 鎖）とヘムを含む．球状
ロドプシン	348	38,892	眼の網膜にある光受容体膜タンパク質．発色団として 11-cis-レチナールをもつ
コラーゲン	3,200（約 3×1060）	345,000	皮膚，骨，腱などの結合組織タンパク質．3 本鎖ヘリックス．動物に最も多く含まれるタンパク質．繊維状
RuBisCO（リブロースビスリン酸カルボキシラーゼ/オキシゲナーゼ）	4,784（8×475+8×123）	538,104（8×52,656+8×14,607）	緑色植物や藻類の炭素固定酵素．16 サブユニット（大 8，小 8）．地上で最多量存在

"分子量" という言い方は厳密には正しくない（なぜかを考えてみよ）．しかし，とくに（生化学の）古い文献にはよく見られる．分子量の，より正しい呼び名は "相対分子質量" である（単位はない）[†]．あるいは "モル質量"（kg mol^{-1} または g mol^{-1}）という量が用いられることもある．なお質量の単位について 1 Da（ダルトン）は 1 amu（原子質量単位）である．

[†] 訳者注　本書では読者に親しみのある "分子量" という術語を用いることにする．

例題 1.1

Q　分子量 25,000 のタンパク質 1 mg 中には何個の分子があるか？

A　分子量 25,000 の分子は 1 mol で 25,000 g である．よって 1 mg では

$$\frac{1 \times 10^{-3}}{25,000} = 4 \times 10^{-8} \text{ mol}$$

個数に直すと

$$(4 \times 10^{-8}) \times (6 \times 10^{23}) = 2.4 \times 10^{16} \text{ 個}$$

例題 1.2

Q　分子量 25,000 のタンパク質の 1 mg cm^{-3} 溶液における平均の分子間の距離はどのくらいか？

A 分子1個当りの体積は

$$\frac{1\,(\mathrm{cm}^3)}{2.4 \times 10^{16}} = 4.2 \times 10^{-17}\,\mathrm{cm}^3$$

したがって1個の分子は1辺の長さが 3.5×10^{-6} cm，すなわち 35 nm の立方体となる．

例題 1.3

Q 例題 1.2 の答えを分子量 25,000 の分子1個の大きさと比べよ．

A 分子1個の質量は

$$\frac{25{,}000}{6 \times 10^{23}} = 4.2 \times 10^{-20}\,\mathrm{g}$$

これは，この分子の密度が水の密度に等しいとすると分子1個当り約 $4.2 \times 10^{-20}\,\mathrm{cm}^3$ に対応する．これは1辺が約 3.5 nm の立方体に相当する．したがって $1\,\mathrm{mg\,cm^{-3}}$ の溶液中では，約10分子の直径分だけ分子が離れている．

タンパク質は酵素（生体触媒），抗体，情報伝達，輸送，受容体，構造単位などの機能を担う．タンパク質分子の化学構造やコンフォメーションは，一次構造との関連で記述される．すなわちポリペプチド鎖のアミノ酸配列である（図 1.3）．

たとえば，ヘモグロビンは2種類の異なる球状サブユニット（αとβ）からなり，これらが四量体の四次構造を形成している．これらサブユニット間の相互作用が，同タンパク質のヘム基の酸素分子との結合，解離の巧妙な制御に関与している．

一次構造：それぞれのタンパク質に固有のものであり，基本的には対応するDNA中の遺伝情報として決まっている．

二次構造：規則的な繰返しからなる α ヘリックスや β シートなどの構造（図 1.4 参照）．

三次構造：（球状）タンパク質の全体的なコンフォメーションを決定する二次構造の三次元的組合せ（図 1.5 参照）．

四次構造：複数のサブユニットからなるタンパク質における三次元的配置（図 1.6 参照）．

```
KVFERCELAR TLKRLGMDGY RGISLANWMC LAKWESGYNT RATNYNAGDR
STDYGIFQIN SRYWCNDGKT PGAVNACHCS ASALLQDNIA DAVACAKRVV
RDPQGIRAWV AWRNRCQNRD VRQYVQGCGV
```

図 1.3 130残基からなるタンパク質（ヒトリゾチーム）のアミノ酸一文字表記による一次構造．

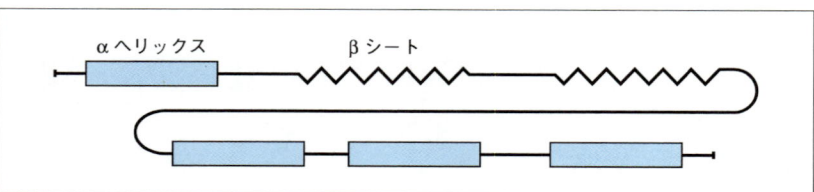

図 1.4 二次構造．

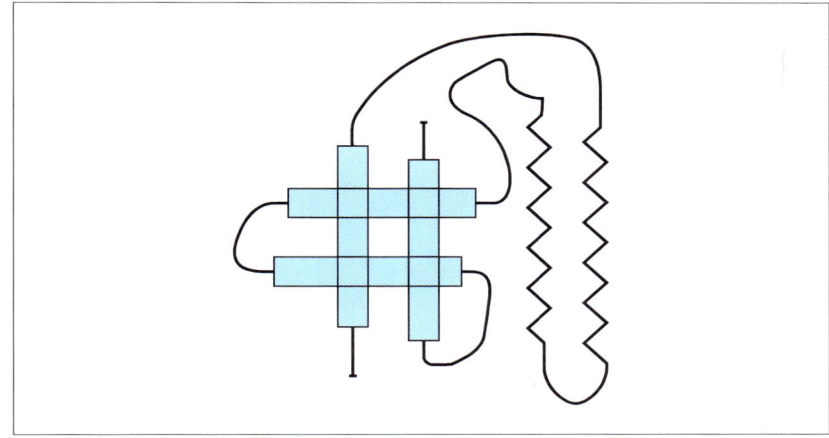

図1.5 三次構造.

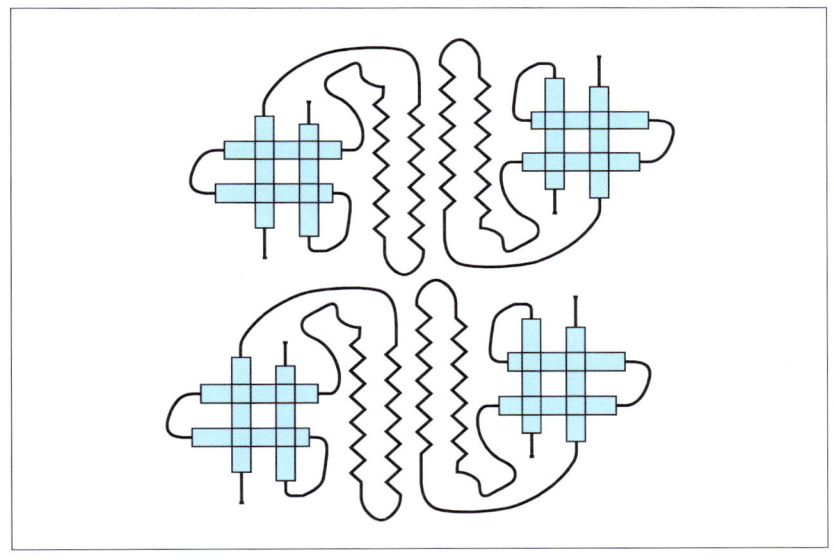

図1.6 四次構造.

　主として N—C_α と C_α—C の結合まわりの回転自由度(ϕ および ψ)により，1本の任意のポリペプチド鎖は理論上，非常に多くのコンフォメーションをとることが可能である(図1.1)．しかし，ほとんどの合成高分子とは異なり，タンパク質は(適当な条件下では)固有のコンフォメーションをとる能力があり，このコンフォメーション(構造)がそれぞれのタンパク質独自の性質を生じる．

Box 1.1　タンパク質の折りたたみ問題

　多くのタンパク質は折りたたみに関して何の問題もない．タンパク質は自発的に折りたたまれる．しかし，これがどのように行われるか？　あるアミノ酸配列をもったタンパク質はどのように折りたたまれるか？　ということ

を理解し，予測するという問題がある．

この問題の複雑さは数十年前にレヴィンタール(Cyrus Levinthal)によって指摘された[1]．レヴィンタールはコンピュータ科学者で，この問題に取り組んだ最初の研究者の一人である．

各ペプチド結合における ϕ および ψ はそれぞれ大まかに三つの値をとる可能性があり，(側鎖のコンフォメーションを入れないで) $3\times3=9$ のコンフォメーションをもつことが可能である．100のアミノ酸からなる小さなポリペプチドでさえ，この計算では $9^{100} \approx 3\times10^{95}$ のポリペプチドの異なるコンフォメーションがある．そのうちたった一つ(または比較的少数)のコンフォメーションが"正しい"コンフォメーションである．

(楽観的に考えて)コンフォメーション間の変換がフェムト秒(10^{-15} s)のスケールで起こると仮定して，これらすべての可能性を探査して正しいコンフォメーションにたどり着くには 3×10^{80} 秒，すなわち 10^{73} 年かかることになる．この時間は知られている宇宙の年齢よりもずっと長い．ところがタンパク質は種類と条件にもよるが，実際にはマイクロ秒から数分という速い速度で折りたたまれる．これがいわゆる"レヴィンタールのパラドックス"である．

これはもちろん本当のパラドックスではない．これが意味するところは，ポリペプチドが一つの正しいコンフォメーションにたどり着く前に，すべてのコンフォメーションを探索しているわけではないということである．他の速度論的過程，たとえば山から川によって流れて来る水分子が低いところへ流れ落ちる際に，流れ落ちる前にすべての経路を試してみる必要がないのと同じように，この系を必要な状態に導く速度論的過程，すなわち機構が存在するのである．

しかしレヴィンタールが示したかったのは，この経路を知らなければ，我々がいかに強力なコンピュータを使ったとしても，正しい折りたたみを見つける試みは失敗するだろう，ということである．

> 読者は自分の計算機が 9^{100} の計算ができないことに驚くかも知れない．これはなぜだろうか？計算しようと思ったら，どうしたらよいだろうか？

同じ ϕ-ψ 角を繰り返すと，規則的な二次構造要素，すなわち最も普遍的な例である α ヘリックスや β シートが生じる．これらの構造の中では ϕ-ψ 角の繰返しは，異なるペプチド結合間で水素結合が形成されることによって生じる．

タンパク質の三次構造を決定するループ，ターンや他の多くのモチーフは規則的な ϕ-ψ の繰返し構造をもっていないが，それにもかかわらず固有の構造をとっている．

一つの重要な特徴は，特定のタンパク質については(均一で正しく折りたたまれていれば)，熱運動による多少のゆらぎはあるにせよ，すべての分子が同じコンフォメーションをとっているということである．これは，高分子化学で扱う普

> "ランダムコイル"という言葉は時折，タンパク質構造中の非標準的な構造を指すために誤って用いられている．この構造はもちろん"ランダム"ではなく，ϕ-ψ 角はきちんと定まっている．

通の事情とは異なっている．高分子化学で出会う高分子は規則正しい構造をもっていることはまれで，試料は不均一なコンフォメーションをもつ不均一な分子の混合物であり，多くの場合，それらが動的に構造を変換している．

　折りたたまれたタンパク質は比較的不安定で，とくに温度や pH の変化，あるいは尿素，塩酸グアニジン，アルコールのような化学変性剤の添加によって，容易に広がった構造に変性する．変性タンパク質は三次構造や四次構造を失うが，場合によってはいくらかの二次構造を保持している．変性タンパク質は完全なランダムコイルにはならないことが多い．

　変性タンパク質はまた非常に会合しやすく，他の変性タンパク質とともに凝集したり，表面に吸着しやすい．

　変性ポリペプチドの凝集しやすいという固有の性質はプリオン病や，狂牛病，CJD（クロイツフェルト・ヤコブ病），アルツハイマーなどの他のアミロイドに関連する疾病の原因となっているようである．このような場合，変性または誤って折りたたまれたタンパク質はアミロイド線維と呼ばれる規則正しい線状重合体を形成することが知られており，これが凝集して，塊やプラークとなって正常な細胞機能を妨害する．

> 真の"ランダムコイル"は仮想的な状態で，ここではすべてのペプチド結合のコンフォメーション（ϕ-ψ 角）が互いに，とくに隣どうしでまったく相関がない．

> 伝統的な動物性の糊（にかわ）は変性させた皮と骨からつくられる．結合組織の主要成分はタンパク質"コラーゲン"で，これはギリシャ語の"糊"に由来している．

1.3　核　　酸

　タンパク質の配列をコードする遺伝情報は DNA（デオキシリボ核酸）に書き込まれており，転写や翻訳の過程には RNA（リボ核酸）が関与している．両者はポリヌクレオチドで，ヌクレオチドの長い配列からなる．

　いずれのポリヌクレオチドも，四つの異なるプリンまたはピリミジンの側鎖，すなわち核酸塩基が，リン酸-リボースの主鎖に結合して構成されている（図 1.7 と 1.8 を参照）．

　DNA および RNA の 2 本鎖構造中の特異的な相補対形成（図 1.9）こそが遺伝情報を翻訳し，複製することを可能にする実体である（分子生物学の詳細については章末の"さらに学習するための参考書"であげた"Biology for Chemists"を参照のこと[†]）．

　DNA や RNA の相補鎖が出会うと，両者は分子生物学の象徴ともいうべき特徴的な右巻きの二重らせん（2 本鎖ヘリックス）構造を形成する．最も一般的な形（B 型 DNA）では，塩基対が積み重なってねじれた階段状のコンフォメーションを形成し，プリン-ピリミジン環で形成される平面はらせん軸に垂直に 0.34 nm の間隔で並んでいる．負の電荷をもった糖-リン酸の主鎖は，この直径 2 nm の円筒構造の外側に位置している．

> [†] 訳者注　ほかに B. Alberts ほか著，『細胞の分子生物学（第 5 版）』（中村桂子ほか訳），ニュートンプレス（2010）なども参考にするとよい．

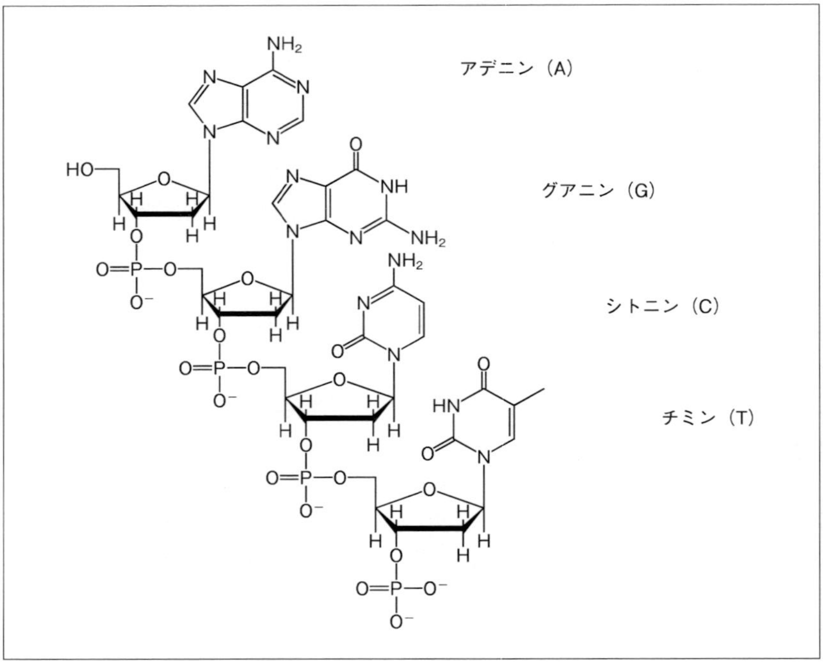

図1.7 デオキシリボース-リン酸主鎖を示したDNAの構造．主鎖にはプリン塩基(A, G)またはピリミジン塩基(C, T)が結合している．

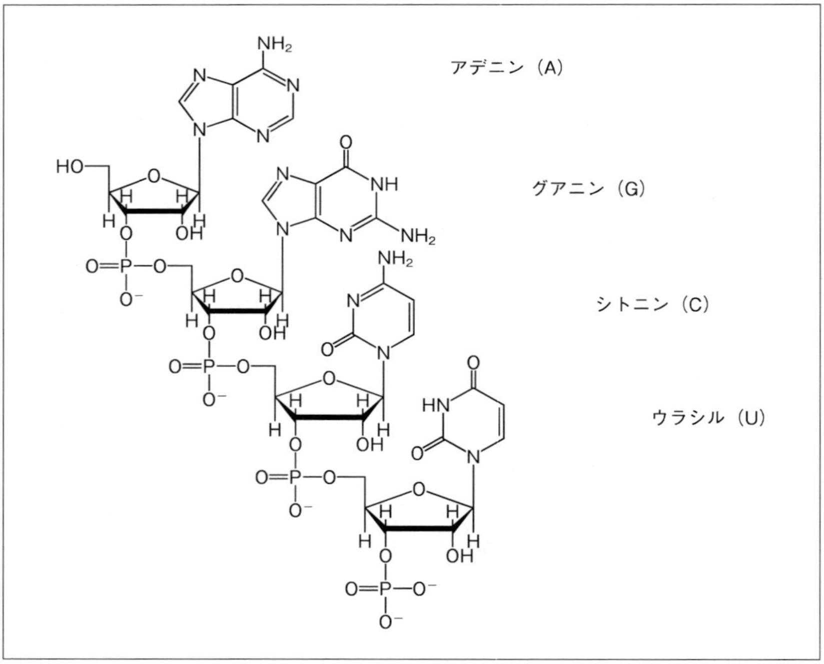

図1.8 リボース-リン酸主鎖を示したRNAの構造．主鎖にはプリン塩基(A, G)またはピリミジン塩基(C, U)が結合している．

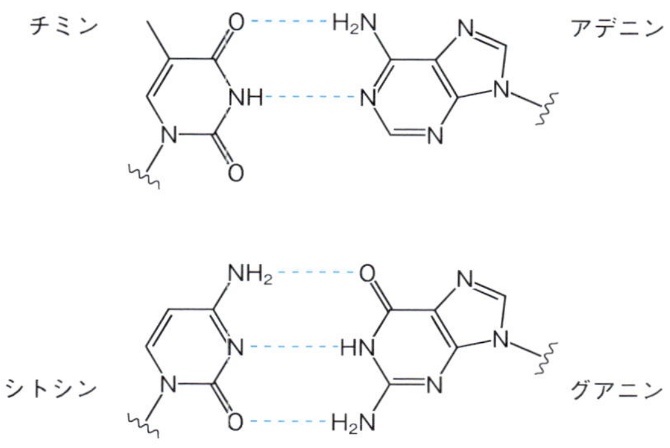

図 1.9 DNA における(RNA も同様だがチミンの代わりにウラシルを含む)相補的な塩基対の形成.

例題 1.4

Q 読者の細胞の DNA(すなわちヒトゲノム†)は約 30 億(3×10^9)の塩基対を含む.これを直線状に伸ばすとどれだけの長さになるか?

A 0.34 nm の間隔を仮定すると$(3.4 \times 10^{-10}) \times (3 \times 10^9) = 1.02$ m.

† 訳者注 ゲノムとは細胞のもつ遺伝子の総体を意味する.

現代の研究の主要な挑戦の一つは,あれほど長い DNA 分子がどうやって細胞の核の中に包み込まれ,しかも遺伝的制御や翻訳の制御が行われるのかということである.詳細は章末にあげた参考書を参照してほしい.

他の多くのポリヌクレオチドのコンフォメーションが可能で Z 型 DNA や,複製に関与する,より複雑な構造も含まれる.また 1 本鎖の tRNA 分子に見られる超らせんや,より球状の構造もある.

1.4 多糖類

デンプン,グリコーゲン,セルロースなどの多糖類はエネルギー源や構造要素として,生化学において重要な役割を担っている.多くのタンパク質はオリゴ糖(しばしば分岐している)でグリコシル化されており(糖タンパク質),オリゴ糖はタンパク質表面の特異的なアミノ酸残基に結合している.糖タンパク質の炭化水素の部分は抗原性,細胞受容体や他の分子認識の過程に関与している.

多糖(および,より小さなオリゴ糖)は単糖の結合によって形成されるポリマーであり,線状である場合(たとえばセルロース)も,枝分かれしている場合(グリコーゲン)もある.

時折,規則正しい二次構造が見いだされることがあるが(たとえばセルロースの繊維束),化学成分の複雑さや多糖の鎖の分岐は,より乱雑度の高い構造を生成する(あるいは,少なくとも構造決定するには複雑すぎる構造を生じる).これが,いまだに多糖の構造や相互作用の理解が遅れている理由である.

思い出そう グリコシル化は炭水化物(糖)が共有結合で結合することである.オリゴ糖は,糖の短いポリマーである.ヒトの血液型は,赤血球上の糖タンパク質または糖脂質に結合したオリゴ糖の違いで決定されている.

1.5 脂肪と脂質，界面活性剤

　脂肪と脂質は生物に共通の物質で水に不溶だが，トリクロロメタン(クロロホルム)，エーテルなどの有機溶媒で抽出される．これらの分子は通常，極性の頭部に，非極性で分岐なしの炭化水素尾部が結合している．この両親媒性(親水性の頭部と疎水性の尾部)が，この種の分子に重要な性質を与えており，これは生物学自体やこうした系を研究する生物物理化学者に利用されている[2]．

　大まかにいって，炭化水素尾部の数が水中での挙動を決定している．

　界面活性剤では通常，単一の非極性尾部(またはそれと同等な部位)に，極性の頭部が結合している．その結果，これらの分子は水中でミセルを形成することができる(図1.10参照)．ミセルはいくつかの分子が集まって球状の集合体を形成し，頭部(図で青色の部分)を水に露出させ，非極性の尾部は内部に埋められて，周りを囲む水と直接接触しないように配置される．

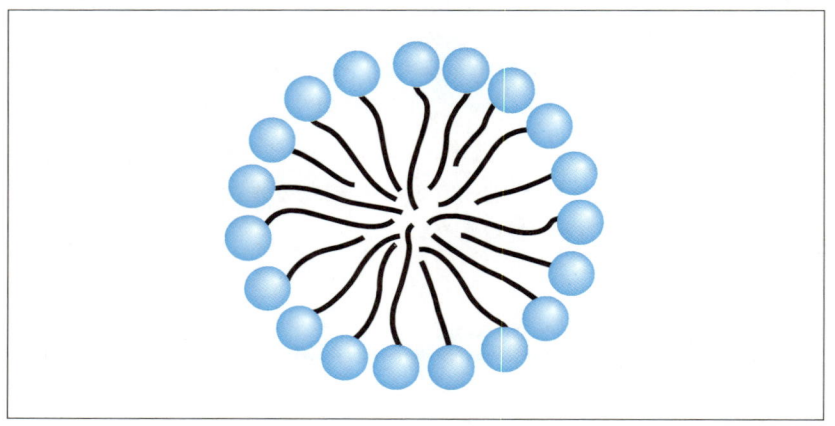

図1.10 ミセル．

　界面活性剤は，水中の他の非極性分子を可溶化または分散させることができる．研究室では，界面活性剤は膜タンパク質を可溶化するために用いることができる．胆汁酸は胆嚢で合成され，小腸に分泌される界面活性剤様の分子で，脂肪の分散や消化を助ける．

　脂質は二つの尾部をもつ．そのため炭化水素鎖を効率的に球状のミセルの構造に折りたたむことは難しいが，その代わり脂質二重層を形成することができる(図1.11参照)．そこでは脂質分子は二次元のアレイすなわちシートを形成し，脂質は尾部を層の内部に埋め，親水性の頭部をいずれかの表面に露出させる．これらの脂質二重層は細胞膜の基本構造を与える．

　流動モザイクモデルでは，生体膜を動的な脂質二重層の二次元の"海"として描く．その中に多数のタンパク質や他の分子が浮いている．これらの膜に結合した巨大分子は一部膜に浸っているか，あるいは膜全体を横断しているかもしれない．その他の周辺膜タンパク質は二重層の表面により弱く結合しているだろう．

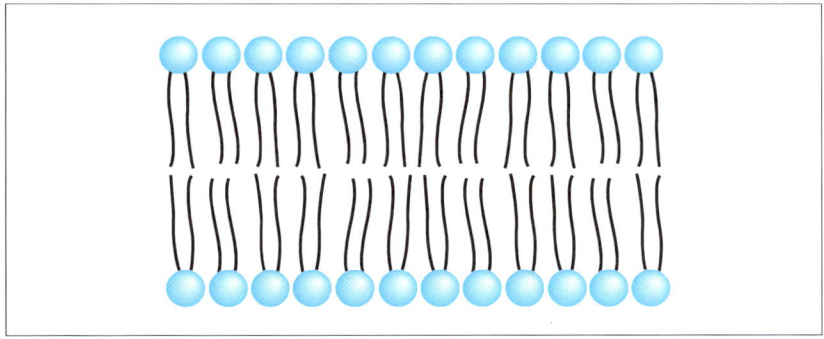

図1.11 脂質二重層.

トリグリセリド中のエステル結合のアルカリ加水分解(たとえばグリセロール三ステアリン酸(トリステアリン酸ともいう)からステアリン酸ナトリウムへの変換)は太古から,脂肪を石けんに変換するのに用いられてきた.

　中性脂肪すなわちトリグリセリドは通常,三つの尾部を有する(図1.12).そのため親水性の頭部と,大きな体積をもつ疎水性の尾部を水中でうまく両立させることは難しく,これらの物質は非常に水に溶けにくく,水中で無定形の凝集体を形成しやすい.これがいわゆる"脂肪"と呼ばれるものである.

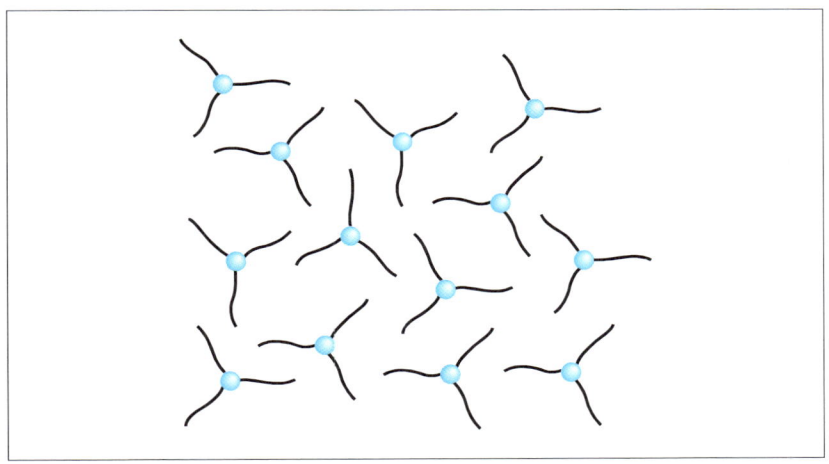

図1.12 脂肪.

　トリグリセリド(脂肪)は濃縮された,長期にわたる代謝エネルギーの貯蔵物質として作用する(より速やかに代謝されるが,より代謝エネルギーの密度が低いグリコーゲンと対照的).

　炭水化物(グリコーゲン)の代謝的酸化エネルギーすなわち発熱量は約 17 kJ g^{-1} であるのに対して,脂肪(トリグリセリド)では約 39 kJ g^{-1} である.さらに多糖は多量の水を吸収し(典型的な値は 1 g の炭水化物当り約 2 g),したがって 7 g の水和グリコーゲンによって脂肪 1 g と同じエネルギーを与えることになる(これが北極や南極へ長距離を歩いて向かう探検家たちが高脂肪食を摂る理由である).

1.6 水

生命は水環境中で発生し，水はほとんどの生物や組織において主要な成分である．その親しみ深さにもかかわらず，水は多くの観点から異常な液体であり，いくつかの見かけ上，異常な性質を有している．

同じ大きさの分子と比べて，水は非常に高い融点と沸点をもっており，液体は異常に高い熱容量，表面張力，誘電率をもっている．0 ℃の固体の水(氷)の密度は液体の水より低いため，氷は水に浮く．この融解に伴う体積の減少は 4 ℃まで続き，通常の条件下ではそこで最大の密度となる(図 1.13)．

このような異常な性質のすべては水分子の極性と，水素結合ができることによる．水分子の構造および，水素の供与体にも受容体にもなれる性質により，最も安定な相互作用は正四面体構造中に一つの水分子が最大四つまでの水分子と相互作用する配置で生じる．その結果，氷の正常な結晶構造は，水素結合で形成される正四面体状の格子による大きな空間を含んでいる(図 1.14)．

ほとんどの物質は，熱すると増加する熱運動によるより大きな分子間距離のために膨張する．しかし，氷は(0 ℃で)溶けると水素結合がある程度切れ，格子はより柔軟性をもった動的な構造になり，分子のうちには格子間に落ちるものがあって，より高い密度になる．この現象は約 4 ℃まで続き，それ以上では次第に増加する熱運動が優勢となって，通常の熱による膨張が起こる．

しかし水素結合や正四面体構造は，ずっと動的になり規則性は減るが，温度が上昇する間も若干残っている．この残りの水素結合が，液体の水の高い熱容量に寄与している．物質の熱容量とは，その物質の温度を一定値だけ上昇させるのに必要なエネルギーである．液体の水の場合，ある量のエネルギーは分子の運動エ

> 地球上の生命の生存はしばしばこれらの水の異常な体積効果に帰される．冬の間，湖面に浮いた氷は湖水の温度がさらに低下しないための断熱材の役割を果たしている．他方，湖の底は 4 ℃という快適な温度に維持されている．

> "温度"は任意の物質中の原子や分子のランダムな動きの運動エネルギーを私たちがどう感じるかという指標である．原子や分子の乱雑な回転，振動および並進運動は，温度の上昇に伴って増していく．

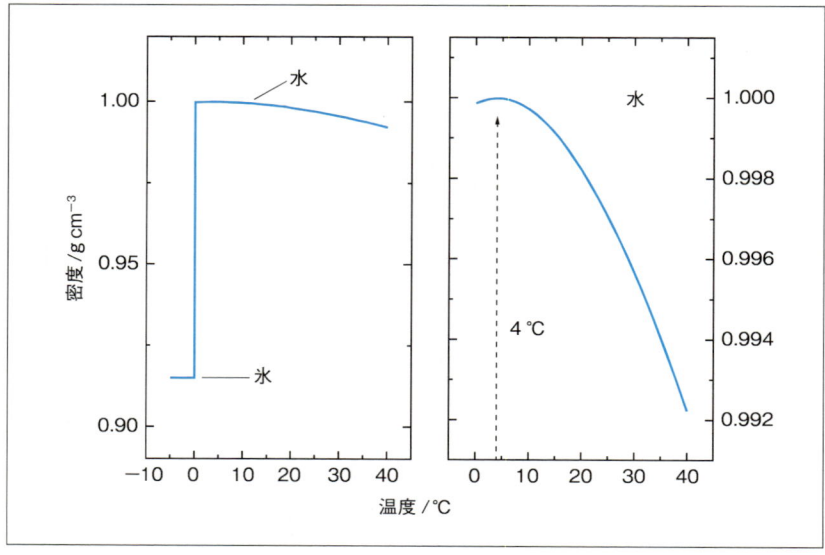

図 1.13 氷と液体の水の密度の温度依存性(1 atm の下で)．氷は液体の水に比べてずっと低い密度をもっている(0.915 g cm^{-3})(左のパネル)．液体の水は 4 ℃付近で最大の密度を有する(右のパネル．スケールが拡大してある)．

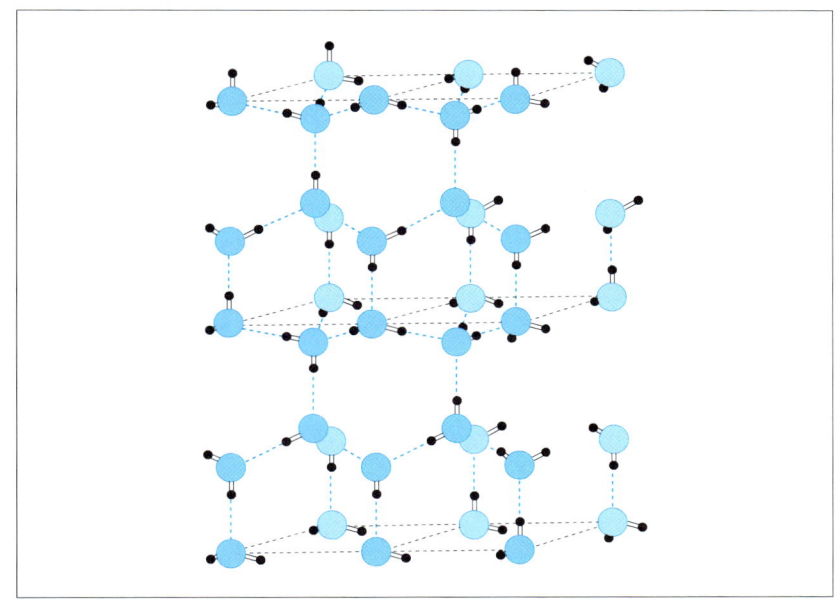

図1.14 通常の氷の正四面体結晶構造.

ネルギーよりも分子間水素結合の切断に使われ,そのため温度を上昇させるためにより多くのエネルギーを要する.

水の高い表面張力や,油を塗った表面を濡らすことができない性質も,残っている水素結合構造の結果である.空気-水の境界面または非極性表面の水分子は,エネルギー的により低い正四面体構造をとりにくい.石けんや界面活性剤は境界面に両親媒性の層を形成することによってこれに打ち勝つ.

物質の比誘電率 ε_r は,電場におけるその物質の分極のしやすさを表している.水の比誘電率は(真空の比誘電率が1なのに対して)室温で $\varepsilon_r \approx 80$ である.この高い値は,水分子の双極子が電場で方向を変えてこれに平行に並ぼうとする性質のためである.この性質は電場を部分的に打ち消す効果があり,荷電粒子間の静

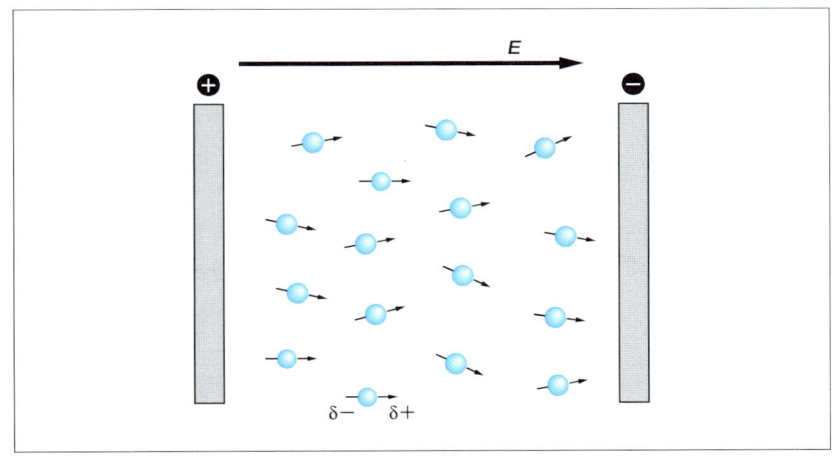

図1.15 分子双極子は電場に対して平行に並ぶ傾向がある.熱運動はこの再配向を抑制する.

電相互作用を弱める効果がある（図1.15）．

距離 r だけ離れた二つの電荷 q_1 と q_2 の間の静電ポテンシャルエネルギーは次式で表されることを思い出してほしい．

$$V_{qq} = \frac{q_1 q_2}{4\pi\varepsilon_0\varepsilon_r r}$$

この結果，ε_r の大きな値は水中の電荷間の相互作用に大きな影響を与えることになる．

1.6.1 疎水性

水分子はこのように互いに高い親和性をもつので，非極性分子は水溶液中の環境に安定に存在するのが困難である．この現象は疎水性効果として知られる．私たちは経験から，水と油が混じり合わないことを知っている．非極性分子は水素結合を形成することができないので，液体の水の，部分的に水素結合をもつ構造中に容易に適合することができない．その結果，水と非極性分子の間には見かけ上の反発が生じ，異なる相を形成し，他の非極性基と凝集しようとする傾向が生じる．

個々の水分子が非極性分子に反発するわけではなく，水分子が全体として互いに親和性をもつことが，他の水素結合を形成する傾向をもたない分子を排斥する傾向をもつのである．

疎水性相互作用の一つの際だった特徴は，それが少なくとも低温においては温度の上昇に伴って強くなることである．このことは多くの非極性化合物の水中での溶解度が，温度が上昇すると小さくなることで示される[2]．

1.7　泡と界面活性剤，エマルジョン

油と水はそれ自身では互いに混ざらないが，疎水性の傾向を回避するようななんらかの方法を用いることによって混ざるようになる．泡とエマルジョン（エマルションともいう）は水中に小さな空気の泡または脂質粒子を分散させた例であり，このような材料は食品工業，化粧品やそれに関連する工業で大きな役割を担っている．泡やエマルジョンはホイップ（機械的撹乱）または噴霧（シャボン玉を吹くこと）によって生じる．水の表面張力に打ち勝つのには多くのエネルギーが必要だが，有効表面張力を減少させる洗剤や他の界面活性剤を加えることによって，境界面にミセル（1.5節参照）のように，極性基が水と，非極性尾部がより疎水性の空気または油滴と接する両親媒性の層を形成させ，これを減少させることができる．

これは石けん，シャンプーや他の家庭用洗浄用品など，日常生活で親しみがあるだろう．しかし泡やエマルジョンはもともと不安定で，時間が経つにつれて潰

これが塩が水によく溶け，水中ではイオンに解離するが，より非極性の溶媒には溶けない理由である．

双極子-誘起双極子相互作用のため，真空中の孤立した水分子とそれに近接する分子間の引力は，同様の環境にある孤立した二つの非極性分子間よりも大きいことが期待される．これが蓄積された静電気がホコリ（非極性分子）を引き寄せる傾向のある理由である．

れてしまう(Box 1.2 を参照).体積に対して表面積比が高いため,小さな泡や粒子は高い表面エネルギーをもつ(疎水的な表面をより多く水に露出させている).このため集合して,より大きな泡や粒子を形成する.変性した(ほどけた)タンパク質はしばしば良い界面活性剤の性質をもっている.逆に泡立ちは,溶液中でタンパク質を変性させる傾向があり,避けなければならない.

界面活性剤のような性質をもつ分子は生体膜を破壊する傾向があるため生物にはまれである.しかし生体適合性の界面活性剤の性質をもつタンパク質も特殊な例として進化の過程で生じてきている[3].
ラセリンは馬の汗に含まれるタンパク質で,このお陰で,表面を油で覆われた毛に汗が容易に広がるようになっている.ラナスプミンは,ある種の熱帯性のカエルが泡状の巣をつくるために使うタンパク質である.ハイドロフォービンはカビによって産生されるタンパク質で表面張力を減少させ,薄い水の膜の中での増殖を助けている.私たちの肺は特異なリン脂質と糖を結合したタンパク質を含んでおり,肺胞表面の表面張力を減少させ,呼吸を容易にしている.

> **Box 1.2 表面張力と泡の中の圧力**
>
> 表面張力 γ は,境界面の縁の単位長さ当りの力として定義できる(空気との境界面にある水については $\gamma = 0.073\,\mathrm{N\,m^{-1}}$ である).
>
> 半径 r の泡は余剰圧力 ΔP をもち,これは図1.16 に示した力のバランスを考えることによって見積ることができる.力学的平衡状態では,余剰圧力によって円形の断面上に作用する力[(面積)×(圧力) = $\pi r^2 \Delta P$]は,境界線上における表面張力による力[(円周)×(表面張力) = $2\pi r\gamma$]と釣り合っている.よって
>
> $$\pi r^2 \Delta P = 2\pi r\gamma$$
>
> すなわち
>
> $$\Delta P = \frac{2\gamma}{r}$$
>
>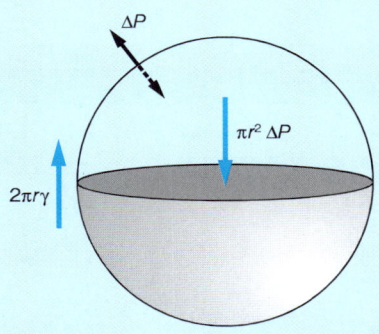
>
> したがって,泡内部の余剰圧力は半径の逆数に比例する.より小さな泡は融合する傾向があり,気体(空気)は一方から他方に拡散して,より大きな泡を形成する.単独の泡,または泡の表面の泡はできるならば潰れようとする傾向にある.
>
> 同様の原理は,水性のエマルジョン中に分散する油滴に対しても当てはまる.

図1.16 泡の中の力の釣り合い.

1.8 酸と塩基,緩衝液および高分子電解質

水の酸・塩基の性質は溶媒としての極性と相まって遊離電荷(イオン)が一般的であり,ほとんどの生体高分子を高分子電解質,すなわち複数の電荷をもった高分子と見なさなければならないことを意味している.

まとめると,水はそれ自体解離できる.すなわち

$$H_2O(l) \rightleftharpoons H^+(aq) + OH^-(aq)$$

この反応の平衡定数は〔$H_2O(l)$の活動度を1とする熱力学の慣習を思い出して〕,25 ℃において

$$K_w = [H^+][OH^-] = 10^{-14} \text{ mol}^2 \text{ dm}^{-6}$$

である.仮に純粋な水に対して,25 ℃では以下となる.

$$[H^+] = [OH^-] = 10^{-7} \text{ mol dm}^{-3}$$

水素イオン濃度はより簡便にpHとして,水素イオンの濃度の対数を用いて表す.すなわち

$$pH = -\log_{10}[H^+]$$

である.

> 裸のプロトン(H^+イオン)は実際には溶液中で遊離の状態では存在せずH_3O^+,$[H_9O_4]^+$,または他の複合体分子として存在する.しかしH^+は便利な省略形である.

> 厳密にいうと,ここでは濃度ではなく活動度(活量)を用いなければならない.溶質の熱力学的活動度は濃度に調整因子(活動度係数と呼ばれる)を掛けたもので,活動度係数は溶液中の分子間相互作用を反映している.希薄溶液では,その差はほとんどの場合,微小である.

例題 1.5

Q 研究室の〝超純水〟のpHを測定すると,しばしばpH 7より低い.これはなぜだろうか?

A いくつかの理由がある.
(a) 水がしばらくの間放置されていた場合には,溶解した空気中のCO_2(炭酸ガス)による.
(b) pHが25 ℃で測定されなかった(H^+の解離は温度とともに増加する).
(c) 洗浄しなかったpH電極からの汚染(コンタミネーション).
(d) pHメーターの検定が間違っていた可能性がある.

溶液中の酸性基および塩基性基は,次のプロトンの平衡交換に関与することができる.

$$AH \rightleftharpoons A^- + H^+$$

ここで,この反応の酸解離定数は

$$K_A = \frac{[A^-][H^+]}{[AH]}$$

であり

$$pK_A = -\log_{10} K_A$$

である．任意の解離基の pK_A は，共役酸の 50% が解離する pH と考える（$[A^-]$ = $[AH]$，したがって，このとき $K_A = [H^+]$）と便利である．

タンパク質では関連する官能基は，酸性および塩基性アミノ酸側鎖，および N 末端と C 末端のカルボキシ基およびアミノ基である（表 1.2）．その結果，タンパク質分子全体の電荷は pH に依存する．

> 折りたたまれたタンパク質の官能基の pK は，タンパク質内の他の官能基との相互作用や，折りたたみに伴う環境の変化の影響を受ける．

表 1.2 タンパク質アミノ酸残基および他の官能基の代表的な pK_A と水中での電荷の状態（図 1.2 で示したアミノ酸の構造と略号を参照のこと）

官能基	$pH < pK_A$	代表的な pK_A	$pH > pK_A$
C 末端	—COOH	3	—COO$^-$
Glu, Asp	—COOH	4	—COO$^-$
His	—Im—H$^+$	6	—Im
N 末端	—NH$_3^+$	8	—NH$_2$
Cys	—SH	8	—S$^-$
Lys	—NH$_3^+$	11	—NH$_2$
Tyr	—ϕ—OH	11	—ϕ—O$^-$
Arg	—C(NH$_2$)$_2^+$	12.5	—C(NH)(NH$_2$)
ホスホグリセロール	R—P(OH)O$_2^-$	5.6	R—PO$_3^{2-}$
R=CH$_2$(OH)CH(OH)CH$_2$—O			

例題 1.6

Q リゾチームは種々の生物の体液に見いだされる，抗生物質としての活性のある小さな球状タンパク質である．典型的なリゾチームは 129 のアミノ酸からなり（分子量は 14,300），2 個のグルタミン酸（Glu），7 個のアスパラギン酸（Asp），6 個のリシン（Lys），11 個のアルギニン（Arg），3 個のチロシン（Tyr），1 個のヒスチジン（His）および，その他多くのアミノ酸残基からなる．pH 2，pH 7 および pH 12 における総電荷はそれぞれいくらか．

A pH 2（タンパク質のもつすべての官能基の pK_A 以下）では Arg，Lys，His および N 末端のアミノ基はすべて正の電荷をもっており，他の官能基は中性である．その結果，タンパク質上の総電荷は以下となる．

　　6(Lys) + 11(Arg) + 1(His) + 1(N 末端) = +19

次に pH 7 では Asp，Glu，His および C 末端のカルボキシ基の pK_A 以上であり，他のすべての官能基の pK_A 以下であるので総電荷は

　　－2(Glu) － 7(Asp) － 1(C 末端) + 6(Lys) + 11(Arg) + 1(N 末端)
　　= +8

> 生物に関連する液体および，その他の液体の典型的な pH の値は次のようである．
>
> | | |
> |---|---|
> | 血液 | pH 7.3〜7.5 |
> | 胃液 | pH 1〜3 |
> | 唾液 | pH 6.5〜7.5 |
> | 尿 | pH 5〜8 |
> | ミルク | pH 6.3〜6.7 |
> | ビール | pH 4〜5 |
> | ワイン | pH 2〜4 |
> | ソフトドリンク | pH 2〜4 |
> | 柑橘類 | pH 1.8〜4 |

> となる.
> 　pH 12 では Arg を除くすべての官能基について pK_A 以上なので，総電荷は次となる.
> 　$-2(\text{Glu}) - 7(\text{Asp}) - 1(\text{C 末端}) - 3(\text{Tyr}) + 11(\text{Arg}) = -2$
> 　実際の pK_a はタンパク質の局所的な環境に依存するので，これは粗い近似であることに注意．

　低い pH では，ほとんどのタンパク質は総電荷が正であり，非常に高い pH では負の電荷をもっている．中間の pH で，総電荷がゼロになる pH は等電点 pI と呼ばれる．この pH では正の電荷をもった官能基と，負の電荷をもった官能基が釣り合っている．等電点はタンパク質のアミノ酸組成とコンフォメーションに依存し，電場における挙動（易動度）やある種のクロマトグラフィー（第7章参照）における挙動を決定し，その化合物の機能性にも影響する．

　DNA や RNA は主鎖のリン酸基のため，中性の pH で総電荷が負になっている（プリン塩基やピリミジン塩基自体は電荷をもっていない）．

　多くの脂質や糖質は酸性または塩基性の官能基をもっており，その総電荷はやはり pH に依存する．

　分子の電荷は生物学的な性質に影響を与えるので通常，pH を制御する必要がある．緩衝液は共役酸と共役塩基からなり，H^+ や OH^- の添加によって pH が大きく変化しないようにしている．緩衝能は，緩衝液の成分の pK_A に近いところで最も大きくなる．

　緩衝水溶液は普通，水に弱酸と強塩基の塩（たとえば酢酸と酢酸ナトリウム）をほぼ等量加えて作成する（表1.3）．別の方法としては，たとえば弱酸の溶液に塩基を滴定して希望の pH に調整する．

> ヘモグロビンの酸素結合は pH に強く依存している．これが血流や他の組織において pH の制御が重要である理由の一つである．

> 同等の塩基性緩衝液をつくるには，弱塩基と強酸の塩を混合するか（たとえばエチルアミンと塩酸エチルアミン），弱塩基溶液を強酸で滴定する．

表1.3　よく用いられる緩衝液と有効な pH 範囲

緩衝液	pK_A	AH	A^-	pH 範囲		
				$\frac{[AH]}{[A^-]} = 10$	$\frac{[AH]}{[A^-]} = 1$	$\frac{[AH]}{[A^-]} = 0.1$
酢酸/酢酸ナトリウム	4.8	CH_3COOH	CH_3COO^-	3.8	4.8	5.8
炭酸/炭酸ナトリウム	6.4	H_2CO_3	HCO_3^-	5.4	6.4	7.4
NaH_2PO_4/Na_2HPO_4	7.2	$H_2PO_4^-$	HPO_4^{2-}	6.2	7.2	8.2
エチルアミン/塩酸エチルアミン	9	$C_2H_5NH_3^+$	$C_2H_5NH_2$	8	9	10
				(有効な最低 pH)	(最適 pH)	(有効な最高 pH)

Box 1.3 緩衝液の pH をどのように見積るか？

水溶液の緩衝能は弱酸と塩基の平衡に基づく．

$$AH \rightleftharpoons A^- + H^+$$

このとき

$$K_A = \frac{[A^-][H^+]}{[AH]}$$

したがって

$$[H^+] = \frac{K_A[AH]}{[A^-]}$$

である．ここで

$\frac{[AH]}{[A^-]} = 10$ ならば $[H^+] = 10 \times K_A$ で $pH = pK_A - 1$

$\frac{[AH]}{[A^-]} = 1$ ならば $[H^+] = K_A$ で $pH = pK_A$

$\frac{[AH]}{[A^-]} = 0.1$ ならば $[H^+] = 0.1 \times K_A$ で $pH = pK_A + 1$

となる（$pH = -\log_{10}[H^+]$ および $pK_A = -\log_{10} K_A$ の関係を思い出すこと）．

緩衝能は $pH = pK_A$ の近傍で最も高い．それは，その pH で $[AH]$ と $[A^-]$ がいずれも十分量存在し，少量の強塩基や強酸を加えても，pH をこの範囲から外さないようにすることができるからである．

1.9 単位についての注意

科学者は(たいてい)人間らしいところをもっている．私たちはできる限り系統的に，論理的に，そして一貫性をもとうとするが，実際には時に単なる怠け癖から，時には実際的な簡便さのゆえに過ちを犯す．その結果，とくにこのような学際的な課題において，非標準的な単位や異なる言葉づかいに遭遇する．読者は SI 単位に親しんでいると思うが（本書では極力この単位系を用いる），おそらく世の中一般では，どこでもそれが用いられているわけではないことがわかるだろう．たとえばメートル法を適用しようとはしているが，実際には（アメリカでは）dm^3 ではなく，リットル（やガロン）が用いられている．

ここで，通常用いられる単位とその名称を，より系統的な SI 系の名称とともに次の表に載せておく．

	非標準的	標準的(SI)
長さ	ミクロン(μ)	10^{-6} m
	オングストローム(Å)	10^{-10} m
体積	リットル(L)	dm^3
	ミリリットル(mL)	cm^3
	マイクロリットル(μL)	μdm^3
濃度	mg/mL, mg mL^{-1}	mg cm^{-3}
	モル濃度(M, moles/L)	mol dm^{-3}
相対分子質量	"分子量"	—
	1 ダルトン(1 Da)	1 amu
熱エネルギー	カロリー(cal)	ジュール(J)
	1 cal	4.184 J

キーポイントのまとめ

1. 生体系は特異的な配列が構造化した高分子(タンパク質,核酸,糖質)および低分子(脂質など)からなり,自己集合して大きな構造体を形成する.
2. 二次構造,三次構造,四次構造,その他の集合や相互作用にも非共有結合がかかわっている.
3. 水は上記相互作用に主要な役割を果たしている.

章末問題

1.1 血清アルブミン(分子量約65,000)は血液中に約 45 mg cm^{-3} の濃度で存在する.タンパク質は溶液中で互いにおよそどれくらい離れて存在しているか? また,この距離をタンパク質分子の大きさと比べよ.

1.2 (a) 100のアミノ酸残基からなるポリペプチドには,いくつのコンフォメーションがありうるか? (b) これらのコンフォメーション間の変換にフェムト秒(だいたい結合の回転に要する最速の時間)かかるとして,すべてのコンフォメーションを探索するのにどれだけの時間がかかるか?

1.3 平均体重 70 kg の人が以下のエネルギーを使うと,どれだけ壁を登る(または飛び上がる)ことができるか? (a) 砂糖 10 g, (b) 脂肪 10 g. また,これは実際的か? 〔**ヒント**:発熱量は脂肪では約 39 kJ g^{-1},炭水化物では 17 kJ g^{-1} である.〕

1.4 休んでいる状態の平均的な男性は1日に 7,000 kJ のエネルギーを発する.座って何もしないでいるだけで,どれだけの脂肪を失うか? 〔**ヒント**:脂肪の発熱量は約 39 kJ g^{-1} である.〕

1.5 （部分的に凍った）湖の底が普通，4℃なのはなぜか？

1.6 (a) 水素結合が原因となる水の異常な性質を列挙せよ．(b) タイタニック号を沈ませたのは，この結合か？

1.7 0.5 nm (5 Å) だけ離れた Na^+ と Cl^- のペアーの間に働く力は (a) 真空中，(b) 水中のそれぞれで，いくらか？

1.8 (a) 水の比誘電率が温度の上昇とともに下がるのはなぜか？ (b) これは水中の反対の符号をもつ電荷間に働く力にどのように影響するか？ (c) そのような相互作用は吸熱的かそれとも発熱的か？

1.9 一般の新聞にはよく〝ヒト細胞内のDNA分子の長さは約1.8 m，すなわちクレイグ・ヴェンター (Craig Venter, ヒトゲノムプロジェクトに貢献した科学者の一人) の背丈〟などと書かれている．この見積りが例題1.4の答えと異なるのはなぜか？

参 考 文 献

1) C. Levinthal, Are there pathways for protein folding?, *J. Chim. Phys.*, 1968, **65**, 44–45.
2) C. Tanford, "The Hydrophobic Effect: Formation of Micelles and Biological Membranes", Wiley Interscience, New York, 1973.
3) A. Cooper and M. W. Kennedy, Biofoams and natural protein surfactants, *Biophys. Chem.*, 2010, **151**, 96–104.

さらに学習するための参考書

J. M. Berg, J. L. Tymoczko and L. Stryer, "Biochemistry", Freeman, San Francisco, 6th edn, 2006.

S. Doonan, "Peptides and Proteins", RSC Tutorial Chemistry Text, Royal Society of Chemistry, Cambridge, 2002.

S. Mitchell and P. Carmichael, "Biology for Chemists", RSC Tutorial Chemistry Text, Royal Society of Chemistry, Cambridge, 2004.

N. C. Price, R. A. Dwek, R. G. Ratcliffe and M. R. Wormald, "Physical Chemistry for Biochemists", Oxford University Press, Oxford, 3rd edn, 2001.

D. Sheehan, "Physical Biochemistry: Principles and Applications", Wiley, New York, 2nd edn, 2009.

K. E. van Holde, W. C. Johnson and P. S. Ho, "Principles of Physical Biochemistry", Prentice Hall, New York, 1998.

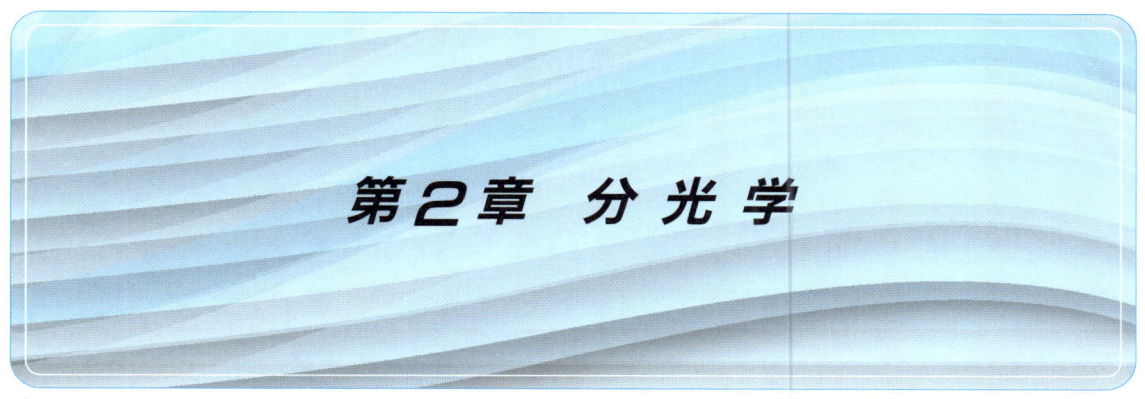

第2章 分光学

　光と物質の相互作用は，私たちが周りの世界を見るために普段使っている方法である．分光学的方法は生物学に限らず，あらゆる分子の構造と性質を決定するためのより強力な実験法である．

この章の目的

　本章では電磁波の基本的な性質を復習し，溶液中の生体分子を研究する実験的な分光法について考える．この章末までに次のことができるようになる．
- 電磁波の性質と，物質との相互作用について説明する．
- 吸収分光，蛍光分光，円偏光二色性分光，ラマン分光，磁気共鳴分光，その他関連する分光法の基本的仕組みについて記す．
- これらの手法について，それぞれの測定法を説明する．
- 異なる因子が，測定される生体分子の分光学的性質にどのように影響を与えるかを説明する．
- この理解を生体分子の性質の解釈に応用する．

2.1　電磁波とその相互作用

　電磁波は運動する電荷が速さまたは方向を変えるときに発生する．これはファラデー(Michael Faraday)とマックスウェル(James Clerk Maxwell)によって19世紀に定式化され，ヘルツ(Heinrich Rudolf Hertz)によって初めて実験的に示されたものである．詳細については量子効果によって補正されるが，同じ原理は今日も適用される．

　最も親しみのある日常の例は，ラジオの送受信空中線(すなわちアンテナ)である．その最も単純なかたちは，振動する電流の伝導体として機能する1本の導線である(図2.1)．電子が導線を上下に振動すると，振動する電場と磁場(互いに

1886年ごろ，物理学者のヘルツは誘導コイルからの高電圧火花放電の実験を行っていた．彼はそこで，その振動放電が，ある距離だけ離れた金属物体に小さな火花を誘導することに気づいた．
これがマックスウェルによって1864年に最初に理論的に予言された波状の電磁エネルギーの初めての観察であった．これがすぐにマルコーニ(Guglielmo Marconi)による無線通信の発展につながった．

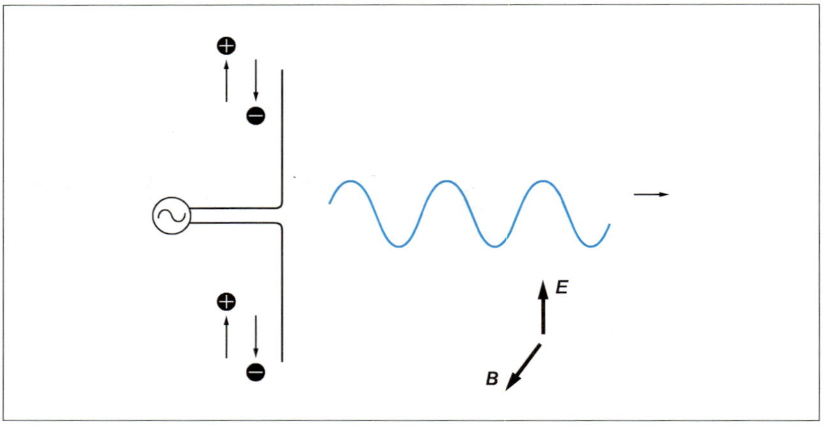

図 2.1 振動する電荷すなわち電流が電磁場を放射する単純なラジオアンテナ(空中線)の模式図.

90°をなす)が生じ,電磁波として伝搬する.この場合の振動数は,振動を誘起する電気回路の共鳴周波数によって決まる.

受信機による電磁波の吸収は,この過程の逆である.振動する電磁波が適当なアンテナに出会うと,振動する電荷(電流)や磁気双極子がアンテナに誘起される.この電磁エネルギーの吸収はアンテナが,入射する電磁波の振動数(またはその倍音)にチューニングされているときに最も効果的に起こる.

このアナロジーは分子のスケールにも適用できる.たとえば紫外線(UV)や可視光(Vis)が原子や分子に吸収される際の"アンテナ"は,軌道間をジャンプする最外殻電子であるというイメージを描くことができる(図2.2).赤外(IR)の場合,アンテナの役割を果たすのは通常,双極子をもつ官能基であり,そのような官能基(または極性分子)の回転はマイクロ波の吸収に関連している.原子核のレベルでは,ある種の原子核の磁気双極子モーメント(小さな棒磁石またはコンパスの針)の再配向は普通,ラジオ波またはマイクロ波の領域で電磁波のアンテナとして機能することができる.

マイクロ波オーブン中の加熱効果は,主として試料中の水分子の分子回転が誘起されることによる.
回転する水分子は隣り合う分子とすばやく衝突し,私たちが熱と呼ぶ,より大きくランダムな分子運動を引き起こす.他の多くの非伝導性物質は,この振動数のマイクロ波を透過させるため,加熱効果は全体に配分される.

すべての電磁波は,その発信源によらず,真空中では同じ速度(光速)で伝搬する.電磁波のスペクトル(図2.3)は次式に基づいて,広範囲の振動数と波長をカバーしている.

$$c = f\lambda$$

ここで f は振動数〔Hz(ヘルツ)または s^{-1}〕,λ は波長(m),c は真空中の光の速度(3×10^8 m s^{-1})である.波長の単位は用途に応じてナノメートル(nm),ミクロン(1 ミクロン = 1 μm)あるいはオングストローム(Å.1 Å = 1×10^{-10} m)が用いられる.

なお(振動分光学では)伝統的に波長の逆数,すなわち波数 $1/\lambda$ を"周波数"(cm^{-1})として示す[†].

† 訳者注 具体的な扱いについては例題2.7の計算を参照のこと.

光の速度は透明な物質(たとえば水やガラス)中では真空中より遅く,この速度

2.1 電磁波とその相互作用

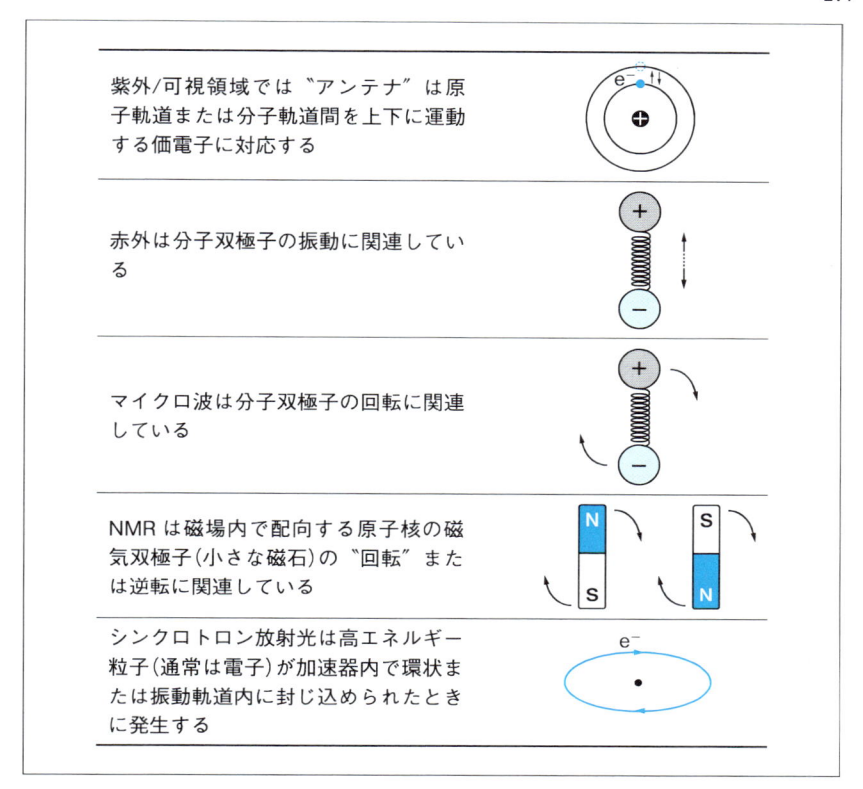

紫外/可視領域では"アンテナ"は原子軌道または分子軌道間を上下に運動する価電子に対応する	
赤外は分子双極子の振動に関連している	
マイクロ波は分子双極子の回転に関連している	
NMRは磁場内で配向する原子核の磁気双極子（小さな磁石）の"回転"または逆転に関連している	
シンクロトロン放射光は高エネルギー粒子（通常は電子）が加速器内で環状または振動軌道内に封じ込められたときに発生する	

図 2.2 分子"アンテナ"の模式図．分子レベルで描いた電磁波の放射と吸収の原因である電荷の運動．

の差は物質の屈折率によって測定される．

$$（屈折率\ n）= \frac{（真空中の光の速度\ c）}{（物質中の光の速度）}$$

これが屈折という現象を生じる．屈折は，屈折率が変化するところで光のビームが曲がる現象である．一般的に n は電磁波の波長または振動数に依存する．これがレンズやプリズム内に，よく知られた分散効果をもたらし，光のビームは成分の波長，すなわちスペクトルに分離される．

溶液の屈折率の違いはたとえば濃度勾配や，超遠心分析における高分子の移動境界面を測定するのに利用することができる（第4章参照）．

図 2.3 電磁波のスペクトル．

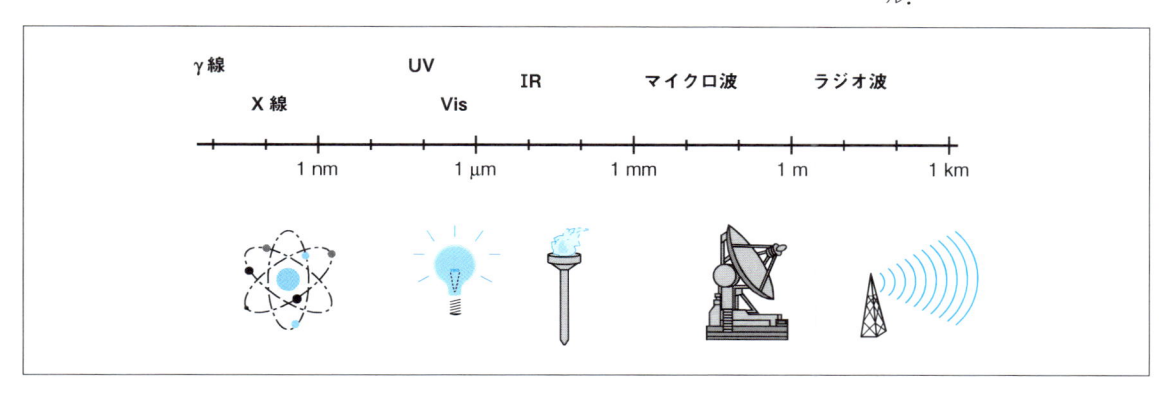

光電効果は光に曝された金属表面からの電子の放射である。驚くべきことに，電子が放出されるかどうかを決めるのは光の（強度ではなく）振動数であって，強度がいくら高くても（その金属固有の）ある振動数以下では電子は放出されない。この効果は 1905 年に量子論を使ってアインシュタイン (Albert Einstein) によって説明された．アインシュタインは（同じ年に論文を書いている相対性理論ではなく）この仕事によってノーベル賞を受賞している．

電磁波は波が一般的にもっている反射，屈折，干渉，回折という性質をすべて備えている．しかし量子力学の魔術（波と粒子の二重性）によって，電磁波は量子化された粒子すなわちフォトン（あるいは光子ともいう）のようにも振る舞う．フォトンのエネルギー E は振動数 f と次の関係をもつ．

$$E = hf = \frac{hc}{\lambda}$$

ここで h は普遍的なプランク定数 (6.626×10^{-34} J s) である．これらの量子効果は光電効果などに現れ，波動論だけでは理解することが不可能である．

この波と粒子の二重性はたいていの場合，フォトンか波かを場合に応じてどちらが理解するのに便利か，あるいは簡単に思い浮かべられるかで選べばよい．

可視光は，視覚タンパク質ロドプシンに含まれているポリエン発色団の 11-*cis*-レチナールに吸収される．その結果，11-*cis*-レチナールは光異性化によって効率的に全トランス型に変換される．ロドプシンの役割は，レチナールが吸収する光の波長を制御することであって，励起状態において特異的なシス-トランス異性化のエネルギー障壁を低下させ，引き続き起こる生化学的過程の引き金を引き，そして神経インパルスが脳に伝えられる．

> **例題 2.1**
>
> **Q** ヒトの網膜は 500 nm 付近の光に対して最も感度が良い．この波長のフォトン 1 個のエネルギーはいくらか？ また，これは何 kJ mol^{-1} に対応するか？ さらに，これは典型的な結合エネルギーと比較してどうか？
>
> **A** 1 個のフォトンのエネルギーは
>
> $$E = hf = \frac{hc}{\lambda} = \frac{(6.626 \times 10^{-34}) \times (3 \times 10^8)}{500 \times 10^{-9}} = 4 \times 10^{-19} \text{ J}$$
>
> これにアボガドロ定数 N_A を乗じると，フォトン 1 mol のエネルギーは
>
> $$\frac{(4 \times 10^{-19}) \times (6 \times 10^{23})}{1,000} = 240 \text{ kJ mol}^{-1}$$
>
> これは典型的な共有結合を切断するのに必要なエネルギーよりも若干低い（たとえば C—C 結合の結合エネルギーはおよそ 340 kJ mol^{-1} である）．

2.1.1 吸収 — ランベルト-ベールの法則 —

試料による電磁波の吸収の度合いは吸光度 A または透過度 T によって表される．I_0 を入射光の強度，I を透過光の強度とすると透過度〔通常は％（パーセント）で表す〕，および吸光度は次式で与えられる．

$$T(\%) = \frac{I}{I_0} \times 100$$

$$A = -\log_{10}\frac{I}{I_0} = -\log_{10} T$$

吸光度 A は直接試料の光学濃度すなわち濃さに比例するので，とくに有用である．その理由が図 2.4 に示されている．

いま試料溶液を二つに分けて考えよう（図 2.4）．（たとえば）それぞれが 20％

の透過度をもつとする．そうすると，半分それぞれの吸光度は

$$-\log 0.2 = 0.699$$

となる．最初の半分を透過した入射光 I_1 のさらに20%だけが2番目を透過し，全体として4%が透過することになる．他方，試料溶液全体の吸光度は

$$-\log 0.04 = 1.398 = 2 \times 0.699$$

すなわち，二つの別べつの吸光度の和になっている．

　試料溶液を任意に薄くスライスすると考えることによって（図2.5），光の強度は均一な溶液を通して，距離に従って指数関数的に減少することを示すことができる．

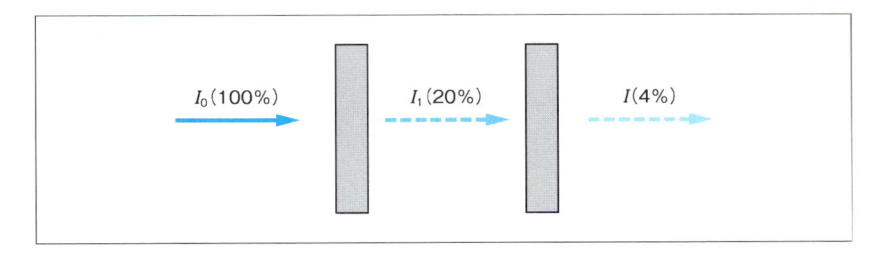

図2.4　2層に分けた溶液による光の逐次的吸収．

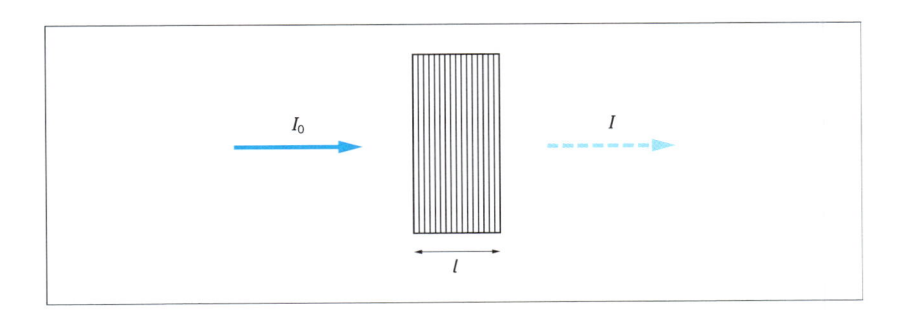

図2.5　多数の薄い層からなる溶液による逐次的吸収．

　溶液や気体のように光を均一に吸収する試料の場合，ランベルト-ベールの法則が導かれる．

$$A = \varepsilon c l$$

ここで ε は吸収する分子種の（モル）吸光係数，c は（モル）濃度，l は光路長（普通は cm）である．吸光係数 ε は入射光の波長において吸収分子に固有の値である．ε は分子の存在する環境，たとえば溶媒の極性に依存する（2.2.5項参照）．吸光度 A を用いる利点は透過度 T と異なり，直接に濃度と光路長に比例することである．

試料の吸光度 A は無次元数であるのに対し，モル吸光係数 ε は mol^{-1} dm^3 cm^{-1}（または (mol dm^{-3})$^{-1}$ cm^{-1}）の単位をもつ．溶液の場合，ε は特定の波長における1 M (1 mol dm^{-3}) の（仮想的な）試料による光路長1 cmでの吸収と考えてよい．

2.1.2 吸収断面積

場合によっては，吸光係数 ε を光を吸収する発色団の(仮想的な)断面積と考えると便利である．吸収断面積(または吸光度断面積) σ は，数値的に ε と以下の関係がある．

$$\sigma = 3.8 \times 10^{-21} \varepsilon \, (\text{cm}^2)$$

例題 2.2

Q 上の $\sigma = 3.8 \times 10^{-21} \varepsilon \, (\text{cm}^2)$ の関係を示せ(微積分が必要である)．

A 溶液中に断面積 $1 \, \text{cm}^2$，厚さ $dl \, (\text{cm})$ の素体積を考える．この素体積中の分子(発色団)の数は $10^{-3} N_A c \, dl$ で，c は発色団の濃度 (mol dm^{-3}) である．各発色団が吸収断面積 σ をもつとすると，この素体積によって吸収される光の割合は

$$\frac{dI}{I} = -\sigma \times 10^{-3} N_A c \, dl$$

l について，0 から l まで積分すると

$$\ln \frac{I}{I_0} = -10^{-3} \sigma N_A c l$$

を得る．吸収の定義とランベルト-ベールの法則より

$$A = -\log_{10} \frac{I}{I_0} = -\frac{1}{2.303} \ln \frac{I}{I_0} = \frac{1}{2.303} \times 10^{-3} \sigma N_A c l = \varepsilon c l$$

したがって

$$\sigma = \frac{2.303 \varepsilon}{10^{-3} N_A} = 3.8 \times 10^{-21} \varepsilon \, (\text{cm}^2)$$

を得る．

例題 2.3

Q 280 nm におけるモル吸光係数が $\varepsilon_{280} = 5{,}600 \, (\text{mol dm}^{-3})^{-1} \text{cm}^{-1}$ であるトリプトファンの吸収断面積 σ はいくらか？ この値を，この分子の実際の物理的大きさと比べよ．

A 吸収断面積は

$$\sigma = (3.8 \times 10^{-21}) \times 5{,}600 = 2.1 \times 10^{-17} \, \text{cm}^2$$

これは 1 辺 0.05 nm (0.5 Å) の正方形であり，実際の分子の大きさに比べて非常に小さい．

2.1.3 濁度と光散乱

光は物質を通過すると吸収ではなく，懸濁されている粒子または他の不純物によって散乱され，減衰することがある(レイリー散乱)．たとえばグラスに入れたミルクに光を当てても，ミルク中の細かいタンパク質や脂質の粒による(複数回の)散乱のために，ほんのわずかな光しか通らない．どの成分も実際には光をほとんど吸収しないのだが，そのサイズが可視光を散乱するのに適当な大きさなのである．これが，ミルクが白く"見える"理由である．すなわち私たちが見ているのは，私たちの目の方向に散乱してくる光なのである．

このような濁った試料の吸収の数学的な取扱いは非常に複雑であり，ある種の場合に用いられる有用な近似を除いて，単純なランベルト-ベールの法則は成り立たない．

動的光散乱法(4.6節)は溶液または懸濁液中の小さな粒子や高分子の大きさ，均一性についての情報を得るために用いられる．

2.1.4 等吸収点

互いに平衡にあるような二つの分子種からなり，各分子種の吸収スペクトルは異なるが一部重なっているような混合溶液がよく見られる．そのような場合，二つの分子種の吸収が等しい波長が一つ(または複数)存在し，この波長は等吸収点として知られる(図2.6)．(図2.6で A $\rightleftharpoons$ B の例で示すように)平衡がずれるとき，スペクトルを重ね合わせると吸収曲線はすべて1点で交わる．この等吸収点の存在は，これが真の(動的)平衡にあることの印となり，その波長における吸収は実験の参照点として有用である．

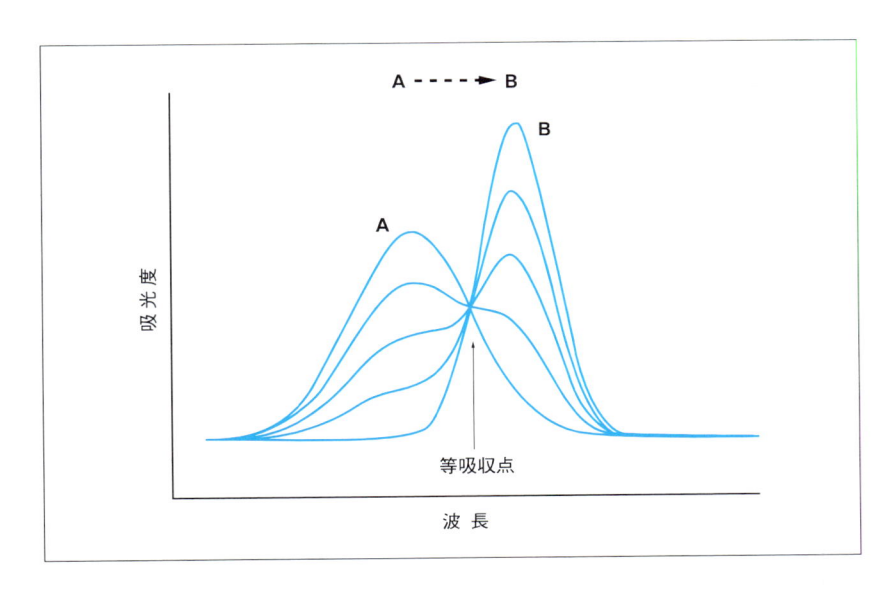

図2.6 等吸収点を示すスペクトルの重ね合わせ．

> **Box 2.1　二状態平衡の場合に等吸収点が存在することの証明**
>
> 次のように化学量論的に平衡にある二つの化合物 A，B の混合物を考える．
>
> $$A \rightleftharpoons B$$
>
> この混合物の任意の波長における吸光度 $A(\lambda)$ は，この混合物の各成分の濃度と，その波長におけるモル吸光係数に依存する．
>
> $$A(\lambda) = \varepsilon_A(\lambda)[A] + \varepsilon_B(\lambda)[B]$$
>
> ある波長 λ_{iso} で分子種のモル吸光係数が等しい〔すなわち $\varepsilon_A(\lambda_{\text{iso}}) = \varepsilon_B(\lambda_{\text{iso}})$ で，二つのスペクトルが重なる〕とすると，その波長での吸光度は一定となる．
>
> $$A(\lambda_{\text{iso}}) = \varepsilon_A(\lambda_{\text{iso}})([A] + [B]) = (一定)$$
>
> これは全濃度 $[A] + [B]$ が各成分の濃度にかかわらず，平衡にあれば一定になるからである．二状態平衡でなく，より複雑な，中間体の濃度が無視できない場合（たとえば $A \rightleftharpoons X \rightleftharpoons B$）は普通，等吸収点は見られない．というのは，三つの分子種 A，X，B のスペクトルが1点で交わることはほとんどありえないからである．

2.2　紫外/可視分光法

可視または紫外領域の光の吸収は，分子または置換基の電子遷移によるものである．たとえば親しみのある血液の赤色は，酸素運搬タンパク質ヘモグロビンのヘム基による 410 nm 付近の吸収によるものである．植物が緑に見えるのは，クロロフィルと他の光合成色素が赤い光を吸収することに起因している．実際，視覚の仕組みは，眼の後ろにある網膜の光受容細胞の光感受性色素（レチナール）によるフォトンの吸収に依存している．

近紫外領域（およそ 250～300 nm）の光はタンパク質の芳香族側鎖や，核酸のプリン塩基やピリミジン塩基に吸収されるが，ほとんどの化学基は遠紫外（250 nm 以下）の光を吸収する．これら官能基の吸収を測定する方法について考察する．

2.2.1　吸光度の測定

2.2.1.1　分光光度計

紫外/可視の吸光度測定のための分光光度計にはいくつかの方式がある．一般的な研究室の最も普通の機器としては光源，分光器，試料台，検出器，データプロセッサーおよびディスプレイからなるシングルビームまたはダブルビーム分光光度計がある（図 2.7 および 2.8）．光源は，一般的にタングステンランプ（可視

色は必ずしも光の吸収によるわけではない．たとえば蝶の羽や鳥の羽のキラキラ光る色は，規則正しい構造から生じる回折や干渉効果によるもの（構造色という）であって，同じ現象は回折格子や油の薄い膜でも見られる．

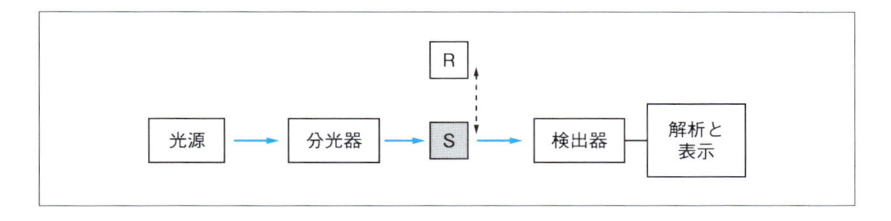

図2.7 シングルビーム分光光度計．Sは試料，Rは参照試料．

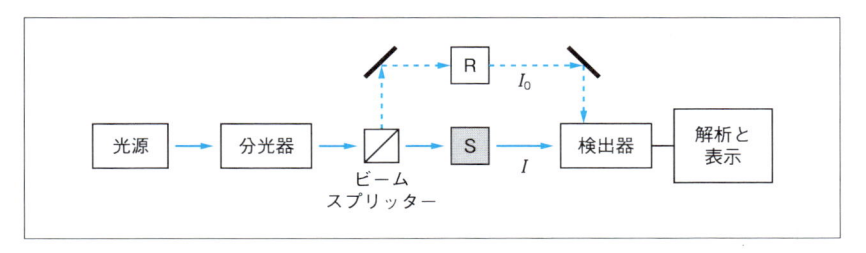

図2.8 ダブルビーム分光光度計．

領域の340〜800 nmをカバー)または重水素放電管(紫外領域の200〜350 nmをカバー)である．ある種の応用のためにはキセノンアークランプまたはキセノン/水銀アークランプが，また場合によってはレーザーが必要となる．

　レーザーを除いて，これらの光源からの光は広いスペクトルバンドをもっており，波長の選択が必要になる．光源からの光は分光器を通過して試料または参照試料に焦点が合わせられる．波長の選択には普通，回折格子か，より簡単な装置では単なるカラーフィルターが用いられる．シングルビームの装置では，試料溶液と参照溶液は手動で切り替えて各波長で別べつに測定しなければならない．ダブルビームの装置では光源からの光は二つに分かれ，試料溶液と参照溶液は同時にモニターされる．光はそのあとで検出器に入り，試料を透過した光の強度 I と参照溶液を通過した光の強度 I_0 がコンピュータ上で比較，解析され，求める T と A が算出される．

　液体試料(溶液)は普通，直方体の石英(紫外領域の場合)またはガラス(可視領域の場合)のセル(キュベットという)に入れ，透明な二つの面で光路長が定義される．使い捨てのプラスチックのキュベットはより日常的な実験に用いられる．参照キュベットは試料を入れていない場合の透過光 I_0 を測定するために用いられる．したがって参照キュベットは試料キュベットと光学的性質を合致させる必要があり，普通，溶媒や他の適当な参照溶液を含むキュベットとする．

　最近はキュベットを必要としない新しい機器が登場し，非常に少量(0.5〜2 μL)で測定可能になった．これは基本的にシングルビーム分光光度計で，ごく少量の試料の液滴をファイバースコープの二つの面に，すなわち一方は光の照射側，もう一方は検出器へと導く側の面の間に毛管現象により保持する．保持された試料の光路長は非常に短く(0.05〜1.0 mm)，光源は通常，キセノンフラッシュランプで，CCDアレイ型検出器をもつ(たとえば以下の記述および図2.10を見よ)．大量の試料を解析するためにはマイクロタイタープレートリーダーやマ

ルチウェルプレートリーダーなどと呼ばれるものが開発されている．この機器では，試料は96穴(8×12)プレートに注入され，各穴には別べつの試料を入れる．これにより，ロボット制御によって自動的に多量の試料の計測が可能になっている．マルチウェルプレートやマイクロタイタープレートはしばしば特殊な試薬でコーティングされ，特定の解析を迅速かつ日常的に行えるようになっている．

2.2.1.2　光検出器 — 光電子増倍管，ダイオードアレイとCCD —

分光光度計の中心部は光検出器であり，いくつかの技術が用いられている．

光電子増倍管(図2.9)は光電効果を応用したフォトン検出のための電子デバイスである．これは高真空中に置かれた一連の(カスケード状の)光放射電極からなり，光を入射させる透明のガラス窓をもつ．電極には順に，徐々により高い電圧(約1,200 Vに達する)がかけられて並んでおり，一つの電極から放出された電子はすべて加速されて次の電極に衝突する．フォトンが十分なエネルギーで一連の電極の最初の電極に当たると光電子が生成し，カスケード中の次の電極に向かって加速される．この電子が電極に衝突すると，さらに電子が放出され，これが増幅されて計測可能な十分な大きさの電子パルスが最後の電極に生じる(このような仕組みが"光電子増倍管"の名前の由来である)．比較的強い光の場合，これは連続した電流として測定される．他方，光が弱い場合には，光電子増倍管は"フォトン計測"モードで作動し，フォトンが1個ずつ電子的に計数される．このようなシステムの量子効率は非常に高く，フォトン1個の検出限界はシステムの熱雑音(電極からの熱電子放出など)のみに規定される．このノイズは，光電子増倍管を低温に冷却することによって減少させることができる．

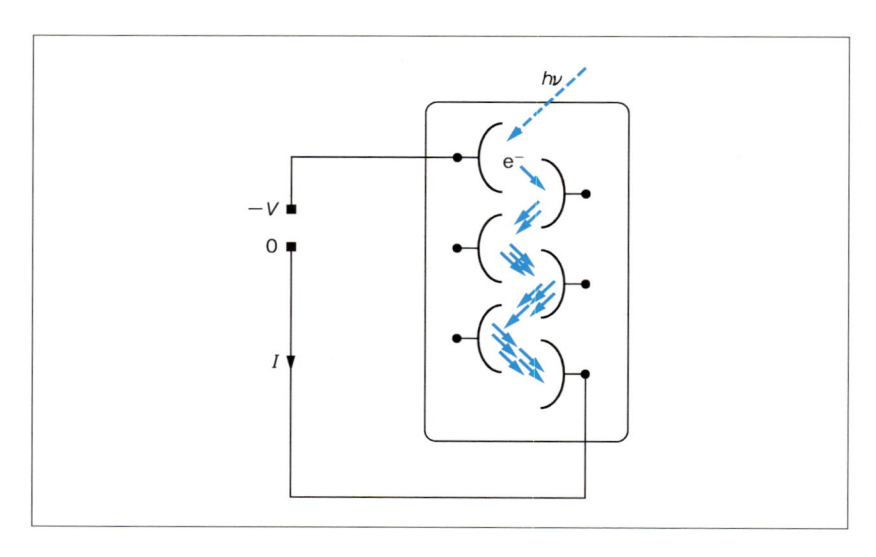

図2.9　光電子増倍管．

光電子増倍管の短所は空間的な解像度が低いことで，そのため各波長で逐次，光の強度を測定することによってスペクトルを描かなくてはならない．この点はダイオードアレイまたは電荷結合素子(CCD)を用いることによって克服するこ

とができる．CCDでは，分光光度計の全波長領域にわたって光の強度を同時にとらえることができる．

フォトダイオードは半導体デバイスで，光に当たると電気抵抗が減少する．これは適当な電子回路で検出できる．最新の製造法によって，そのようなダイオードの(1次元または2次元)アレイの製造が可能になった．各ダイオードは別べつにデータを記録する．これによって，アレイ全体にわたって光強度の同時測定が可能になる．

CCDは効率の高いシリコンベースの半導体光電素子で，フォトンの吸収によって光電子または電子-正孔対が半導体中に形成され，そのシリコンウェハー上の特定の場所(ピクセルと呼ぶ)に電荷が蓄積される．この電荷は電子的にセンサーの電極へ移され，1回に一つのピクセルを測定し，アレイ上に光の強度の電子像をつくり上げる(この装置はいまやデジカメ中の像形成に広く利用されている)．

アレイ型検出器を基礎にした分光光度計は上に記述したのとは若干異なる配置をとる．とくに分散を生じさせる部分，すなわち分光器は試料のうしろにあり，試料から出る全スペクトルが検出器アレイ上に映し出される(図2.10)．

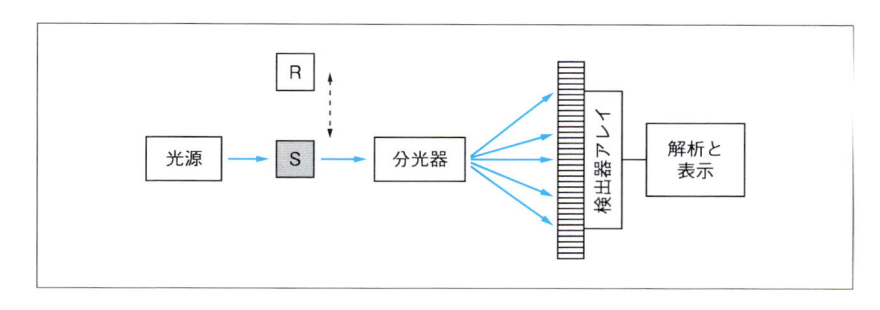

図2.10 アレイ型検出器をもつシングルビーム分光光度計．Sは試料，Rは参照試料．

2.2.2 実験の限界 ― 迷光の問題 ―

研究室のどの実験機器でもそうであるように，分光光度計によって与えられる情報の確度(accuracy)には根本的な限界がある．吸光度の読みが(とくにデジタル表示やコンピュータディスプレイの表示で)いくら精度(precision)が良いように見えても，それが真実であるとどうやって知ることができるだろうか？

波長と吸光度の検量線は標準フィルターによって描くことができる．しかし，よくキャリブレーションされた機器で，適切に調製された試料であっても間違うことがある．図2.11には，異なる濃度の一連の標準タンパク質溶液について280 nmにおいて測定された吸光度が示してある．A対cのグラフの低濃度領域では直線性があって，ランベルト-ベールの法則に従う．しかし，より高濃度になり，吸光度が2に近づいてそれを越えると，吸光度は期待される値よりも低くなっていることがわかる．実際，グラフは次第に一定値になって，濃度によらず一定になってしまう．これは迷光が分光光度計に及ぼす影響の例であり，この機器の限界の主要な理由である．

精度(precision)と確度(accuracy)の違いを覚えているだろうか？ デジタルのクオーツ時計は秒以下まで精度良く(precisely)時刻を表示するが，時計が正しく合わされていなければ間違った時刻を示すことになる．正しく合わせられたアナログ式の時計(針で時刻を示すものだ！)は分単位の時刻しか表示しないが，こちらはずっと正確で，正確度すなわち確度が高い(accurate)．

ランベルト-ベールの法則からのずれ(正も負も)は，試料にたとえば単量体-二量体平衡のような濃度依存性があって，しかもスペクトルの性質に影響を与える場合にも起こりうる．

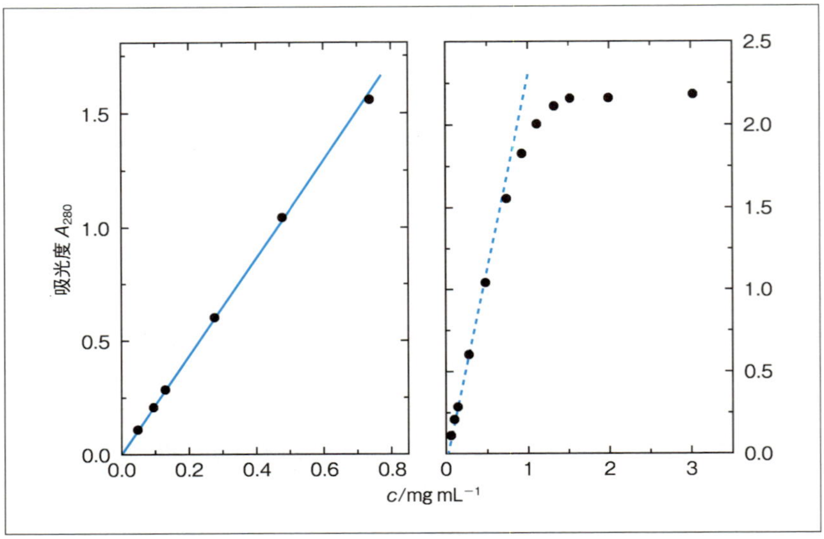

図 2.11 濃度の関数として見た，典型的なタンパク質溶液の 280 nm における吸光度．低濃度では直線的であるが(左側)，高濃度では迷光のためにランベルト–ベールの法則から外れる．

　この迷光の影響は次のように思い浮かべることができる．すなわち透過光(I)を測定しようとするときは，検出器に到達したすべての光が正しい波長をもち，試料を通ってきたものだと仮定する．しかし，もしこの試料室が完全に光から遮断されていないか，あるいは分光器が試料によって吸収されなかった異なる波長の光を通してしまっていたらどうなるだろうか？　その場合には，検出器に達する光の量はあるべき量よりも大きくなっている．その結果，測定装置は試料の吸光度が実際よりも低いと判断する．汎用の分光光度計は吸光度 $A = 1.5$ まで信頼性があるが，専門家の特殊な機器は別として，$A \approx 2$ を越えると求められた値にはまったく信頼性がない．機器の検出限界内で測定するように，試料の濃度を適当に選ばなければならない．

例題 2.4

Q　視覚色素であるレチナール(ビタミン A アルデヒド)の 375 nm におけるモル吸光係数は(エタノール中で)43,000 である．
(a) 45.0 μmol dm^{-3} のレチナール溶液の 375 nm における吸光度はいくらか？　ただし光路長は 1 cm とする．
(b) 迷光のために，さらに 0.5% の光が試料溶液を通過せずに分光光度計の検出器に届いたとすると，測定される吸光度はいくらか？　ただし，この分光光度計の表示は小数以下 3 桁であるとする．
(c) 20 μmol dm^{-3} の溶液を同じ機器で測定すると結果はどうなるか？

A　(a) ランベルト–ベールの法則から
$$A_{375} = \varepsilon_{375} cl = 43{,}000 \times (45 \times 10^{-6}) \times 1 = 1.935$$

(b) 迷光のない状態では，検出器に届く光の割合は以下のようになる．

$$I = I_0 \times 10^{-A} = 0.0116 I_0$$

しかし，さらに $0.005 I_0$ (0.5%) の光が他の原因で検出器に到達するとすると，実際に検出器に届く光は

$$I(測定値) = (0.0116 + 0.005) I_0 = 0.0166 I_0$$

となる．その結果，測定される吸光度は

$$A(測定値) = -\log \frac{I(測定値)}{I_0} = 1.780$$

これは，ほぼ 8% の誤差（低く見積られている）に対応する．

(c) $20\ \mu\text{mol dm}^{-3}$ のレチナール溶液について，正しい吸光度は

$$A_{375} = 43{,}000 \times (20 \times 10^{-6}) \times 1 = 0.86$$

また

$$I = 0.138 I_0$$

よって

$$I(測定値) = (0.138 + 0.005) I_0 = 0.143 I_0$$

ゆえに

$$A(測定値) = 0.845$$

これは，この条件下で測定された吸光度の 2% 以下の誤差に相当する．このことは明らかな機器の限界について注意する必要があることを示している．

溶液中の発色団の吸収スペクトルは通常，気体分子よりも広い幅をもつため，微細構造が現れにくい．これは溶液中では，他の分子や溶媒分子との衝突や相互作用によってスペクトルの広がり（ブロードニング）が起こるためである．

第一に，発色団の置かれた若干異なる，ゆらいでいる環境が，異なるエネルギー準位の間隔と，より幅広い振動エネルギーバンドをもたらす〔不均一広がり（ヘテロなブロードニング）〕．第二に，周りの分子との衝突が励起状態の寿命を減少させ，ハイゼンベルクの不確定性原理 $\Delta E \Delta t \geq \hbar$ によってスペクトルピークの線幅が広くなる〔均一広がり（ホモなブロードニング），または寿命による広がり（ブロードニング）〕．

2.2.3 電子による吸収 ― 紫外/可視スペクトル ―

紫外および可視の吸収スペクトルは，原子軌道または分子軌道における電子遷移によって生じる（図 2.12）．

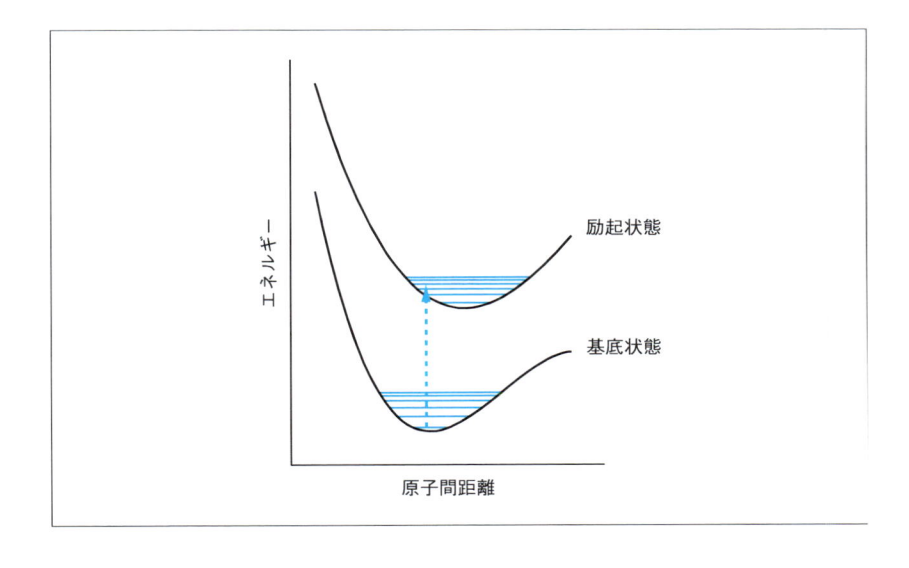

図 2.12 適当なエネルギーをもつフォトンの吸収は，電子を低い基底状態から狭いエネルギー間隔の励起状態のある範囲へ遷移させることができる．電子はそこから通常，熱としてエネルギーを放出することによって基底状態に戻る．

2.2.4 生体分子の発色団に特徴的なスペクトル

ほとんどの生体高分子はヒトの目には無色で，紫外部にのみ特徴的なスペクトルをもつ．吸収スペクトルはその形とピークの波長 λ_{max}，およびピークの高さすなわち分子吸光係数 ε によって特徴づけられる．アミノ酸，ヌクレオチド，核酸，タンパク質，DNA や他の発色団のスペクトルについて以下で述べる．

2.2.4.1 アミノ酸とペプチド，タンパク質

単純な球状タンパク質の典型的な紫外スペクトルを図2.13に示す．このタンパク質は構成アミノ酸以外には何も含まないので，スペクトルのすべての特徴はアミノ酸自体に由来する．極短波長 (240 nm 以下) における吸収はペプチド結合または関連官能基のアミドの π–π^* 遷移に起因し，通常とくに関心を呼ぶことはない (ただし円偏光二色性については2.3節参照)．より有益な近紫外領域 (図2.14および2.15，表2.1) は芳香族側鎖 (Trp, Tyr, Phe) および，ずっと小さな寄与だが Cys 残基の組合せに起因する特徴的な吸収スペクトルを示している．

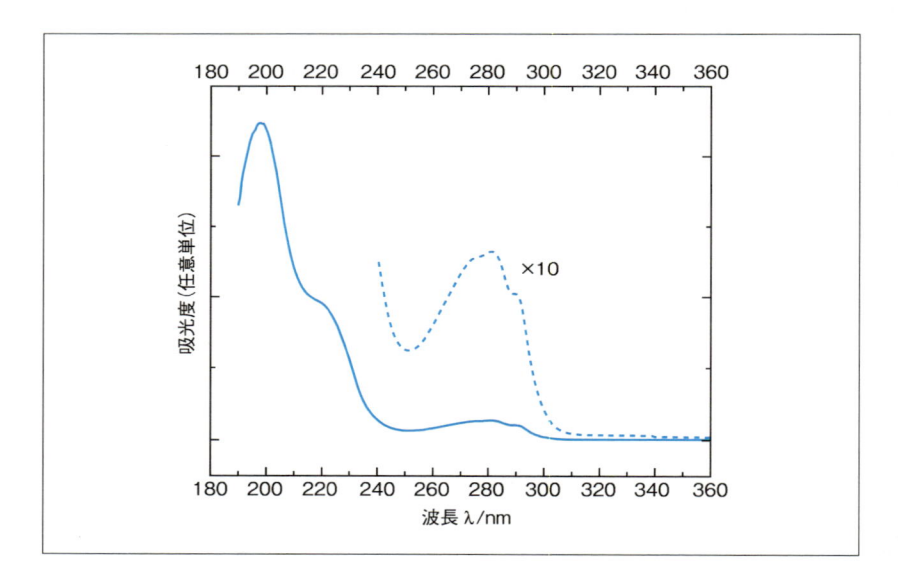

発色団 "chromophore" という言葉は，古代ギリシャ語の *chroma*(色)*phoros*(もつ) に由来している．この言葉は色をもつ，あるいは紫外/可視吸収の性質をもつ分子の官能基や部分に対して用いられる．

芳香族アミノ酸の側鎖の構造については第1章参照．

図2.13 球状タンパク質の水溶液中での典型的な紫外スペクトル．近紫外領域 (240 nm 以上) は見やすくするために拡大スケールで示してある．

とくにタンパク質濃度の正確な測定は意外と難しく，いくつかの方法が開発されてきた．しかし特別な場合を除いて，5%以上の確度で溶液中のタンパク質濃度を決定できることはまれである．

紫外/可視分光法の一つの重要な応用は濃度の測定であり，固有の発色団を用いるか，適当な反応で色のついた生成物の測定を行うものである．

タンパク質のアミノ酸組成が既知であれば，発色団をもつ側鎖の分子吸光係数を用いて，タンパク質分子全体の分子吸光係数を見積もることができる[1]．これは通常 280 nm で計算される．この波長で一般に認められている ε_{280} の値は 5,690 (Trp)，1,280 (Tyr)，60 (Cys．ただし半シスチン) である．Phe は 280 nm に吸収がほとんどない．

表 2.1 生体分子の発色団の生理的条件下における近紫外/可視におけるおよその λ_{max} と ε

	λ_{max}/nm	$\varepsilon/(\mathrm{mol\ dm^{-3}})^{-1}\mathrm{cm^{-1}}$
ヌクレオチド		
A	259	15,400
C	271	9,200
G	252	13,700
U	262	10,000
T	267	10,200
アミノ酸		
Trp	280	5,690
Tyr	276	1,400
Phe	257	197
Cys	<250	60 (280 nm)
その他		
レチナール(ロドプシン中)	500	42,000
ヘム(ヘモグロビン中)		
oxy-	414	131,000
deoxy-	432	138,000
NAD	260	18,000
NADH	340	6,200
クロロフィル	418	111,000

図 2.14 芳香族アミノ酸側鎖の近紫外吸収スペクトル.同じスケールで重ね合わせると(右下),最も影響を与えるのが Trp と Tyr であることが明らかである.

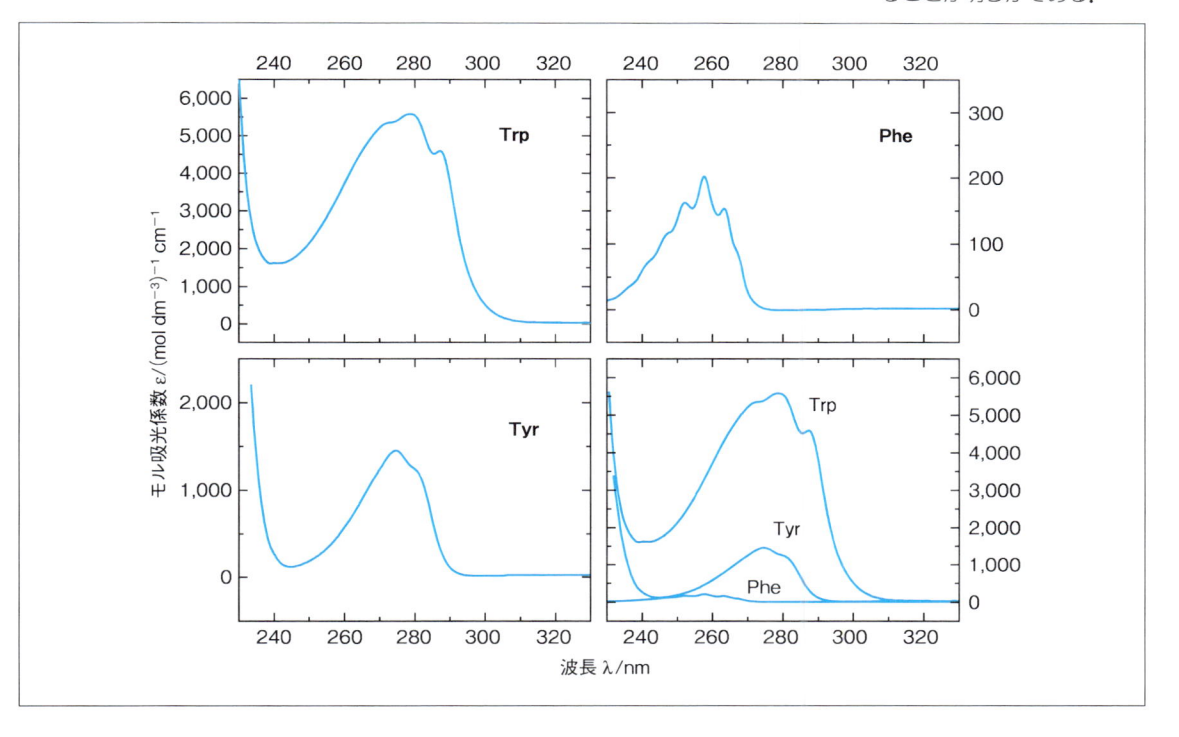

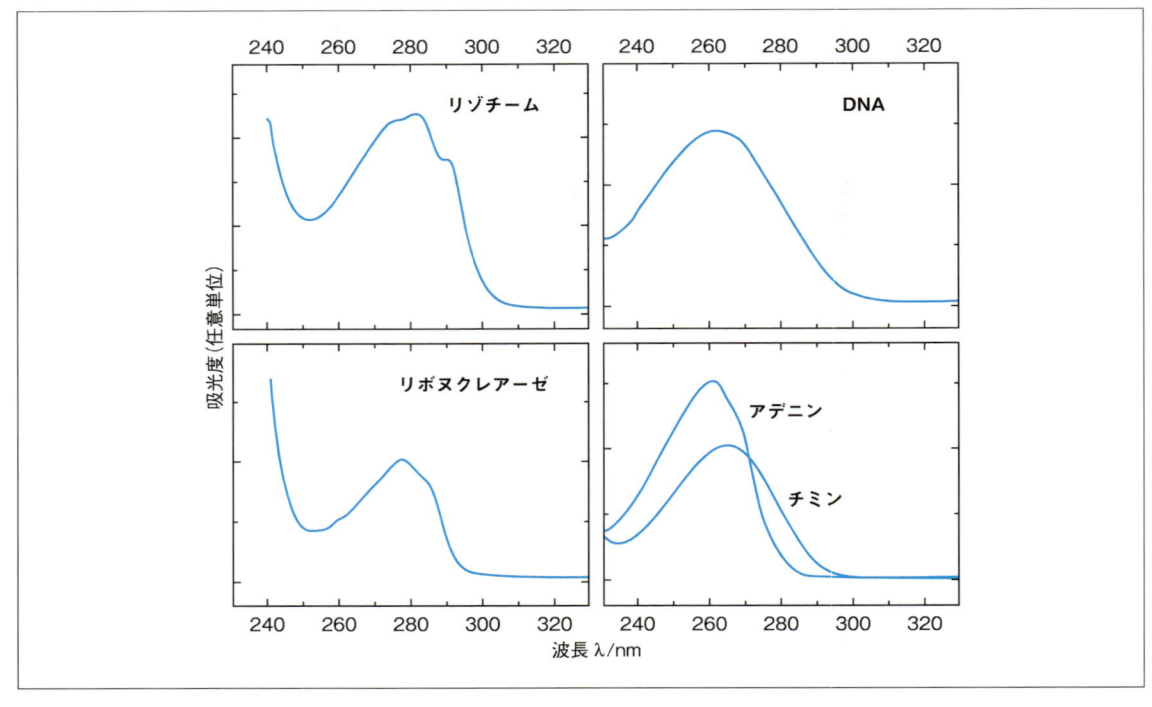

図 2.15 タンパク質(リゾチーム,リボヌクレアーゼ)と核酸(DNA,アデニン,チミン)の典型的な近紫外吸収スペクトル.リゾチーム(6 Trp, 3 Tyr, 3 Phe)のスペクトルは Trp の吸収の影響が大きいことに注意.それに対してリボヌクレアーゼ(Trp なし,6 Tyr, 3 Phe)は Trp をもたず,Tyr 側鎖の影響が大きい.

ブラッドフォード法(この名前は発明者に由来する[2])はクマシーブリリアントブルー染色剤を用いる.この染色剤はもともと組織染色に用いられたものでタンパク質に結合し,名前が示すとおり明るい青色に染色される.低濃度では,吸光度は溶液中のタンパク質濃度に比例する.

例題 2.5

Q 分子量 23,500 のある球状タンパク質は 6 個の Trp, 4 個の Tyr,および 3 個の Phe 残基をもつ.

(a) このタンパク質の ε_{280} はいくらか?

(b) このタンパク質の濃度が 0.5 mg cm^{-3} であるとき,光路長 1 cm のキュベットでは 280 nm の吸光度はいくらか?

A (a) 次のとおり.

$$\varepsilon_{280} = 6 \times 5{,}690 (\text{Trp}) + 4 \times 1{,}280 (\text{Tyr}) + 0 (\text{Phe})$$
$$= 39{,}260 \text{ mol}^{-1} \text{ dm}^3 \text{ cm}^{-1}$$

(b) モル濃度に直して

$$0.5 \text{ mg cm}^{-3} = 0.5 \text{ g dm}^{-3} = \frac{0.5}{23{,}500} = 2.13 \times 10^{-5} \text{ mol dm}^{-3}$$

よって

$$A_{280} = \varepsilon_{280} cl = 39{,}260 \times (2.13 \times 10^{-5}) \times 1 = 0.836$$

染色剤のポリペプチドへの非特異的結合に基づくさまざまな比色分析法もある.その一つでよく知られているのがブラッドフォード法である[2].このような方法の欠点の一つは,実際の発色した色の強度(吸光度)が絶対値でなく,タンパ

ク質に依存することである．したがって，絶対濃度が必要な場合にはキャリブレーションが問題になる．

厳密にいえば，これらの方法はすべてポリペプチドの濃度を測定しているのであって，タンパク質が正しく折りたたまれているかとか，活性をもっているかについての情報は与えない．

2.2.4.2 核酸

核酸（DNA, RNA）は 260〜270 nm 付近に強い紫外吸収をもつ．これはプリン塩基（A, G）やピリミジン塩基（U, C, T）の芳香環の π-π^* 遷移に由来する．糖-リン酸主鎖は遠紫外にのみ吸収をもつ．

DNA と RNA のスペクトルは，ヘリックス構造中のヌクレオチドの発色団が規則正しいスタッキングをすると，淡色効果といわれる現象を生じるほどコンフォメーションに敏感である．

塩基のスタッキングにより芳香環が密に接触するとスペクトルの性質に影響を与えるため，ヘリックスを形成しているポリヌクレオチドは 260 nm 付近における吸収が，遊離のヌクレオチドよりも低い．とくに 2 本鎖 DNA は変性した 1 本鎖 DNA よりも 260 nm の吸光度が低い．その差は 40% にもなるため，溶液中でのポリヌクレオチドの熱変性，すなわち"融解"を測定する方法として利用されている（図 2.16）．

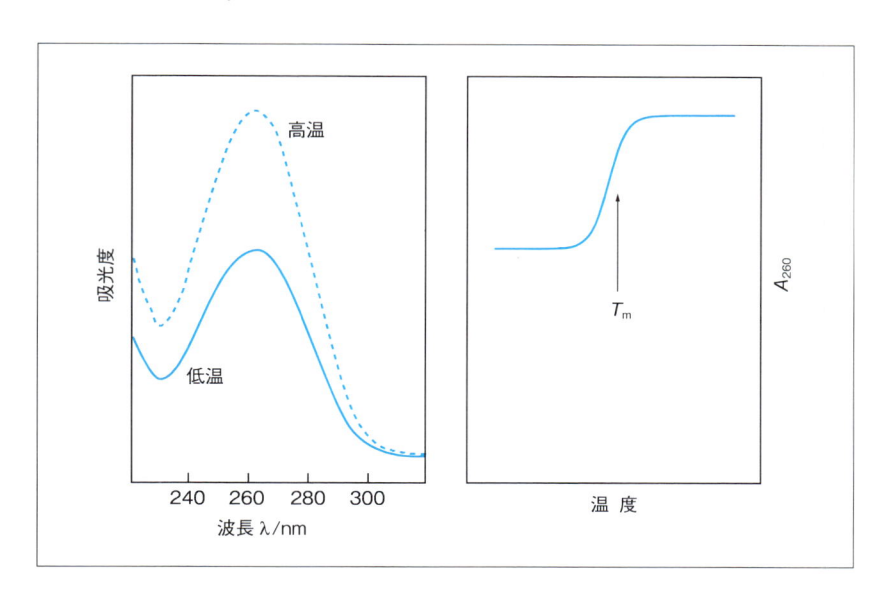

> **思い出そう** アデニン（A），グアニン（G），ウラシル（U），シトシン（C），チミン（T）は第 1 章に記されている．

> 2 本鎖 DNA の"融解"と"巻戻し"はポリメラーゼ連鎖反応（PCR）の基礎であり，分子生物学で特定の DNA 塩基配列を増幅するために広く用いられている方法である．マリス（Kary Banks Mullis）はこの方法の発見で 1993 年にノーベル化学賞を受賞した．

> **図 2.16** 淡色効果と DNA の"融解"．左側のパネルは低温（たとえば 25 ℃）における紫外吸収スペクトルであり，同じ溶液のより高い温度（典型的な温度として 60 ℃ 以上）のスペクトルと比較してある．この差は，高温で 2 本鎖 DNA のヘリックスがほどける（"融解"する）と，塩基対のスタッキングが外れることによる．この現象は，温度とともに融解が進むのをモニターするのに利用できる（右側のパネル）．

2.2.4.3 補欠分子族と他の発色団

タンパク質や核酸の固有の発色団のほかにも，紫外および可視領域に特徴的な吸収の性質を示す補因子や補欠分子族が存在する．たとえば緑色植物のよく見慣れた色は，主としてタンパク質に特異的に結合したクロロフィルや他の光合成色素が赤色を吸収することによる．

哺乳類のヘムタンパク質(ヘモグロビン,ミオグロビン)は特徴的な赤色をしており,これは鉄-ポルフィリン補欠分子族(ヘム)がスペクトルの青色端で吸収をもつことに由来し,またこれは酸素との結合に関与している.

補欠分子族のスペクトルの性質は,結合するタンパク質との共有結合または非共有結合によって変わる.たとえば,視覚タンパク質ロドプシンの主要発色団はレチナール(ビタミンAアルデヒド)である.これは共役ポリエン分子で,タンパク質に取り込まれ,通常(暗所で)11-シス体であるが,光に当たると光異性化が起こり,視覚プロセスの最初の段階として全トランス型に変換される.レチナールは遊離の状態では近紫外光(約370 nm)のみを吸収し,可視光を効率良く検出できない.しかしタンパク質の特定のリシン残基側鎖と共有結合で結合すると,プロトン化したイミン(シッフ塩基)を生じ,結合部位の他のアミノ酸との非共有結合の寄与もあって吸収極大 λ_{max} を 400〜600 nm の可視領域にシフトさせる.

ニコチンアミドアデニンジヌクレオチド(NAD)などの重要な電子伝達系の補因子の酸化型と還元型は,紫外吸収の性質が異なる(表2.1参照).このことは代謝経路において,これらの補欠分子族の酸化還元状態をモニターするのにたいへん便利で,紫外吸収の変化は,しばしばこれらの官能基が関与する酵素に触媒される反応の経時変化を測定するために用いられる.

2.2.4.4 脂質と糖質

ほとんどの脂質や糖質には電子の非局在性がなく,近紫外や可視領域での吸収をもたらす比較的低いエネルギーの電子遷移を生じる芳香族基がない.その結果,これらの化合物は化学的に分断されたりしない限り(たとえば,糖のキャラメル化),非常に短い波長の光(200 nm 以下)しか吸収しない.さらに脂質は水に溶けず,二重層や他の凝集体を形成するために光散乱,とくに短波長の光散乱を生じやすく,脂質の真の吸収の性質を調べるのは難しい.

2.2.5 紫外/可視スペクトルに影響する因子

紫外/可視吸収の波長や強度を決定する因子は複雑で,本章でもすでに塩基のスタッキングによる相互作用が核酸の吸収に影響すること(淡色効果)を見てきた.

λ_{max} が主としてその発色団分子の電子エネルギー準位に依存しているのに対して,ε は吸収断面積 σ によって決まる.いずれのパラメータも分子軌道固有の量子力学的性質に由来し,両者とも分子の環境に影響されるが,この現象を理解するには,以下の単純な物理的考察が役に立つ.

価電子のより高いエネルギー準位への励起は否応なしに負の電荷(電子)と,正の電荷をもつ原子核を引き離すことになる.その結果,基底状態から励起状態へ遷移するときに(電気)双極子に変化が生じ,通常,励起状態のほうが大きな双極子モーメント(遷移モーメントとして知られる)をもつ.単純な静電気学によれば,これらの電荷を分離するのに要する仕事は環境の極性,すなわち誘電率(比誘電率)に依存する.たとえば発色団が誘電率の非常に高い(極性の非常に大き

古い血液のシミの茶色は,ヘモグロビンのヘムの鉄(II)が鉄(III)に酸化されたことによるものである.日常の経験によれば,酸素と水を組み合わせて反応させると鉄(III)酸化物,すなわち"さび"が容易に形成される.これは逆反応を起こさせることが難しく,ヘモグロビンやミオグロビン,または他のヘム含有酸素結合タンパク質にこれがある程度以上起こると文字通り致死的である.驚くべきことは,タンパク質の構造は実に巧妙にできており,酸素が鉄(II)に結合しやすくなっている一方で,同時に酸化を触媒する水を排除するようになっていることである.タンパク質が(古い血液のように)変性すると,この効果は失われる.

吸収断面積 σ はフォトンが発色団に出会ったときに吸収される確率と関係している.これは吸収する分子に等価な,仮想的な不透明な物体の断面積として思い描くことができる(2.1.2項参照).

い)水のような溶媒に囲まれているとすると，非極性環境で同じ過程によって励起状態双極子を形成するよりも必要とされるエネルギーは小さい．その結果，エネルギー準位の差は水中にある発色団では小さく，吸収スペクトルはより低いエネルギーすなわち，より長い波長側へシフトすることが期待される．同じ考察は吸収の強度にもあてはまる．

　これらの効果は生体高分子のコンフォメーション変化や結合の過程をモニターするのに非常に有用である．たとえば球状タンパク質が変性するとき，通常はタンパク質の比較的非極性の内部に部分的に埋もれている芳香族の側鎖(Trp と Tyr)が，より極性の水環境に露出される．その結果，270〜290 nm 領域の紫外吸収スペクトルに小さな変化を生じ，この変化は，特定の条件下で変性の程度を決定するのに利用することができる．紫外スペクトルの変化は，タンパク質の活性部位に何かが結合するときにも生じる．たとえば酵素リゾチームの活性部位のクレフト(溝)には，水に露出したいくつかのトリプトファン残基がある．この溶液中に三糖類の阻害剤を加えると，これが活性部位に結合し，トリプトファン環境の極性が減少して吸収スペクトルが全体的にシフトする．

2.2.5.1　差スペクトル

　これらの紫外/可視スペクトルの変化は比較的小さいので，その変化をスペクトルから直接見るのは難しいことが多い．そのような場合には，差スペクトルをとるのが便利である．条件を変えた試料のスペクトルから元のスペクトルを差し引く．これは普通，分光光度計によって直接差し引くのがよい．すなわち元の試

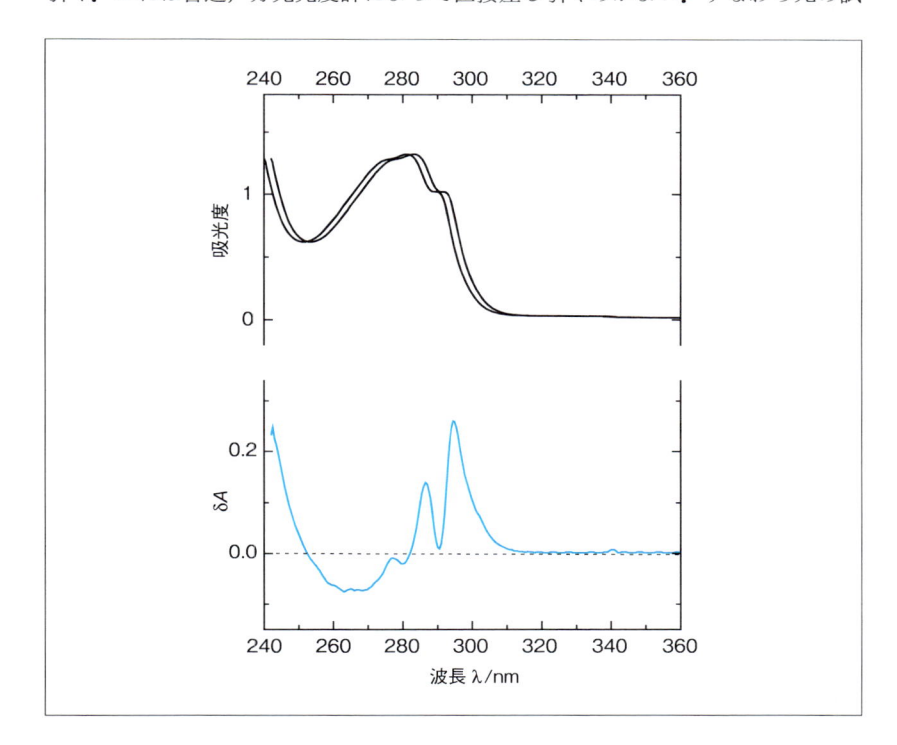

図 2.17　差スペクトルの例．上のパネルは二つの(ほぼ同じ)タンパク質のスペクトルである．差をとることによって得られる差スペクトル(δA)は，違いをよりはっきりと表示する．

料の一部を(通常行う場合の溶媒の代わりに)参照キュベットに入れ，同じ試料へ変化を施したものを試料キュベットに入れる(図2.17)．

2.3 円偏光二色性

不斉分子は左まわり円偏光と右まわり円偏光に対して異なる応答をすることがある．このとき，とくに紫外/可視光に対して吸光度が異なると円偏光二色性(CD)を呈する．

円偏光二色性(円二色性)は，左まわり円偏光と右まわり円偏光の吸光度の差として測定される．

$$\Delta A = A_L - A_R$$

ここで A_L および A_R はそれぞれ特定の波長における左まわり円偏光と右まわり円偏光の吸光度である(図2.18)．これはモル吸光係数の差の関係で表すことができる．すなわち

$$\Delta \varepsilon_{molar} = \varepsilon_L - \varepsilon_R$$

で，この量は歴史的な理由からしばしば楕円率 θ に変換される(詳細は Box 2.2 参照)．

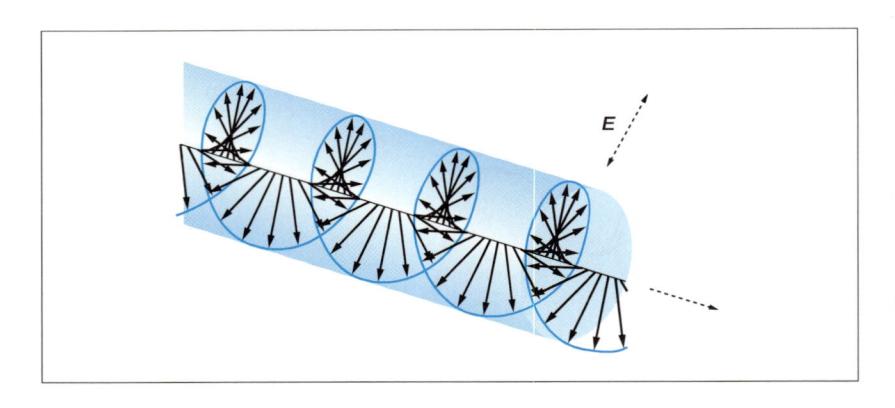

CDスペクトルは原理的にシングルビーム分光光度計と似た機器(分光偏光計)で測定される．ただし直線偏光でなく，円偏光が用いられる(図2.19)．しかしCDの効果は通常はとても小さく，遠紫外の領域まで測定する必要があるので強力な光源が必要であり，機器はより特殊化している．

通常の直線偏光の光，あるいは偏光していない光は，左まわりあるいは右まわりに円偏光したフォトンの重ね合わせになっている．左まわり円偏光(L)または右まわり円偏光(R)は，石英の圧電結晶または他の光学活性材料を用いて選択することができる．すなわち，そのような結晶を交流電場に置いて歪みを与え，左

これに関連する手法として旋光や旋光分散(ORD)(すなわち波長の関数としての旋光)があるが，今日では生体分子の研究にはあまり用いられない．

光は，振動する電場ベクトルが電磁波の進行方向の軸に関して回転するとき(右まわりまたは左まわり)円偏光しているといわれる．その結果，ベクトルを表す矢印の先端はビームに沿ってらせんを描く(磁場ベクトルも同様だが，電場ベクトルに対して垂直になっている)．たいていの光は偏光していない——実際には，すべての可能な偏光が混ざったものである．直線偏光(平面偏光ともいう)は等量の左まわり円偏光と右まわり円偏光からなっている．左まわり円偏光と右まわり円偏光の量が等しくない場合は楕円偏光と呼ばれる．CDデータが楕円率 θ で表されるのはこの理由による．

図2.18 円偏光の電場ベクトルの先端をトレースしたらせん経路．ここで示した反時計まわりの回転は，左まわりの円偏光に対応している．右まわりの円偏光は，この表示では時計まわりとなる．

別の見方をするために，量子論ではフォトンがスピン1の粒子であることを思い出そう．スピンの向きは進行方向に対して平行か反平行か(すなわち前を向いているか後ろを向いているか)である．これら二つのスピン状態が左まわりまたは右まわり円偏光に対応している．

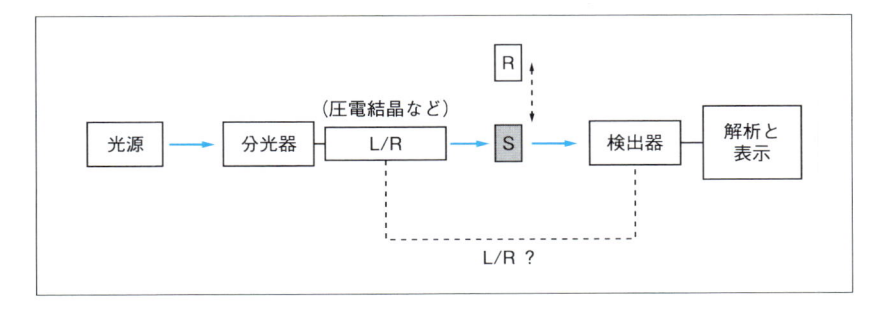

図 2.19 典型的な分光偏光計.

まわり円偏光または右まわり円偏光を交互に通過させる．この光が試料(S)を通って検出器および解析回路に入る．両者は変調器によって電気的に同期され，左まわり円偏光と右まわり円偏光が別べつに測定される．溶液試料のためのキュベットは通常の紫外分光用と同様なつくりになっているが，遠紫外光を強く吸収する系で用いられるため，光路長はしばしばずっと短い．

Box 2.2　円偏光二色性の単位

CD データを報告するときに使う単位に，しばしば混乱が生じることがある．測定される量 $\Delta A = A_L - A_R$ は次元なしの吸光度の単位をもち，関連する吸光度の測定(2.1 節)にあてはまるすべての規則と実験的な制限に従う．とくに，差モル吸光係数を用いるのが便利である．

$$\Delta \varepsilon_{molar} = \varepsilon_L - \varepsilon_R$$

これは仮想的な $1\,M\,(1\,mol\,dm^{-3})$ 溶液の，光路長 $1\,cm$ での差吸光度である．$\Delta \varepsilon_{molar}$ の単位は $mol^{-1}\,dm^3\,cm^{-1}$ で，濃度 $(1\,mol\,dm^{-3})$ は溶液中の(高)分子 $1\,mol$ 当りについての値である．

タンパク質やポリペプチドの場合，遠紫外領域 $(180 \sim 240\,nm)$ における吸収の主要部分はペプチド結合に由来する．その結果，比較を容易にするため，データはしばしばペプチド結合 $1\,mol$ 当り，あるいは残基 $1\,mol$ 当りの量として表される．N 個のアミノ酸残基からなる 1 本の鎖は $N-1$ 個のペプチド結合を含む．平均残基量 (mean residue weight; MRW) は

$$MRW = \frac{RMM}{N-1}$$

で与えられ，ここで RMM (relative molar mass) はタンパク質の相対モル質量 (Da) である．したがってペプチド結合または平均残基量で表すと

$$\Delta \varepsilon_{MRW} = \frac{\Delta \varepsilon_{molar}}{N-1}$$

多くのタンパク質で MRW は約 $110\,Da$ である．この値はタンパク質の大きさが不明で，濃度が重量濃度(たとえば $mg\,mL^{-1}$)で見積られているときに，MRW 濃度(または N)を見積るために利用することができる．

> 同様の考えが，核酸や他の生体高分子のような，CDの効果を繰返し単位のモル数で表すのが便利なときに応用される．
>
> 旋光分散（ORD）と関連した歴史的な理由から，CDデータは多くの場合，楕円率 θ として報告される．直線偏光（平面偏光）の光がCD活性の試料を通過すると，入射光の左まわり円偏光成分と右まわり円偏光成分の間の吸光度の違いにより楕円偏光となる．楕円率は角度
>
> $$\theta = \tan^{-1}\frac{b}{a}$$
>
> で定義される．ここで a と b はそれぞれ楕円の長軸と短軸の長さを表す．平均残基楕円率と $\Delta\varepsilon_{MRW}$ は以下のように単純な定数因子によって関連づけられる．
>
> $$\theta_{MRW}(\text{deg cm}^2\text{ dmol}^{-1}) = 3{,}298 \times \Delta\varepsilon_{MRW}$$

核酸とタンパク質の典型的なCDスペクトルを図2.20と2.21に示す．ここで，キラルな試料のみが円偏光二色性や他の光学活性現象をもたらすことを覚えておくのは重要である．円偏光二色性は吸光度の差から成り立っているので，CDスペクトルは波長によって正であったり負であったりし，スペクトルの形状は一般的に対象分子のコンフォメーションを反映している．

核酸のプリン塩基とピリミジン塩基は元来キラルではないが，それにもかかわらずDNAとRNAは近紫外および遠紫外領域で有意なCDスペクトルを生じる．これは2本鎖ヘリックスや他のキラルなコンフォメーションが塩基をキラルな環境に置き，その結果，それが偏光に対する光学的な応答として反映されるからである．これは図2.20に示されている．ここにはA，BおよびZ型DNAの特徴的なCDスペクトルが示されている．

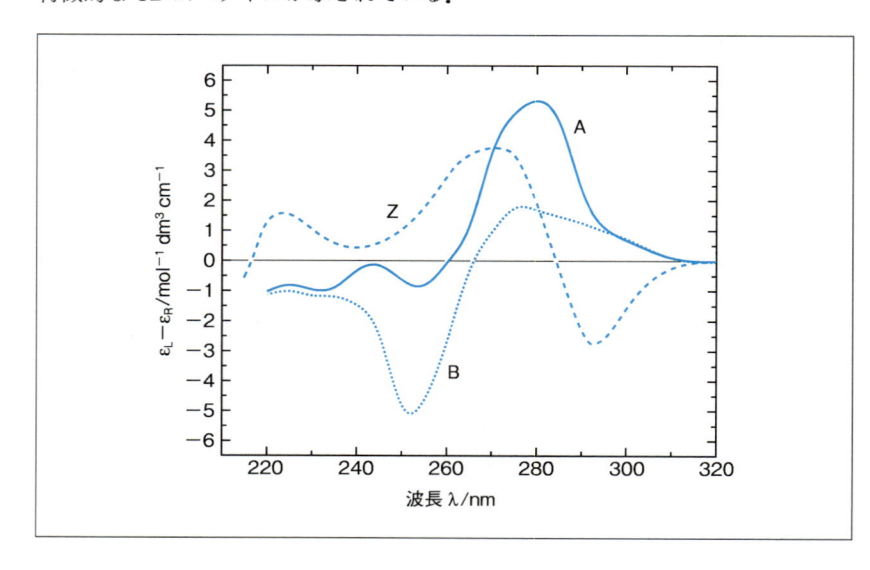

溶液中のほとんどの生体分子においてCD効果は非常に小さく，典型的な ΔA はおよそ 3×10^{-4} 程度であり，対応する楕円率は10 mdeg（ミリ度）である．

最初に観測されたのはA型DNAで，ロンドンのキングス・カレッジで研究していたロザリンド・フランクリン（Rosalind Elsie Franklin）が実験によって示したものである．当時，ワトソン（James Dewey Watson）とクリック（Sir Francis Harry Compton Crick）（ケンブリッジ大）は彼らのDNAの二重らせんモデルを考察中だった．フランクリンはDNA繊維を取り出して空気に曝していたが，これは当然ながらDNAを乾燥させた．のちに技術が向上し，繊維はガラスのキャピラリーに封入されたため，湿度を制御しやすくなった．

図2.20 A，BおよびZ型2本鎖DNAの平均残基吸光度を示すCDスペクトル[†]．

[†] 訳者注　縦軸の単位に含まれている mol^{-1} の代わりに dmol^{-1} を使うことも多い．データを参照するときには注意が必要である．

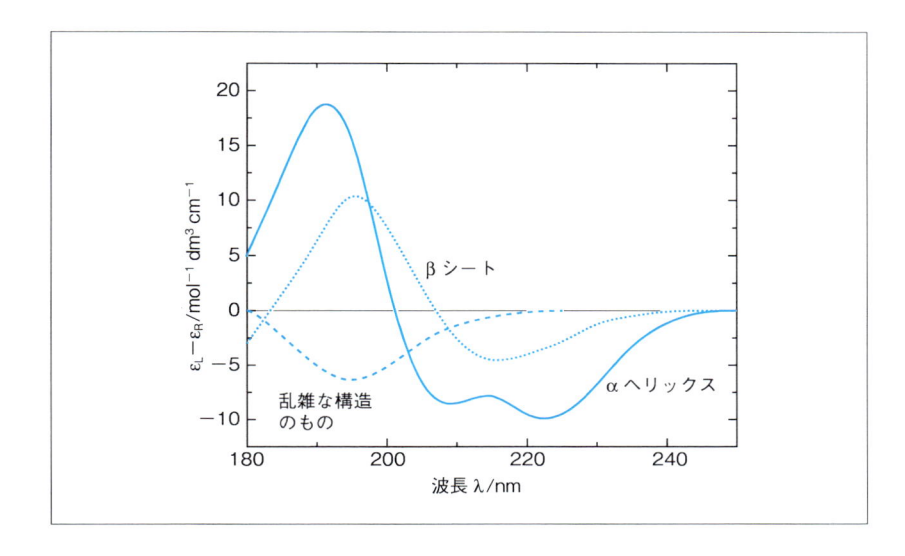

図2.21 ポリペプチドおよびタンパク質に見られるいくつかの二次構造のCDスペクトルの典型的な形.平均残基吸光度の大きさ($\varepsilon_L - \varepsilon_R$)はタンパク質において典型的な値になっている.

　B型は右巻きの2本鎖で,生理学的条件下で最もよく見いだされるコンフォメーションである.試料の水含量を減らす(アルコールを加えたり,DNAゲルを脱水するなどする)とコンフォメーションはA型に転換され,塩基対はらせん軸に関して傾いた角度をとる.Z型はまれにしか見られない左巻きのコンフォメーションで,高塩濃度で見られ,最初はCDスペクトルに大きな違いを見せることから見いだされた[3].

　タンパク質はアミノ酸から構成され,(グリシンを除く)すべてのアミノ酸はキラルである.さらにαヘリックスやβシートのような二次構造は,二次構造自体がキラルである.この主鎖のペプチド結合に由来する遠紫外(190〜240 nm)でのCD効果は,タンパク質の二次構造全体の特徴を反映している(図2.21).近紫外の領域(240〜300 nm)では,トリプトファンやチロシンのような発色性残基に由来する(コンフォメーションの)キラリティーが(これら残基の側鎖自体に固有のキラリティーがないにもかかわらず)CD効果を引き起こす.補欠分子族や他の発色性リガンドはタンパク質に結合すると固有のキラリティー,または光学活性なタンパク質に強く結合することによって誘起されたキラリティーにより紫外/可視領域にCD効果を生じる可能性がある.これらの効果はすべてタンパク質の二次構造や三次構造に感受性があり,CDはコンフォメーションを推定したり,コンフォメーション変化をモニターするのにたいへん有用であることが知られている[4].

　CDスペクトルから二次構造含量を推定する方法がある.これらのアルゴリズムでは決定されている二次構造のライブラリーを使ってαヘリックス,βシートやβターン,および他のコンフォメーション要素の割合を推定する.

2.4 蛍　光

フォトンを吸収して(一重項)励起状態に励起されたあと，ほとんどの原子や分子は余剰のエネルギーを周囲に熱として放出しながら，非放射的に基底状態へ落ちていく．しかし，励起分子のうちのわずかなものはフォトンを放出しながら基底状態に戻り，蛍光を見せる(図 2.22)．

> "蛍光" という言葉は 1852 年にストークス(G. G. Stokes)によって，鉱物である蛍石(CaF_2)から名づけられたものである．蛍石は紫外線を照射すると可視光を放つ．

> **図 2.22** 電子の励起とそれに続く蛍光放射のエネルギー準位図．基底状態からの最初の(垂直の)励起のあと，系は急速に励起状態の最低エネルギー状態に緩和する．

> フランク-コンドンの原理：原子核は電子に比べると非常に重いため，電子遷移は核が動くよりも速く起こり，このため図 2.22 のような垂直の遷移となる．結合の長さの変化は，もっとゆっくり起こる．

> 蛍光顕微鏡では，蛍光分光計が顕微鏡光学系に組み込まれているが複雑な分光器ではなく，光学フィルターが用いられることが多い．検出系にはもともと弱い顕微鏡試料からのシグナルを増幅するための増幅器の付いたビデオカメラや他の検出器が用いられる．

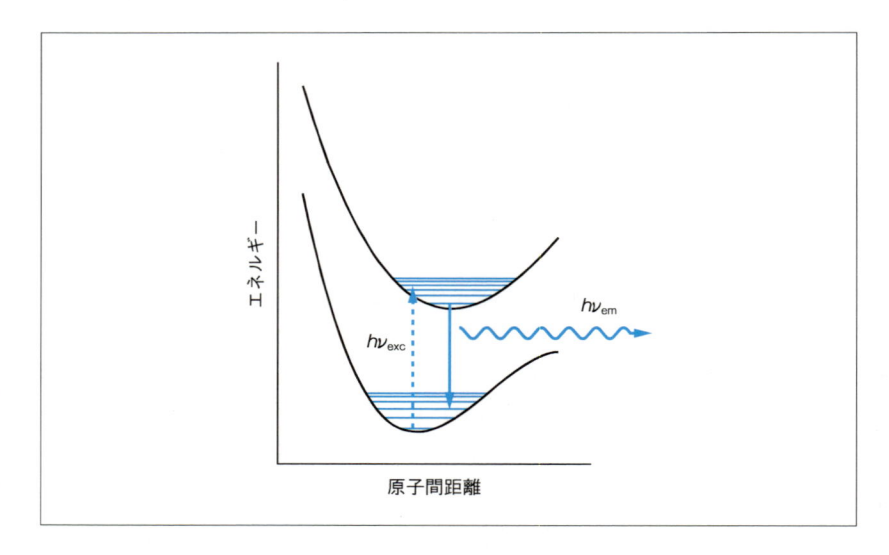

蛍光の放射はあらゆる方向に起こり，量子収率 ϕ または蛍光強度と最大波長 λ_{max} によって特徴づけられる．エネルギー保存則から，放出されるフォトンは励起光と等しいか，低いエネルギー(より長い波長)をもつ．

蛍光は普通，蛍光分光計を用いて測定される．これは光源と，試料 S に焦点の合った選択された波長の光線を与える励起側分光器と，それに続く発光側分光器および試料から発せられる光の検出器からなる．発光側分光器は通常，励起光と直角の方向に置かれ，散乱光の影響を最小にするようにしてある(図 2.23)．

光源は通常，高強度キセノンアークランプであるが，より特別な応用にはレーザーまたは波長可変レーザーが用いられる(この場合，励起側分光器は不要である)．検出器には光電子増倍管または 2.2 節で述べたアレイ型検出器も用いられる．

通常の蛍光実験の試料(たいていは溶液)は，四方が光学的に透明な直方体のキュベットに入れられる．吸収バンドの範囲内の波長 λ_{exc} の光が励起側分光器から発せられ，試料の中央に焦点が合わせられる．直角方向から来るすべての光(蛍光または他のなんらかの光)は 2 番目の(発光側)分光器の入口のスリットに焦点を合わせられ，発光スペクトル(λ_{em})が測定される．

発光スペクトルは，ある一定の波長 λ_{exc} で試料を励起し，発せられる光を観

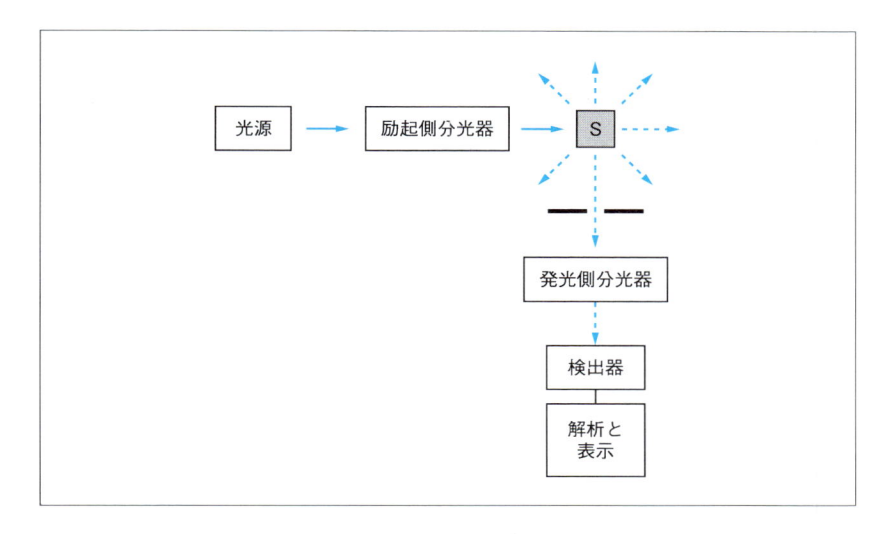

図 2.23 一般の蛍光分光計の模式図.

測することによって得られる．また励起スペクトルをとるためには励起光の波長をスキャンして，一定波長 λ_{em} の発光を測定する．光源からの光の強度は波長によって変わるので，正確で定量的な測定のためには，観測されたスペクトルを光源強度の変化に対して補正する必要がある．図 2.24 に典型的な蛍光励起スペクトルと蛍光発光スペクトルが示してある．

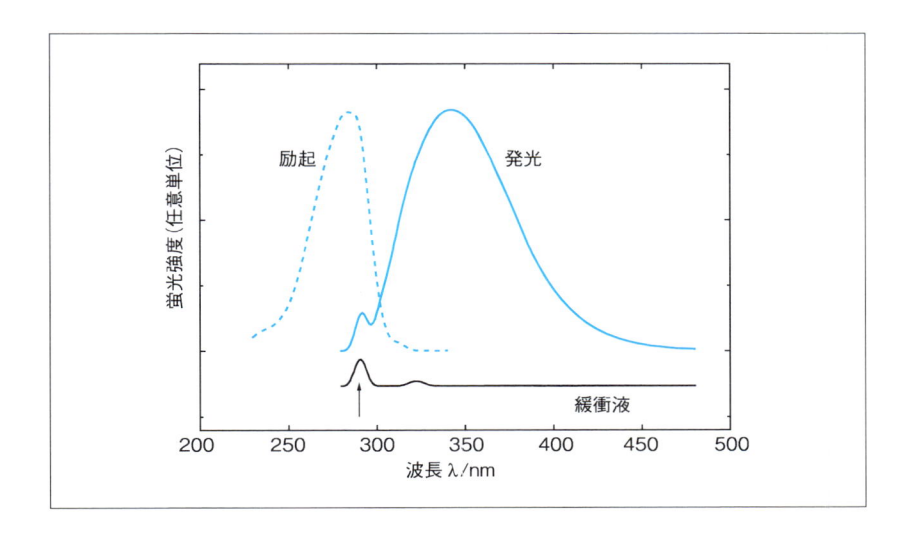

図 2.24 水溶性球状タンパク質の室温における典型的な蛍光励起および蛍光発光スペクトル．励起波長 λ_{exc} は 290 nm（矢印で示した）．タンパク質なしの緩衝液でとった発光スペクトルが比較のためオフセットで図中に示してある．

図 2.24 に関して覚えておくべきことは，励起スペクトルは吸光度スペクトルによく似ているということである．これは，試料は励起波長でのみフォトンを吸収するのだから当然である．他方，発光スペクトルはより長い波長にシフトしていて，だいたい励起スペクトルの鏡像になっている．これはすべての蛍光スペクトルに特徴的なことである．およそ 342 nm にピークのある，より長いほうの波長の大きな発光強度は，このタンパク質中のトリプトファン残基からの強い蛍光

の特徴を示している．

　緩衝液のみからとったベースラインシグナルはさらに二つの特徴を示している．これについて説明しよう．そこに見られる二つのピークは蛍光ではない．最初の(比較的)小さい(大きなほうの)励起光と同じ波長のピークは，試料または混入したチリや他の散乱体からの散乱光で，弾性的に(したがってエネルギーを失わずに)散乱された光である．図 2.24 の 320 nm 付近の 2 番目の小さなピークは，溶媒の水のラマン散乱(非弾性)によるものである．ラマン散乱によるフォトンのエネルギー損失は，水分子が入射光と相互作用する際の水の伸縮振動の励起エネルギーに対応する(ラマン分光法についての詳細は 2.5 節参照)．

2.4.1　内部フィルター効果

　見かけの蛍光スペクトルが高濃度溶液で見られることがある．これは内部フィルター効果で，励起光のかなりの部分が(集光光学系が焦点を合わせている)キュベットの中程に到着する前に試料によって吸収されるとき，または放射された光が同様にキュベットを通過する前に再吸収されるときに起こる．経験則では，励起または発光波長における試料の吸光度 A は 0.2 以下でなければならない．

2.4.2　蛍光のシフト

　生物物理学のツールとしての蛍光のより便利な側面は，蛍光の強度と波長がいずれも化学的な効果と環境による効果に敏感なことである．

　最大蛍光強度の波長 λ_{max} は蛍光分子の基底状態と励起状態のエネルギー差によって決まり，この波長は吸収について述べた(2.2.5 項参照)のとまったく同じ理由で，分子を取り巻く溶媒の極性によって影響を受ける．これについての例が図 2.25 に示されており，ここでは種々の溶媒におけるトリプトファンの蛍光ス

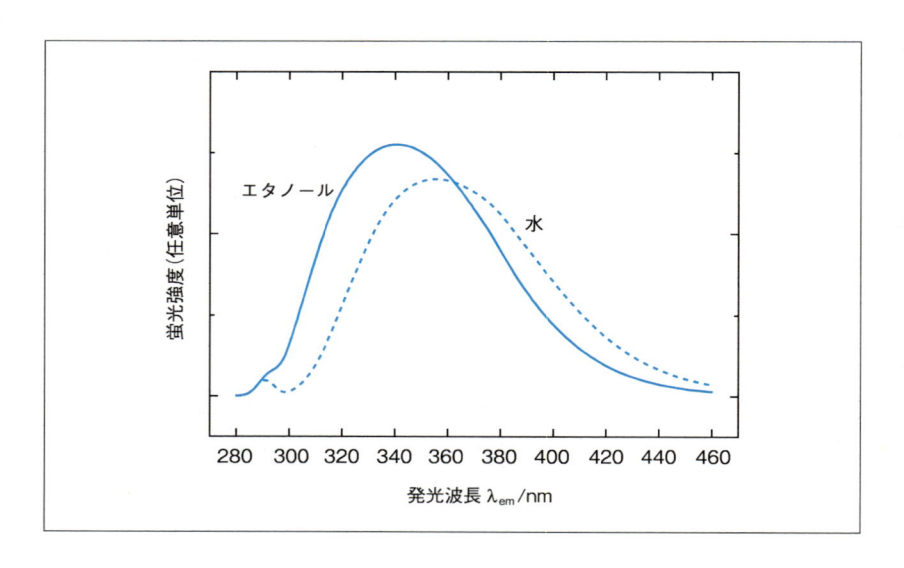

図 2.25　トリプトファンの水中およびエタノール中での蛍光スペクトル(λ_{exc}=290 nm)．

ペクトルが比較されている．一般的に，励起状態遷移双極子効果のために，より極性の高い溶媒中ではエネルギー差が減少し，スペクトルのレッドシフト(赤方偏移)が見られる(より大きな λ_{max} になる)．他方，非極性環境ではブルーシフト(青方偏移)したスペクトルが観測される(より短い λ_{max} になる)．このような定性的な効果が高分子のコンフォメーションや相互作用を解釈する際にたいへん有効に役立つことがある．

2.4.3 蛍光強度 — 量子収率と消光 —

蛍光量子収率 ϕ は，放射されたフォトンの数を吸収されたフォトンの数で割ったものである．ϕ は分子の吸収特性と蛍光寿命 τ に，次のように関係する．

$$\phi = \frac{\tau}{\tau_0}$$

ここで τ_0 は非放射過程がない場合の励起状態の蛍光寿命である．全体としての蛍光寿命 τ は，すべての可能な緩和モードを考慮した励起状態の全寿命で，ほとんどの蛍光分子でたかだか 10 ns 程度である．

励起状態でとどまる時間が長い分子ほど，蛍光を発する可能性が高い．基底状態に戻る他の非放射過程を提供して寿命を減少させるようないかなる経路も ϕ を減少させ，蛍光強度を下げる．これが消光として知られるものである．

蛍光量子収率は，励起状態からの放射を伴う緩和過程と非放射の緩和過程の相対速度，すなわち k_r と k_{nr} を使って表される．

$$\phi = \frac{k_r}{k_r + k_{nr}} = \frac{1}{1 + k_{nr}/k_r}$$

励起状態からの緩和の両方を組み合わせた速度は，寿命と下記のように関係している．

$$k_r + k_{nr} \approx \frac{1}{\tau}$$

さらに，いくつかの因子が非放射性緩和の速度 k_{nr} に寄与しうる．これらは次のように書ける．

$$k_{nr} = k_{intrinsic} + k_{environmental} + k_{dynamic\ quench} + k_{static\ quench}$$

励起状態の電子を棚の上の物と考えてみよう．電子は自然な傾向として棚から下に速度 $k_{intrinsic}$ で落ちようとする．この $k_{intrinsic}$ は分子の特異的な構造に依存する．さらに，もし棚が熱運動による連続的なブラウン運動によってガタガタゆすられているとすると，電子はこの外部との相互作用によってなくなってしまうかも知れない．このことが起こる速度 $k_{environmental}$ は分子の衝突の頻度(温度)および衝突分子の大きさや極性に依存するだろう．たとえば周りを取り囲む溶媒中

の，より極性の高い分子は励起状態の電子と静電相互作用により，より容易に相互作用する傾向がある．したがって温度を上昇させるか，より極性の高い溶媒に移すことによって蛍光強度は減少すると考えられる．

より特異的な消光効果もある．酸素(O_2)，ヨウ化物(I^-)，アクリルアミド(プロペンアミド)，スクシンイミド(ピロリジン-2,5-ジオン)などは励起状態の蛍光分子と接触すると，非放射の緩和過程を促進する．そのような消光は分子間の遷移衝突を含む動的な過程かもしれないし，消光分子 Q が蛍光基とより寿命の長い複合体を形成する静的な過程かも知れない．

動的な消光の場合，速度は衝突の頻度と消光物質の濃度に依存する．

$$k_{\text{dynamic quench}} = k_{\text{dyn}}[Q]$$

ここで k_{dyn} は，消光物質 Q と励起状態にある官能基との拡散衝突による擬一次反応速度である．その結果，特別な消光がない場合には，蛍光量子収率(または強度)は

$$\phi_0 = \frac{k_r}{k_r + k_{\text{intrinsic}} + k_{\text{environmental}}}$$

のように書けるが，動的な消光が存在する場合には

$$\phi = \frac{k_r}{k_r + k_{\text{intrinsic}} + k_{\text{environmental}} + k_{\text{dyn}}[Q]}$$

と書けることになる．

消光物質が存在しない場合と，ある濃度で消光物質が存在する場合の蛍光強度の比は次のように書ける．

$$\frac{\phi_0}{\phi} = 1 + K_{\text{SV}}[Q]$$

これは最も単純なシュテルン-フォルマーの式で，シュテルン-フォルマー係数 K_{SV} は次式で与えられる．

$$K_{\text{SV}} = \frac{k_{\text{dyn}}}{k_r + k_{\text{intrinsic}} + k_{\text{environmental}}}$$

静的な消光には，消光物質 Q と蛍光基 F の間の平衡複合体が関与している．

$$F + Q \rightleftharpoons FQ$$

このとき

$$K = \frac{[FQ]}{[F][Q]}$$

タンパク質の構造が硬直したものではなく，有意な動的ゆらぎをもっていることを示した最初の実験は，球状タンパク質中の埋もれたトリプトファン残基が分子状酸素によって動的な消光を行うという結果であった[5]．

ここで K は F と Q の結合定数である．会合していない分子だけが蛍光を発すると仮定すると，静的な消光物質がある場合と，ない場合の相対蛍光強度は次式で与えられる．

$$\frac{\phi_0}{\phi} = \frac{[F] + [FQ]}{[F]} = 1 + \frac{[FQ]}{[F]} = 1 + K[Q]$$

動的または静的な消光と，消光物質濃度を関係づける上の2式は同じ形をしており，[Q] に対して ϕ_0/ϕ をプロットすると，それぞれの場合で直線関係のプロットが得られる（シュテルン-フォルマープロット．図 2.26 参照）．その結果，これら二つの消光機構を区別するのは難しいことがありえる．動的な消光は拡散衝突に依存するので粘度に敏感であり，粘度の異なる混合溶媒中の実験のシュテルン-フォルマープロットの比較は場合によって役に立つ．しかし実際にはシュテルン-フォルマープロットはしばしば直線にならず，異なる環境において異なるいくつかの蛍光物質が存在し，異なる複数の消光機構が存在することを示している．とはいえ定性的な比較は，タンパク質構造中のトリプトファン残基のような蛍光基の場所を特定するのに有益でありうる．

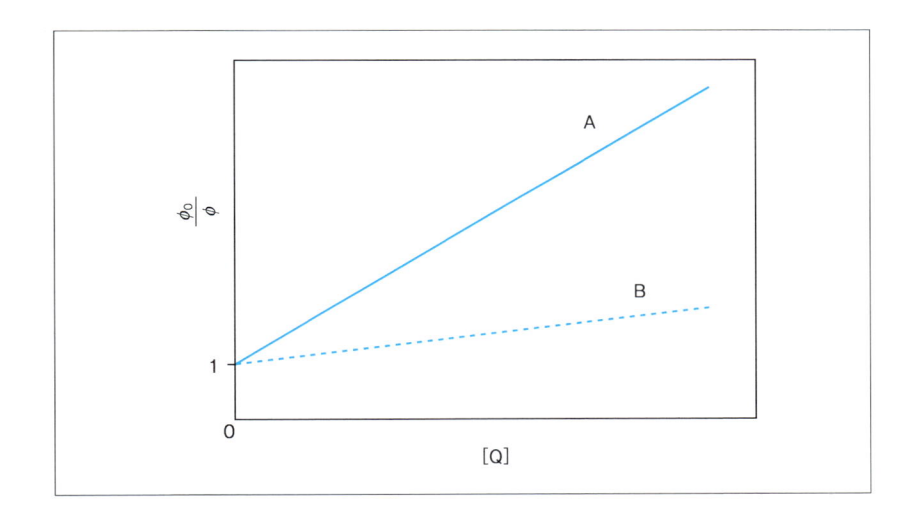

図 2.26 蛍光消光のシュテルン-フォルマープロット．A は溶液中のトリプトファン，B は球状タンパク質中のトリプトファン残基の消光分子 Q による消光を示す．タンパク質中の場合のより小さな傾き（K_{sv}）は，トリプトファン残基がタンパク質中では，同じ基が溶液中にある場合よりも動的に接触されにくいことを示しており，高分子の折りたたまれたコンフォメーションの中にあるという事実に合致している．

2.4.4 固有蛍光

固有蛍光（内部蛍光）は生体分子では比較的まれである．天然に存在する核酸，糖質，脂質では，通常の紫外/可視領域ではまったくないか，ほんの少し示すだけである．タンパク質では，蛍光はほとんどがトリプトファン残基のみに由来し，チロシン残基の側鎖が若干の蛍光を発する．この固有のタンパク質の蛍光にはいくつかの実際的な応用がある．典型的なタンパク質およびトリプトファンの蛍光スペクトルを図 2.24 および 2.25 に示す．ある種のタンパク質は，還元ピリミジンヌクレオチドやフラビンなどの固有の蛍光をもつ補欠分子族をもってい

天然の蛍光やりん光は多くの水生生物でよく見られる．オワンクラゲ（*Aequorea victoria*）のもつ緑色蛍光タンパク質（GFP）は，いまや分子生物学で広く利用されている[6]．この固有蛍光は，構造中の Ser-Tyr-Gly 配列が共有結合で特異的に再編成された構造に由来している．

る．また，緑色植物のクロロフィルは赤色の蛍光を放射する．

2.4.5 蛍光プローブ

生体分子の固有の蛍光基はまれなので，多くの場合，天然にはない蛍光物質，すなわち蛍光プローブを導入することが必要になる．広範囲の応用に利用できるよう，これまでに多くのプローブが開発されてきた．図2.27にその例が示してある．

これらのなかのいくつかのものは，ANSやエチジウムブロマイド（臭化エチジウム）のようにタンパク質や核酸の特定の部位に非共有結合で結合し，その結合に際し蛍光の性質が大きく変化する．ANSはタンパク質表面の疎水性領域や部分的に変性した部分に結合し，ブルーシフトとともに蛍光強度の増加をもたらす．エチジウムブロマイド分子は2本鎖DNAの塩基対間にインターカレートされ，その結果，蛍光が大きく増加する．この性質はたとえば，ゲル電気泳動において核酸のバンドを可視化するために利用されている．

> インターカレート（intercalate）とは図書館の棚の本の間に1冊の本を入れるように物質を差し込むことまたは差し入れること．DNAの隣り合う塩基対の間に平面状の芳香族分子がインターカレートすると遺伝機構を阻害する可能性があり，これがこのような化合物が発がん性をもつ理由である．

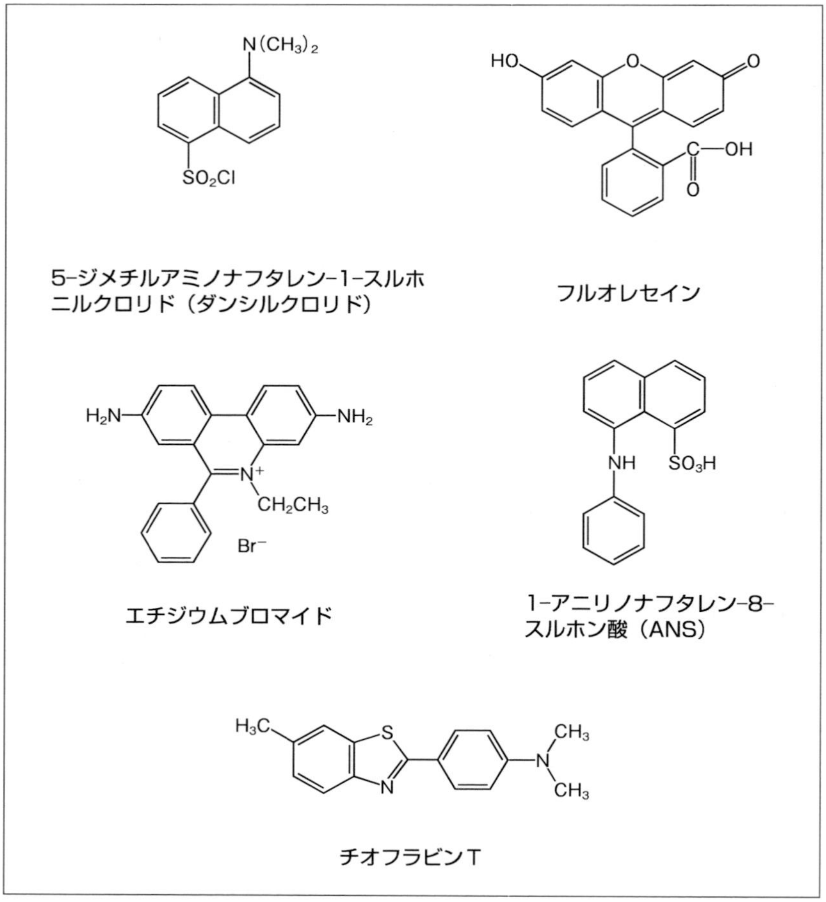

図2.27 よく用いられる蛍光プローブ分子．

他の蛍光プローブ（たとえばダンシル基）は適当なリガンドやタンパク質，他の高分子などを共有結合的に標識するために用いられる．このような標識は結合，コンフォメーション変化や他の効果を検出するためのレポーター基として使用することができる（たとえば5.5節参照）．

2.4.6 蛍光共鳴エネルギー移動

別の種類の蛍光消光は，励起分子の蛍光スペクトルが，別の近くの官能基の電子吸収スペクトルと重なるときに起こる（図2.28）．これにより，二つの官能基間の距離と角度に依存して，励起状態の"ドナー"が"アクセプター"の電子状態を励起することで直接のエネルギー移動を起こすことが可能で，ドナー分子はフォトンを放射することなく基底状態に戻る．この現象は単に蛍光放射を消光するか，あるいはもしアクセプター分子が蛍光を発する分子であれば，アクセプターに対応する λ_{max} において二次的な蛍光が発せられる．この効果は高分子系においてすぐそばの官能基を同定することに利用でき，条件が良ければ消光の効率は距離に依存性の高い関数となるので，ドナーとアクセプターの距離を測ることにも利用できる．

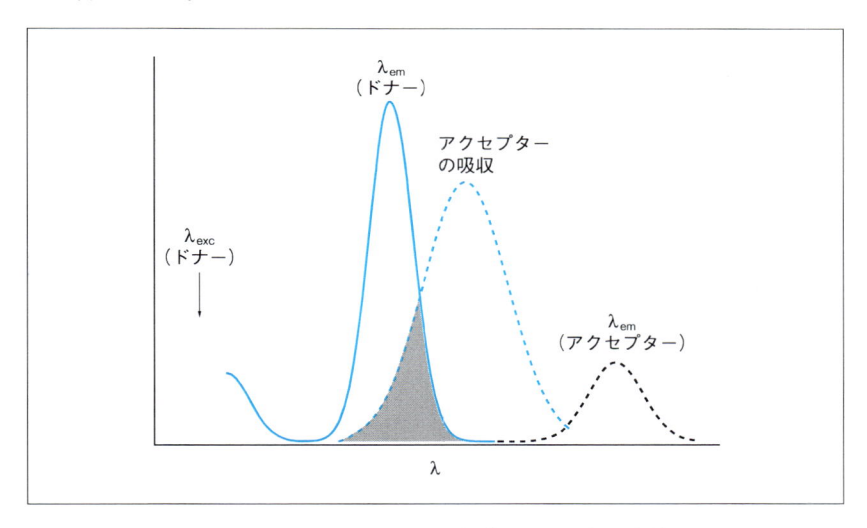

ある種の蛍光色素はアミロイド線維の検出に用いられる．アミロイドはBSE（狂牛病），アルツハイマーや他のタンパク質のフォールディング病で見いだされる．たとえばチオフラビンTは，アミロイド線維中の β シートに結合して蛍光を発する．

図2.28 スペクトルの重なりと蛍光エネルギー移動．

蛍光共鳴エネルギー移動（FRET）の消光効率 E は次式で定義される．

$$E = 1 - \frac{\phi_{DA}}{\phi_D}$$

ここで ϕ_{DA} と ϕ_D はアクセプターがある場合と，ない場合の（ドナー）蛍光強度で，アクセプターの有無以外は同一条件とする．

共鳴エネルギー移動のフェルスター機構は，ドナー分子とアクセプター分子の間の双極子-誘起双極子相互作用にかかわる効果を記述したもので，距離 R の6乗に反比例する項 $1/R^6$ が現れる．

$$E = \frac{R_0^6}{R_0^6 + R^6}$$

ここで R_0 は特定のドナーまたはアクセプターに対する定数で，消光が 50% となる両者間の距離を与える．R_0 の値はドナーの量子収率，ドナーの蛍光スペクトルとアクセプターの吸収スペクトルとの重なり（図 2.28 にグレーで示してある部分），およびドナーとアクセプターの配向などを含むいくつかの因子に依存する．典型的な R_0 の値は 2〜6 nm 程度である．

この技術の一つの大きなチャレンジは，系全体を乱さないでどうやってドナーとアクセプターの官能基を導入するかである．

例題 2.6

Q Wu と Stryer は FRET を用いて視覚タンパク質ロドプシンの分子の大きさを推定した[7]．彼らはタンパク質のいくつかの特異的な部位に蛍光ドナー分子を結合させ，アクセプターとしてタンパク質固有のレチナール発色団を用いた．ある特定の蛍光ドナーは，タンパク質の部位 B に結合させたところ R_0 は 5.2 nm で，測定された蛍光消光は 36% だった．部位 B とレチナール発色団の間の距離はいくらか？

A 本文で与えられた式

$$E = \frac{R_0^6}{R_0^6 + R^6}$$

を変形すると

$$\frac{R^6}{R_0^6} = \frac{1}{E} - 1 = 1.78$$

ここで $E = 0.36$ を用いた．よって

$$R = R_0 \times (1.78)^{1/6} = 5.7 \text{ nm}$$

となる．

2.4.7 蛍光偏光解消

蛍光試料を直線偏光で励起すると，遷移モーメントが直線偏光の方向であるものだけが高度に選択的に励起される．同様に分子が蛍光を発するとき，放射されるフォトンの偏り（分極）は遷移双極子の向きを反映する．その結果，分子が振動または回転していて，励起状態の寿命の時間内に向きが変わると，放射される光の分極は入射光の分極方向とは異なるようになる．これは蛍光偏光解消として知られる．この効果は蛍光基がどれほど速く動いているかに依存するので，蛍光偏光解消の測定は，異なる環境における高分子の動的性質に関する情報を得るため

に利用することができる(回転拡散および回転緩和時間の詳細については第4章参照).

2.4.8 光退色後蛍光回復

多くの蛍光分子は光に敏感で,光の強度が高すぎると退色する.これは実験上不便なことである.しかし,これはまたミクロのスケールで分子の拡散を追跡する方法として利用できるという利点ももっている.これが光退色後蛍光回復(FRAP)の基礎である.

適当な蛍光プローブで化学的に標識した細胞膜中のタンパク質を考えよう.蛍光顕微鏡で観察すると,このタンパク質の膜内での分布が見られる.ここで高輝度の(レーザー)光を用いて,膜の小さな領域を照射する.光退色した分子は蛍光を発しなくなるが,もしそれらの分子および周辺の分子が自由に動けるならば,光退色した領域は,膜内をタンパク質が拡散するにつれて次第に蛍光を回復する.この回復過程の経時変化は,高分子の膜内での移動度や膜の他の成分についての情報を与える.

二次元の拡散については,時間 t のうちに膜内の分子が移動した平均距離は次式で与えられる.

$$\langle x \rangle = (4Dt)^{1/2}$$

ここで D は拡散係数である.

2.4.9 りん光とルミネッセンス

分子によっては,一重項励起状態の電子は項間交差として知られる過程を経て,より低いエネルギーの三重項を形成する(図 2.29).そこでは電子のスピン状態が反転している.このような系では,基底状態へ戻ることは形式上,パウリの排他律から禁制となっており,三重項の励起状態は通常の一重項状態よりもずっと寿命が長い.基底状態への回帰(いつか起こるわけだが)はフォトンの放射を伴うことがある.これが,りん光として知られている現象であり,暗いところで長い間光り続ける.

三重項状態は化学的な過程によって光のないところで誘起され,これが多くの海産生物のりん光またはケミルミネッセンス(化学発光)の基礎である.

2.4.10 蛍光顕微鏡と共焦点顕微鏡

蛍光のとくに有用な応用は顕微鏡の分野である(第8章参照).タンパク質や他の成分を特異的な蛍光プローブで標識すると,細胞や組織中のこれら成分の場所を可視化できる.精密に焦点を合わせられるレーザー光を励起光として用いると,同じ試料中の非常に小さな領域からの蛍光の放射を見ることができる.レーザーの焦点を上下および平面内でスキャンすることによって,試料中の蛍光発光

恋愛中のホタルが放つ光は,ATPをエネルギー源として用い,酵素ルシフェラーゼの触媒によって有機分子ルシフェリンが酸化される反応で生じるケミルミネッセンスである.

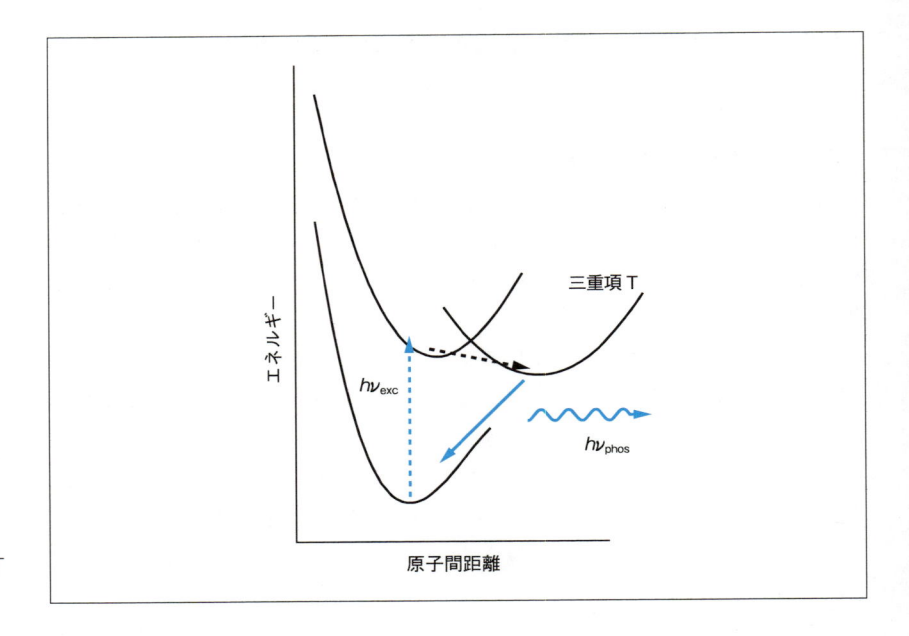

図 2.29 項間交差を説明するエネルギー図.

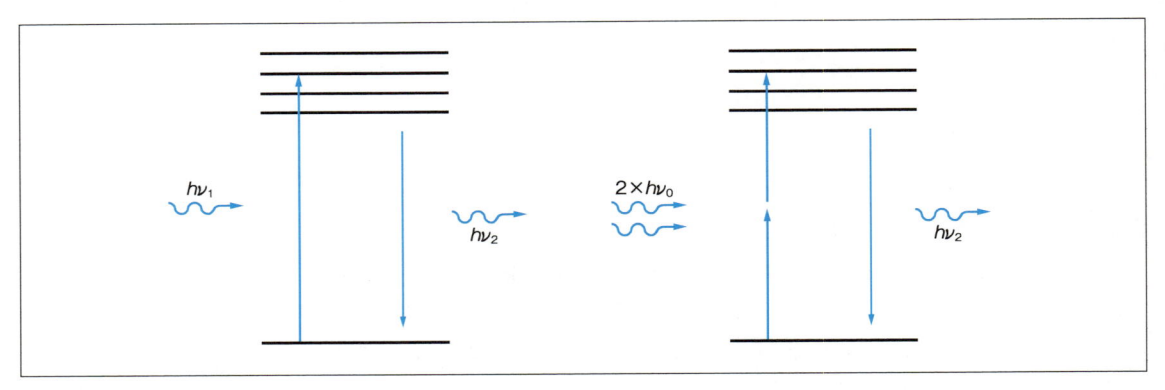

図 2.30 一光子励起(左)と二光子励起(右). ここで $\nu_0 = \nu_1/2$ である.

体の三次元的な分布を調べることができる.

さらに二光子励起(図 2.30)を行うことによって，より深い深度と高い分解能が得られる．光の強度が十分であれば，通常の1個の光子による励起ではなく，2光子(それぞれ必要なエネルギーの半分をもつ)を同時に吸収させることによって蛍光基の電子を励起することが可能である．続いて起こる蛍光の放射は，励起状態がどのように生成されたかに関係なく起こる．

これには二つのおもな利点がある．第一に，二光子効果は非常に高い強度が必要とされるため，発光はレーザーの焦点の合っていないところに比べて圧倒的に，焦点の合った強度の高いところから多く生じる．第二に，二光子励起に用いる波長の長い光(通常は赤外領域)を利用することによって，一般的な蛍光法で用いられる短波長よりもより深い領域を，より少ないバックグラウンドノイズで観察することが可能である．

2.5 振動分光法 ─ 赤外分光とラマン分光 ─

赤外分光法では化学基の特徴的な振動バンドを検知する．その官能基では，適当な振動数で振動する電磁場に反応して，原子が互いに相手に対して動いている．特定の分子または官能基の基準モードは分子構造，原子間に働く力（結合の強さ），および当該原子の質量に依存するが，振動モードが双極子モーメントの変化を含む場合にのみ，基準モードは赤外活性になる．

普通の赤外分光器は紫外/可視分光光度計で述べたのと同じ原理に従うが，赤外放射は基本的には輻射熱であることを覚えておかなければならない．検出器は感度の高い熱電対で，分光器はスペクトルの領域で透明であるように調節されていなければならない．試料は多くの場合に，薄膜か固体分散体として赤外領域で透明な表面(KBrディスクなど)で挟んで置かれる．

化学の他の分野では赤外分光法はよく利用されるが，生体分子への応用はこれまでのところ限られている．これは主として試料（サンプリング）の問題である．生体分子は通常，水溶液として研究され，赤外分光で要求されるような溶媒に対しては溶解しないことが多い．水は $1,700 \text{ cm}^{-1}$ の領域にある狭いウインドウを除いて赤外領域で強い吸収を示し，ほとんどのスペクトル範囲が，高度に濃縮された溶液でも測定不可能である．

測定可能な領域は，重水 D_2O を溶媒に用いることによって若干拡大される．また最近になって，フーリエ変換赤外分光法(FT-IR)の機器および多重内部反射サンプリング法(MIR)の発展によって一定の改良が見られた．

FT-IRの利点は，広い範囲にわたって複数のスペクトルをスキャンすることによって強い吸収をもつ試料についてもS/N比を上げられること，またバックグラウンドの水のスペクトルを別に正確に測定して試料のスペクトルからこれを差し引き，信頼性のあるデータが得られるようになったことである．これはさらに，試料をMIR装置に入れることによって改善される．MIR装置では，入射光は試料を通過するのではなく，試料と接している結晶表面で反射される．ビームは結晶に接している試料のほんのわずかの距離だけ内部に入って，結晶と液体の境界面で反射される．

2.5.1 ラマン分光法

分子の振動の性質はラマン分光法を用いて研究することもできる．これは光の非弾性散乱に基づいている(図2.31)．

光の散乱を，別の節で述べた吸収や蛍光と混同しないようにしよう．光の吸収には特定の波長やエネルギーが要求される．他方，散乱はどの波長でも起こり，これは電子の分極率 α に依存する物質の一般的な性質である．

分子が（振動する）電磁場に置かれたとしよう．任意の時刻における電場 E は分子に電気双極子を誘起する．

この効果は最初にインドの物理学者ラマン(Chandrasekhara Venkata Raman)によって発見された．ラマンはこの業績で1930年にノーベル賞を受賞している．

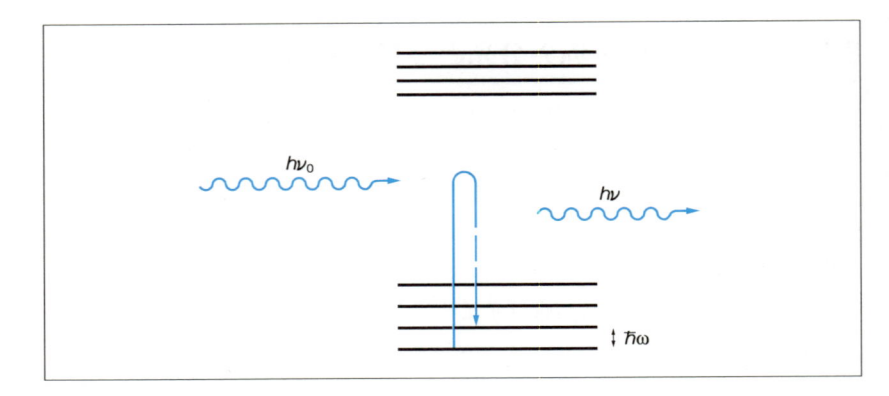

図 2.31 非弾性散乱(ラマン散乱).

この効果は古典力学における調和振動子の強制振動と結びつけて記述することができる.ここでは分子の分極率 α は結合の歪みで若干変化するので非線形効果により,双極子振動の振動数は,加えられる振動数とは異なるものになる.ラマン自身,ヴァイオリンのような楽器の振動の理論的考察から,少なくとも部分的にはこの発見を予見したと思われる.

赤外とラマンでは選択則が異なり,赤外活性のあるバンドはラマンではなく(あるいはごく弱く),その逆もある.

振動の励起状態の占有数は普通の温度では小さく,また振動数が高くなるにつれて減少する.これが反ストークス散乱が弱い理由である.

$$\mu = \alpha E$$

この振動する電気双極子はそれ自体が小さなラジオアンテナとして振る舞い,それが置かれている電場 E の振動数ですべての方向に電磁波を放射する.もしも印加した電場が光によるものだったとすると,分子はその光の一部を同じ波長で散乱する.これが光の弾性散乱,すなわちレイリー散乱の基礎である.さらに分子の電気分極が化学結合の伸縮や変角を伴っていると,これが分子自体の基準モードの変角振動や伸縮振動を励起する.この場合,誘起された双極子振動の振動数は,対応する基準モードの振動数の分だけ減少する可能性がある.光のエネルギーの一部は分子の振動を励起するために使われなくてはならないので,散乱光の振動数はその分だけ小さくなる.この振動数のシフト(ストークスシフトと呼ばれる)がラマン分光法の基礎である.

この過程の量子的描像はよりわかりやすいかも知れない.分子が遭遇するほとんどのフォトンは何も影響を与えることなく通過する.すなわちフォトンが分子に衝突してエネルギーを変えることなく跳ね返る(レイリー散乱,つまり弾性散乱)が,ある場合には分子を振動させて跳ね返る(ラマン散乱,つまり非弾性散乱)かもしれない.これはちょうど,ドラム缶に向かって石を投げて跳ね返ったとき,ドラム缶が共鳴周波数で振動するのに似ている.この過程はいわば,形式的には禁止されている状態へ仮想的に遷移し,いったんその間違いに気づくと速やかに基底状態へ戻るようなものだと考えることもできる(図 2.31).この仮想遷移は事実上瞬間的に起こり,分子は始めとは異なる基底状態の振動準位に移される.

時折,とくに高温では,分子はすでに高い振動準位にあり,散乱されるフォトンは逆にこの分子振動からエネルギーをもらって,より高い振動数をもつようになることもある(反ストークスシフト.図 2.32).

ラマンスペクトルは蛍光分光計に似た機器によって得られるが,強力な単色光のビームが必要とされるため,レーザー光源が用いられる(図 2.33).

通常は可視または近赤外レーザーが用いられる.それは水が,この領域では透

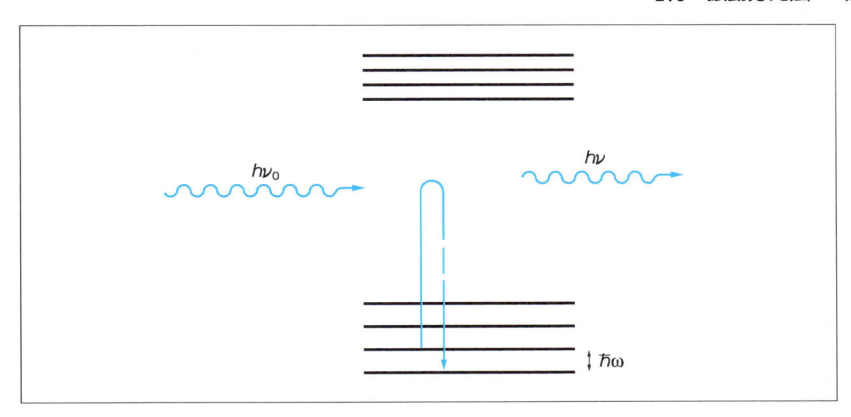

図 2.32 反ストークスシフトを伴うラマン散乱.

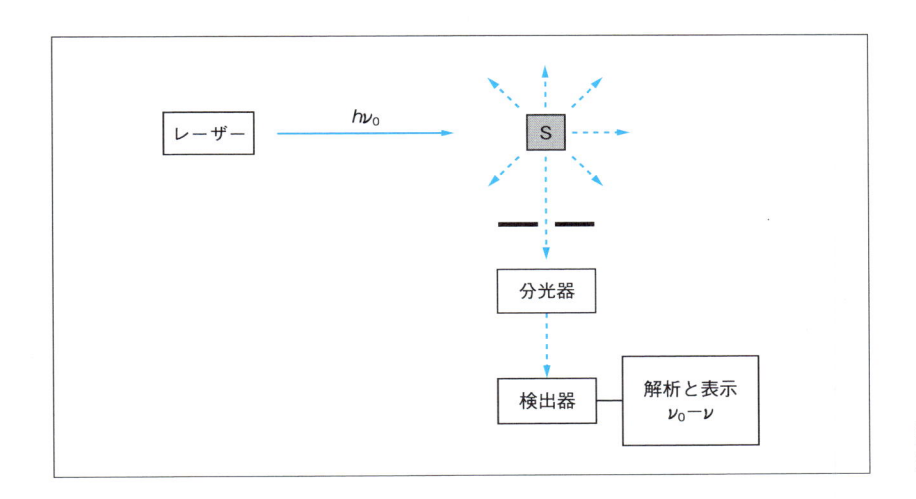

図 2.33 ラマン分光計. S は試料.

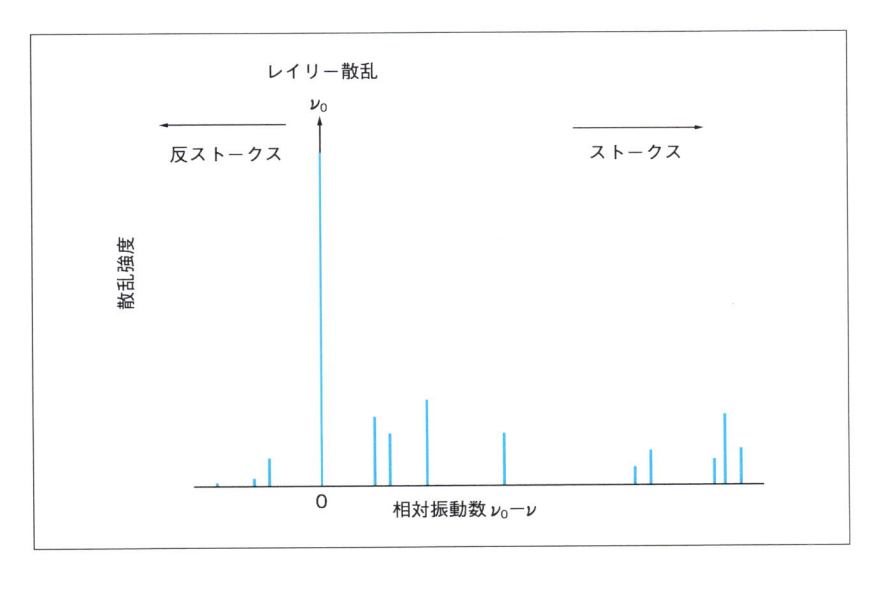

図 2.34 典型的な(理想化した)ラマンスペクトル. 高い強度のレイリー線(ν_0)と,試料の振動モードに対応する一連のより低い振動数のストークスバンドからなる. ν_0 より高い振動数の反ストークスバンドは急速に減衰し,特殊な目的の場合を除いて,とくに意識的に測定されることはない.

図 2.35 水中における典型的なタンパク質(コラーゲン，1 mg mL^{-1})のラマンスペクトル．水中での強い赤外の吸収バンドのほとんどが，ラマンスペクトルでは見られないことに注意する．これは両者の選択則が異なるためである．

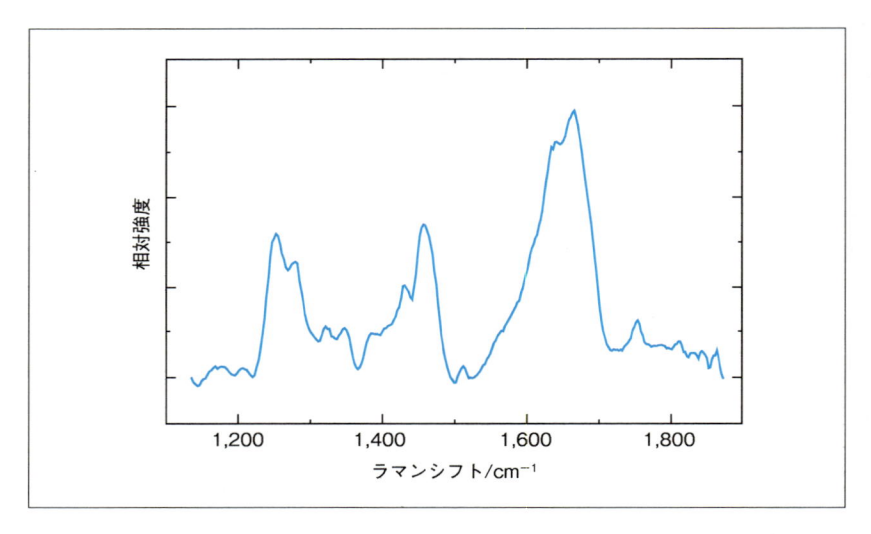

† 訳者注　24 ページの訳者注を参照のこと．

明なためで，したがって生物学の試料が直接測定できる．また水からのラマン散乱は(赤外と異なり)比較的弱い．ラマンスペクトルの例が図 2.34 と 2.35 に示されている．

例題 2.7

Q レーザーの波長を 546.0 nm とする．カルボニル基の 1,650 cm^{-1} に対応するラマンバンドの波長はいくらか？

A 546.0 nm は 18,315 cm^{-1} だから†，ラマンバンドは

$$18{,}315 \text{ cm}^{-1} \pm 1{,}650 \text{ cm}^{-1}$$

で与えられる．よってストークス側は

$$16{,}665 \text{ cm}^{-1} = 600.1 \text{ nm}$$

反ストークス側は

$$19{,}965 \text{ cm}^{-1} = 500.9 \text{ nm}$$

2.5.2　共鳴ラマンと SERS，ROA

ラマン散乱は本来的にたいへん弱く，生体高分子の重なり合うバンドの複雑さゆえに，場合によってはバンドの分離がきわめて難しい．しかし，もし励起に用いられるレーザーの波長が試料の電子吸収のバンドと一致すると，発色団からのラマン散乱は大いに増強される可能性がある．この共鳴ラマン効果は，希釈された試料からのシグナルを得る非常に有用な方法である可能性があり，またいろいろに混ざったスペクトルのなかからたった一つだけのラマンスペクトルを選択的に高められる可能性がある．たとえば，この効果は視覚タンパク質ロドプシンの研究に大きな成果をもたらした．この場合，レチナール発色団(可視領域を吸収

する)に由来するラマンスペクトルは共鳴によって増強され，バックグラウンドのタンパク質のスペクトルからはっきりと浮き出るようになる．紫外レーザーが利用できるようになったことによって，タンパク質や核酸を直接，共鳴ラマンで研究できるようになった．

ラマン散乱の強度を上げるもう一つの方法は，試料を金属の粗表面か，溶液中の金属コロイドの表面に吸着させることである．この方法は表面増強ラマン散乱(SERS)と呼ばれる．機構はよくわかっていないが，おそらく，光が金属表面を照射したときに生じる局所的な強い電磁場と関係していると思われる．光が金属に出会うと表面プラズモン，すなわち金属表面の伝導電子の集団運動が誘起される．これが表面近くで振動する電磁場を増幅し，表面に吸着したタンパク質や他の分子が非常に大きな分極を受け，これがさらに強い散乱を起こすのだろう．

近年，ラマン光学活性(ROA)と呼ばれる新しい技術が発展し，とくに溶液中の生体分子の解析に応用されている[8]．キラルな分子の分極や光散乱の性質は，入射光の偏り(偏光)の程度に若干影響を受ける．このことが左まわりと右まわりの円偏光の間に，ラマン散乱の小さな差を生じさせる．これを利用して，散乱を起こしている基のキラリティーや基準モードの振動数に関する情報を含むROAスペクトルを発生させることができる．

2.6 NMRの概略

核磁気共鳴分光法(NMR)は，ある種の原子核の磁気的性質に基づく．これは現代の化学分析の礎石となっており，生体高分子の構造やダイナミクスを研究するための重要な手段となっている．このNMRは最先端の技術に支えられており，ここではほんの表面的な概説しか与えることができない．本書を含むシリーズ"Tutorial Chemistry Texts"には，このトピックについてのより詳細で，より厳密な取扱いをしているものがある(章末の"さらに学習するための参考書"を参照)．

奇数個の核子(陽子または中性子)をもつ原子核は，磁気双極子モーメント $\boldsymbol{\mu}_B$ (核磁気モーメント)とスピンをもつ．そのような原子核は磁場 $\boldsymbol{B}$ の中に置かれると，小さな磁石のように振る舞い，磁場の方向に配向しようとする．ここで重要な核は ^1H，^{13}C，^{15}N および ^{31}P である．これらはすべてスピン 1/2 であり，量子力学によれば，磁場内で二つの可能性のうちの一つの状態しかとることができない．すなわち"平行"(低エネルギーで，エネルギー $E = -\mu_B B$ の状態)または"反平行"(高エネルギー．$E = +\mu_B B$)である．二つの状態のエネルギー差は

$$\Delta E = 2\mu_B B$$

と与えられ，ここで B は核が受ける磁場の大きさであり，μ_B は磁場の軸方向の核磁気モーメントの成分である．

"なぁ，こういう人たちのすることは本当にすごい．彼らは分子の中にスパイを送り込んで彼らに電波を送る．スパイたちは自分たちが見たことをまた電波で送り返すんだ" —— これは，このNMRのパイオニアであるブロッホ(Felix Bloch)に向かって，かのニールス・ボーア(Niels Henrik David Bohr)が述べた言葉である．

核磁気モーメントの大きさは，磁気回転比 γ として知られる量と以下のように関係している（表2.2参照）．

$$\mu_B = \frac{\hbar \gamma}{2} \quad \left(\hbar = \frac{h}{2\pi}\right)$$

表2.2 磁気回転比と自然界での核の存在比

	$\gamma / 10^7 \, T^{-1} \, s^{-1}$	存在比/%
^{1}H	26.75	99.985
^{13}C	6.73	1.11
^{15}N	-2.71	0.37
^{17}O	-3.63	0.037
^{19}F	25.18	100.0
^{31}P	10.84	100.0

通常，当然ながら，ほとんどの原子核は低いほうのエネルギー状態にある（図2.36）．しかし適当な周波数で振動する電磁場が加わると，核は印加された電磁場からエネルギーを吸収してエネルギー状態を変化させる．このときの共鳴周波数は，エネルギー差と次式で関係している．

$$h\nu = \Delta E = 2\mu_B B = \hbar \gamma B$$

したがって共鳴周波数は

$$\nu = \frac{\gamma B}{2\pi}$$

となる．

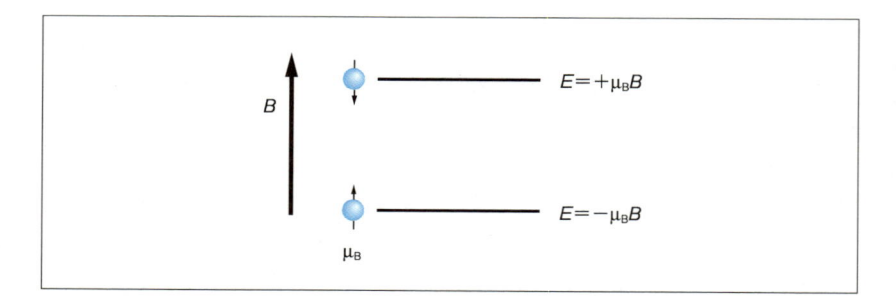

図2.36 磁場 B における核磁気双極子のエネルギー準位．

例題 2.8

Q 14.1 T の磁場中にあるプロトンの共鳴周波数はいくらか？

A プロトン（^{1}H 核）は $\gamma = 2.675 \times 10^8 \, T^{-1} \, s^{-1}$ なので

$$\nu = \frac{\gamma B}{2\pi} = \frac{(2.675 \times 10^8) \times 14.1}{2\pi} = 6.0 \times 10^8 \, \text{Hz} = 600 \, \text{MHz}$$

2.6 NMRの概略

これがNMR分光法の基礎である．試料は通常，超電導磁石の極間の強力な磁場中に置かれ(図2.37)，ラジオ波(RF)の電磁場(普通，100 MHzからGHz)を印加して各核の共鳴周波数が決定される．任意のある原子核の観測される共鳴周波数は二つの因子に依存する．すなわち核の性質 μ_B と，その核が感じる磁場 B である．NMRを強力な道具にしているのはこの2番目の因子である．というのは B は，印加された外部磁場 B_0 だけでなく，他の原子核と化学基からの付加的な寄与 δB からなるからである．この δB というのは，近くの原子や基(それ自体が小さな磁石として振る舞う)が核の感じている局所的な磁場を遮蔽したり，シフトさせたりするということである．その結果，NMRの共鳴周波数は特定の核の化学的環境に対してきわめて敏感であり，精密な構造情報を得るためにこの性質を利用することができる．化学シフトとスピン-スピンカップリング(J-カップリングまたは微細構造)は，これらの付加的な寄与 δB を記述する．特定の化学基や異なる核の特徴的なパターンは，他の本にくわしく書かれている(章末の〝さらに学習するための参考書〟参照)．

プロトンNMRは，水素が豊富に存在し，また大きな磁気回転比をもつため最も一般的である．^{13}C や ^{15}N のような他の核種の研究には，しばしば試料の同位体存在比を上げる手立てが必要である．

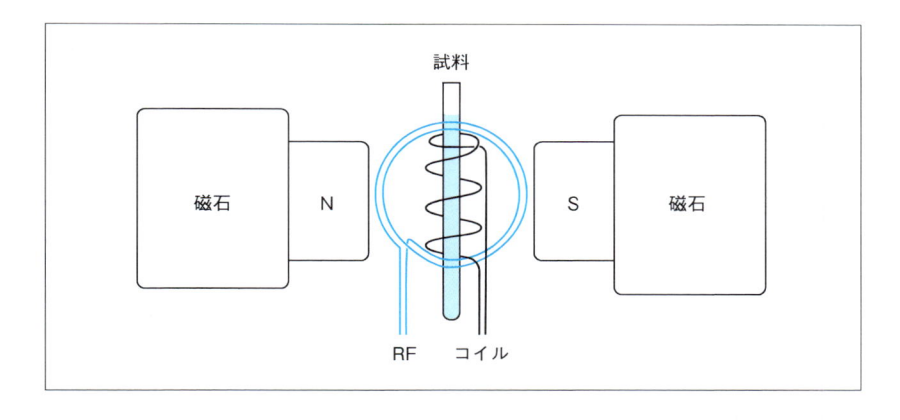

図2.37 典型的なNMR分光計．

基本的なNMR分光計では，印加する磁場を掃引し，振動する磁場の吸収される値を調べて共鳴周波数が得られる．これは連続波(CW)法として知られる．この方法は一度にたった一つの周波数しか調べられず，すべてのスペクトルについてスキャンするのには非常に時間がかかる．この欠点を克服するため，現代のより強力な機器ではパルス法，またはフーリエ変換NMR(FT-NMR)と呼ばれる異なるアプローチを用いている．そこでは印加する磁場は一定に保ち，試料中の磁性核に短い($1 \sim 20\,\mu s$)摂動を加える．摂動は広い周波数のマイクロ波のパルスで，異なる核を同時に励起する．摂動を受けた核スピンが緩和して元の平衡状態に戻る様子は自由誘導減衰(FID)と呼ばれ，NMR分光計中の試料近くに置かれた界磁コイル，すなわちプローブによってモニターできる．任意のある核が減衰して，平衡での配向に戻る速さはその共鳴周波数 ν に関係づけられ，FIDシグナルは試料中のすべての摂動を受けた核に由来する，指数関数的に減衰する振動の重ね合わせになっている．このシグナルはフーリエ変換を用いて数学的に

NMR分光計はしばしばプロトンの共鳴周波数によって分類される．たとえば〝600 MHz〟の機器は14.1 Tの磁石をもち，^1H 核(プロトン)がほぼこの周波数で共鳴する．他の核は異なる周波数をもつ．

解析することができ，高速で全スペクトルを得ることができる．各パルスはすべての核の情報を同時にもっているので，データ収集はたいへん効率的で，複数のパルスからのデータを集積して感度を高く，また S/N 比を改善する．

摂動を受けた核が平衡状態に緩和する道筋は，いくつかの因子に依存する．孤立した核はそれ自体では再配向することができない．というのは，この過程がスピン角運動量の移動を必要とし，また NMR の緩和時間は，摂動を受けた核とその環境との相互作用に依存するからである．スピン-格子緩和時間 T_1 はすぐそばの核，すなわち同じ分子または溶媒中の核の存在の結果，その核が受ける磁場の局所的ゆらぎと関係する．これは T_1 の値が試料中で，その核を含む分子または基がどの程度速く振動したり回転したりしているかに依存することを意味する．NMR の緩和時間を測定することによって，回転拡散やコンフォメーションのゆらぎの速度，あるいは高分子内部の運動など，分子内の重要な動的過程に関する情報を得ることができる．

スピン-スピン緩和時間 T_2 は等価な核の間のスピンの交換に関係している．これは本質的に量子力学的な効果で，環境へのエネルギーの損失は起こらず，すぐそばの核へ磁化が移動するに過ぎない．ハイゼンベルクの不確定性原理から，これによりスペクトル線のブロードニングが起こり，線幅 $\Delta\nu$ はおよそ $1/\pi T_2$ である．スピン-スピン緩和は分子のタンブリングがゆっくりなほど効果が大きく（T_2 が小さい），回転拡散が NMR のタイムスケール程度にゆっくりならば大きなブロードニングを引き起こし，NMR のピークの重なりを生じる．これはとくに大きなタンパク質や他の溶液中の高分子を研究する際に無視できない．

スピン-格子異方性効果は固体試料や生体膜でより顕著で，これらでは溶液のタンブリングがたいへん遅いか，あるいはまったく起こらない．こうした場合のためにマジック角回転 (magic-angle spinning) や，専門家が用いる他の方法を含む固体 NMR の手法が開発されている．

不確定性原理は量子論と物質の波動的な性質に関する普遍的な結論で，ハイゼンベルク (Werner Karl Heisenberg) によって 1920 年代に提起された．ここで使われた形式 ($\Delta E \Delta t \geq \hbar/2\pi$) では，ある状態の寿命の不確定さが大きいほどエネルギーの不確定さ，すなわちその状態の線幅 ΔE が小さくなり，その逆も成り立つ．これは NMR だけでなく，他のどのような系でも成り立つ．

例題 2.9

Q 20℃ の水中で，半径 1.5 nm の球状の剛体高分子の回転拡散（タンブリング）時間はいくらか？ これは NMR の典型的なタイムスケールと比べてどうか？ ただし純水の粘度は 20℃ で $\eta = 1.002 \times 10^{-3}$ N s m^{-2} とする．

A 第 4 章 (4.5 節) で述べる方法を用いて

$$\tau_{\text{rot}} = \frac{8\pi\eta R^3}{2kT}$$

$$= \frac{8\pi \times (1.002 \times 10^{-3}) \times (1.5 \times 10^{-9})^3}{2 \times (1.381 \times 10^{-23}) \times 293}$$

$$= 1 \times 10^{-8}\,\text{s}$$

$$= 10\,\text{ns}$$

よって

$$\frac{1}{\tau_{\text{rot}}} = 100\,\text{MHz}$$

これは典型的な NMR の周波数である．

2.6 NMRの概略

スピン-スピン相互作用は，核の化学シフトや緩和の性質に加えて，NMRスペクトルの強度にも影響を与える．その一つの例が核オーバーハウザー効果（NOE）で，一つの核の磁化の状態がスピンの分布にも影響を与え，したがってすぐそばの別の核のNMRの吸収にも影響を与える．この効果の大きさは二つの核の間の双極子-双極子相互作用に依存するため，これら二つの核間の距離 r に敏感で $1/r^6$ に比例する．その結果，特定の二つの核の間の距離を測ることが可能で，これが三次元分子構造決定の基礎になる．

パルスFT-NMRは感度を高めただけでなく，数多くの素晴らしい方法の基礎になった．たとえばマイクロ波パルスのさまざまなシーケンスを使って，NMRスペクトルの異なる側面を精密に制御しながら増強したり，抑制したりできる手法である．このような技術は ^{1}H に加え ^{13}C や ^{15}N などの他の核種を含む多核NMR（これはしばしば同位体濃縮された試料を必要とする）と組み合わせると，とくに強力な方法となる．これらの実験は多次元NMRスペクトルを与え，化学シフトと強度が別べつの軸上にプロットされる．異なる核間の相関と相互作用は，そのような表示（プロット）でより見やすく示され，また多くの頭字語がそれらの方法に対してつけられている．たとえば

- COSY（COrrelation SpectroscopY）
- TOCSY（TOtal Correlation SpectroscopY）

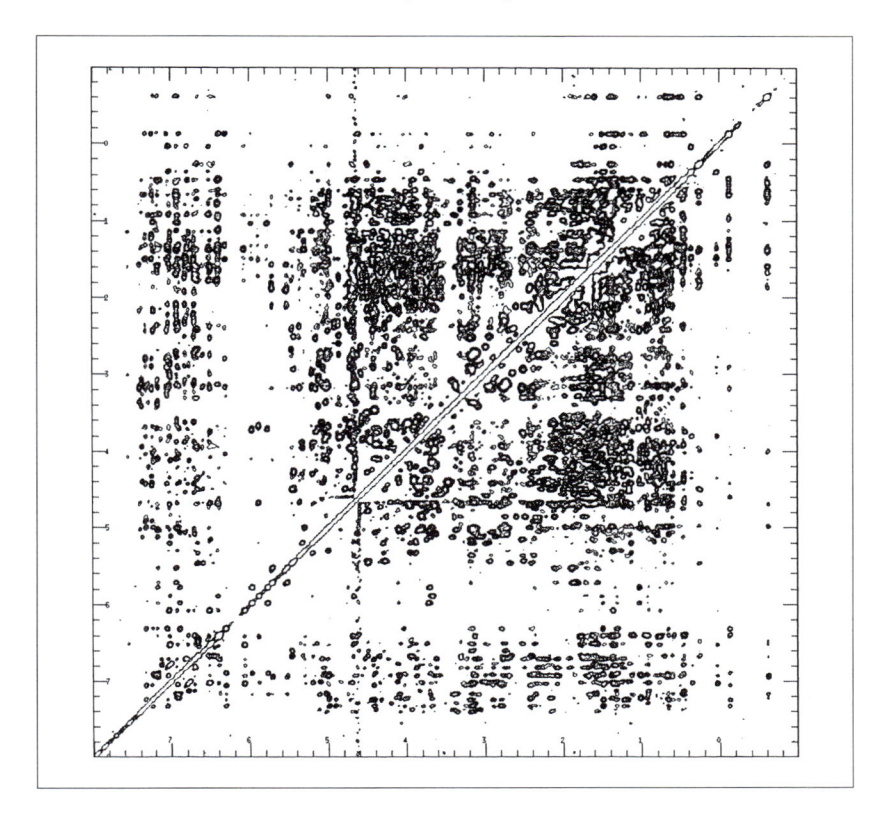

核オーバーハウザー効果は非常に短距離の効果で $1/r^6$ に依存する．より長距離の情報，または配向や分子の動力学的な情報は，部分的に配向した試料を用いた残留双極子カップリング効果の測定から得られる[9]．

図2.38　D_2O 中のDNA断片の二次元NOESYスペクトルの例（Brian Smith博士のご厚意による）．これは二次元の等高線図で，核磁化が構造内でどれだけ効率的に ^{1}H 核から他の核へ移動できるかを示している．対角線から外れたピークはそれぞれプロトンの対に対応しており，ピークの大きさは両核間の距離に関係している（ピークが大きいほど両者は分子内で近い位置にある）．

- NOESY (Nuclear Overhauser Effect SpectroscopY)
- HSQC (Heteronuclear Single Quantum Coherence)

などである．例として図 2.38 を参照のこと．

　高分解能多核 NMR の重要な応用のうちの一つは，溶液中のタンパク質や他の高分子の三次元構造の決定である．これらの方法は結晶学的方法（第 8 章参照）と相補的である．典型的な実験法を Box 2.3 に述べておく．

Box 2.3　NMR による典型的なタンパク質構造の決定方法

1. **試料の調製**：濃度 $0.5 \sim 2\,\mathrm{mM}$（数 mg cm^{-3}）の試料が必要とされ，試料は他の NMR 核（^{13}C，^{15}N）が濃縮されていなければならない．これは同位体を多く含む培地を用い，組換え DNA を利用して得られる．
2. **データ取得とプロセッシング**：高分解能（500 MHz またはそれ以上）の NMR 分光計により，異なるパルスシーケンスを用いて特定の核のデータを取得する．
3. **配列特異的帰属**：NMR スペクトルの（数千個ある）各ピークは構造中の特定の原子（H, C, N など）に対応している．これらは化学シフトのデータや相関法（COSY, TOCSY, HSQC など）を用いて，配列中の特定の主鎖または側鎖の残基に帰属できる．残基内および残基間のスルーボンド（結合を通したつながり）を帰属することによって完全なタンパク質のシフトマップが作成される．

こうして NMR の技術を使って，生細胞中のタンパク質の構造を決定することが可能である[10]．

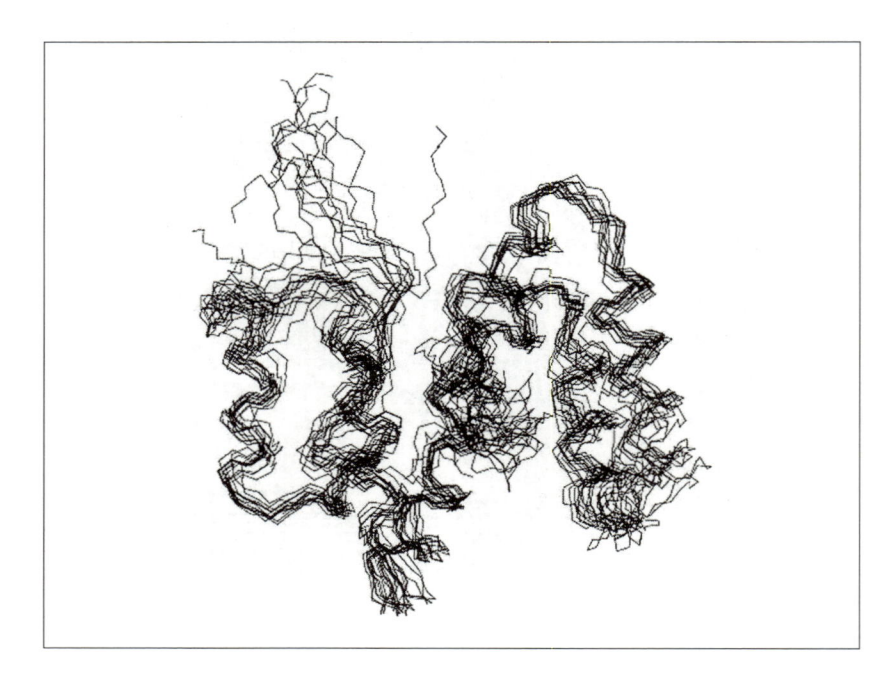

図 2.39　観測されたコンフォメーションの制限に矛盾しないコンフォメーションの集まりを示す，典型的なタンパク質の NMR 構造（Nicola Meenan 博士のご厚意による）．

4. **NOE 交差ピークの同定と帰属**：NOESY を用いて構造中の特定の核間の距離を対ごとに決定し，構造中で近接し，グループをなしている特定のそうした原子を同定する．これらのデータがモデル作成のための構造的制約を与える．
5. **構造計算，モデル作成と精密化**：構造上の多数の制約は，タンパク質の三次元構造がトポロジー上，矛盾がないように定められていなければならない．

結果としては普通，非常によく似た，NOESY データと矛盾しない一群の構造が得られる．実験誤差の範囲内で，この一群の構造は溶液中のタンパク質の動的なコンフォメーションを表しており，多くの場合，生体高分子に固有の柔軟性を表しているといえる(図 2.39)．

キーポイントのまとめ

1. 分光は電磁波と物質の相互作用に基づく．振動数領域を変えることによって，分子の異なる電気的および磁気的性質を検出できる．紫外/可視吸収および蛍光分光は電子遷移に基づく．ラマン分光は赤外領域における振動バンドの情報を与えるのに対して，NMR は核磁気双極子のラジオ波領域での遷移を用いて詳細な構造情報を与える．
2. 生体分子の発色団は特徴的な紫外/可視吸収および蛍光スペクトルをもち，分子環境に関する一般的な情報を与える．
3. 円偏光二色性の測定は，タンパク質や核酸の二次構造についての情報を与える．
4. 振動分光：水中の生体分子の一般的な赤外分光は困難だが，この困難はレーザーを使った非弾性散乱(ラマン散乱)の技術を用いることによって克服できる．
5. 多核 NMR は，溶液中の生体高分子のコンフォメーションやダイナミクスを研究するために用いられる．

章末問題

2.1 次の光源から出てくる電磁波は何から生じているか？ (a) 熱せられて赤くなった炭，(b) 蛍光管，(c) 電子レンジ，(d) X 線放電管，(e) レーザー，(f) シンクロトロン，(g) 携帯電話．

2.2 吸光度 A が (a) 1, (b) 2, (c) 5, (d) 0 のとき，光の何割が試料を通過するか？ ただし計算機を使わないで答えよ．

2.3 (a) 透過度が 1%, 5%, 25%, 50%, 90%, 100% のとき,吸光度はそれぞれいくらか? (b) 吸光度が 0.2, 0.5, 1, 1.5, 10 のとき,それぞれ透過度はいくらか?

2.4 "迷光 0.1%" と表示された分光器で(真の)吸光度が $A = 1.0$, 2.0, 3.0 の試料を測定すると,吸光度の読みはそれぞれいくらになるか?

2.5 迷光が問題となるのは,吸光度が高い場合であるのはなぜか?

2.6 (a) 以下のタンパク質のそれぞれの ε_{280} を求めよ.リゾチーム(6 Trp, 3 Tyr, 3 Phe),インスリン(0 Trp, 4 Tyr, 3 Phe),リボヌクレアーゼ(0 Trp, 6 Tyr, 3 Phe),ヒト血清アルブミン(1 Trp, 18 Tyr, 31 Phe).(b) これらのタンパク質で,どのアミノ酸が吸光係数にとくに寄与しているか?

2.7 (遺伝子工学の方法でつくられた)組換えタンパク質溶液について,280 nm の吸光度測定で見積られた濃度は 0.8 mg mL^{-1} であった.しかし生物活性的な測定では,濃度は 0.6 mg mL^{-1} しかなかった.この矛盾の原因として考えられることは何か?

2.8 タンパク質濃度の測定法としては,すぐ上の問題であげたものの他にどんな方法があるか?

2.9 構造未知の二つのタンパク質(ABA-1 および RS と呼ぶ)の CD スペクトルが図 2.40 に示されている.それぞれどのような二次構造が多いと考えられるか?

2.10 タンパク質の酸加水分解で得られたアミノ酸の混合物は光学活性を示すが,ヌクレオチド塩基の混合物は光学活性を示さない.これはなぜか?

2.11 無機物からの化学合成によって生命の起源をシミュレートしようという実験では,生物で見られるものに似たアミノ酸(や他の分子)の混合物が

図 2.40

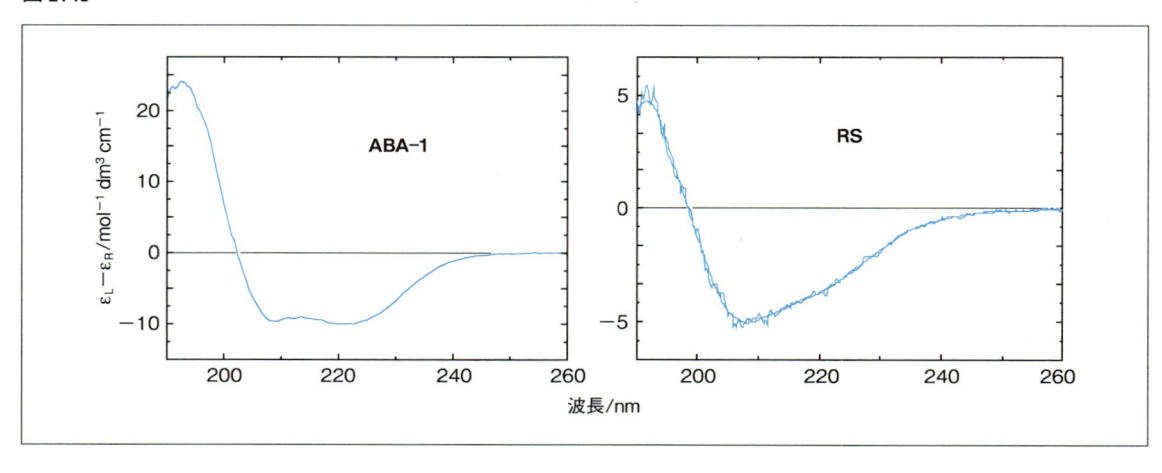

得られる．しかし，それらの溶液は円偏光二色性を示さない．これはなぜか？

2.12 蛍光スペクトルは一般に，励起波長 λ_{exc} に依存しない．これはなぜか？

2.13 標準の光路長 1 cm のキュベットを用いるとき，蛍光分光計での内部フィルター効果を最小限にするためには吸光度 $A<0.2$ が良いとされるのはなぜか？〔**ヒント**：透過度を計算せよ．〕

2.14 典型的な分子の熱運動のエネルギーは 1 自由度当り kT（1 mol 当り RT）程度である．室温では，これに対応する振動周波数はいくらか．

2.15 290 nm の光で励起したあるタンパク質の蛍光スペクトル（図2.24）には 318 nm 付近に溶媒の水に由来する小さなラマンバンドが見いだされる．これはどの振動バンドに対応するか？

参考文献

1) S. C. Gill and P. H. von Hippel, Calculation of protein extinction coefficients from amino-acid sequence data, *Anal. Biochem.*, 1989, **182**, 319-326.

2) M. Bradford, A rapid and sensitive method for the quantitation of microgram quantities of protein utilizing the principle of protein-dye binding, *Anal. Biochem.*, 1976, **72**, 248-254.

3) F. M. Pohl and T. M. Jovin, Salt-induced cooperative conformational change of a synthetic DNA. Equilibrium and kinetic studies with poly(dG-dC), *J. Mol. Biol.*, 1972, **67**, 375-396.

4) S. M. Kelly, T. M. Jess and N. C. Price, How to study proteins by circular dichroism, *Biochim. Biophys. Acta*, 2005, **1751**, 119-139.

5) J. R. Lakowicz and G. Weber, Quenching of protein fluorescence by oxygen. Detection of structural fluctuations in proteins on the nanosecond timescale, *Biochemistry*, 1973, **12**, 4171-4179.

6) H. Y. Tsien, The green fluorescent protein, *Annu. Rev. Biochem.*, 1998, **67**, 509-544.

7) C. W. Wu and L. Stryer, Proximity relationships in rhodopsin, *Proc. Natl. Acad. Sci. U. S. A.*, 1972, **69**, 1104-1108.

8) L. D. Barron, A. Cooper, S. J. Ford, L. Hecht and Z. Q. Wen, Vibrational Raman optical-activity of enzymes, *Faraday Discuss.*, 1992, **93**, 259-268.

9) A. Bax and A. Grishaev, Weak alignment NMR: a hawk-eyed view of biomolecular structure, *Cur. Opin. Struct. Biol.*, 2005, **15**, 563-570.

10) D. Sakakibara, A. Sasaki, T. Ikeya, J. Hamatsu, T. Hanashima, M. Mishima, M. Yoshimasu, N. Hayashi, T. Mikawa, M. Wälchli, B. O. Smith, M. Shirakawa, P. Güntert and Y. Ito, Protein structure determination in living cells by in-cell NMR spectroscopy, *Nature*, 2009, **458**, 102-105.

さらに学習するための参考書

J. Cavanagh, W. J. Fairbrother, A. G. Palmer III, M. Rance and N. J. Skelton, "Protein NMR Spectroscopy: Principles and Practice", Academic Press, New York, 2nd edn, 2007.

G. Fasman (ed.), "Circular Dichroism and the Conformational Analysis of Biomolecules", Plenum, New York, 1996.

J. M. Hollas, "Basic Atomic and Molecular Spectroscopy", RSC Tutorial Chemistry Text, Royal Society of Chemistry, Cambridge, 2002.

P. Kelly and J. D. Woollins, "Multi-element NMR", RSC Tutorial Chemistry Text, Royal Society of Chemistry, Cambridge, 2004.

J. R. Lakowicz, "Principles of Fluorescence Spectroscopy", Plenum, New York, 1983.

P. R. Selvin, The renaissance of fluorescence energy transfer, *Nat. Struct. Biol.*, 2000, **7**, 730-734.

D. Sheehan, "Physical Biochemistry: Principles and Applications", Wiley, New York, 2000, 第3章.

I. Tinoco, K. Sauer, J. C. Wang and J. D. Puglisi, "Physical Chemistry: Principles and Applications in Biological Sciences", Prentice Hall, Upper Saddle River, NJ, 4th edn, 2002, 第10章.

K. E. van Holde, W. C. Johnson and P. S. Ho, "Principles of Physical Biochemistry", Prentice Hall, Upper Saddle River, NJ, 1998, 第8章から第12章.

第 3 章　質量分析

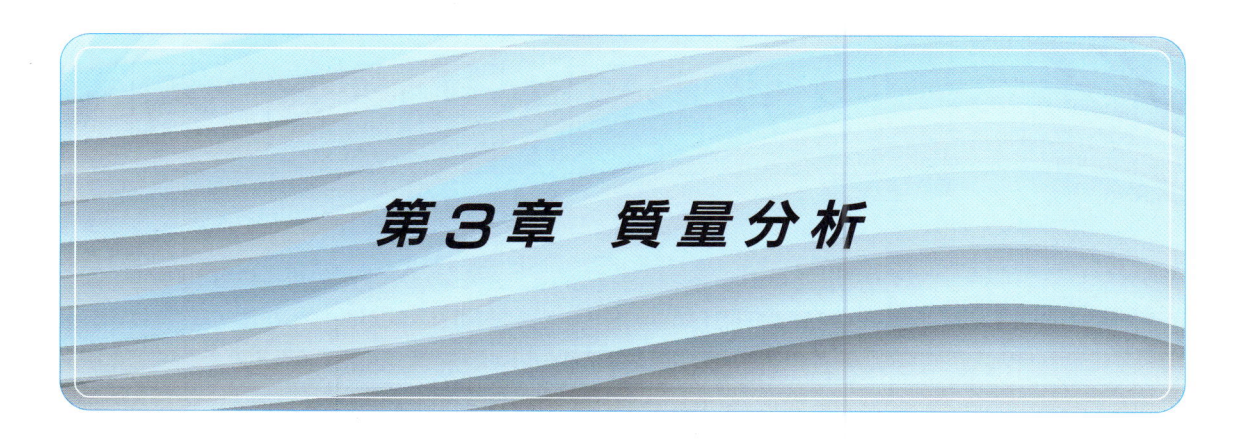

　質量分析(MS)は前章で述べた他の種類の分光法とはだいぶ異なっている．電磁波を使う代わりに，MSでは質量 m と電荷 z に基づいて分子の混合物または分子の断片を分離，解析する．これは電場と磁場を組み合わせて，真空チャンバー内での分子の飛行経路を制御することによって行われる．この方法はテレビのブラウン管において電子ビームが制御される仕方とほとんど同じである．結果は，分子構造と相互作用に関する非常に詳細な情報を与える．

この章の目的

　本章では，種々の質量分析の理論的および実験的基礎，並びに生体分子への応用について述べる．この章を終えるまでに，読者は次のことができるようになる．
- 電荷をもった粒子が電場や磁場の影響下でどのように動くかを説明する．
- 質量分析計を構成する基本的なコンポーネント(部品)は何か，概要がわかる．
- 粒子が m/z の違いによって分離される異なる方法をいくつか述べる．
- 分子イオンを実験的にどのように生成するかを説明する．
- MSデータを用いてタンパク質や他の(高)分子の分子量を決定する．

3.1　序　論

　質量分析は電荷をもつ粒子の，次の二つの基本的な物理的性質に基づいている．
- 電場 E の中に置かれた荷電粒子は，電場の方向に沿って動く．
- 磁場 B の中を動く荷電粒子には，運動方向と垂直な方向に力が加わる．

これら両者の効果で，荷電粒子はその m/z によって分離される(図3.1参照)．

電磁場によって陰極線がどのように曲がるかというJ. J. トムソン(Sir Joseph John Thomson)の研究は電子の発見をもたらし，彼は1906年にノーベル賞を受賞した．彼はこれに続いて同様の技術を用いて不活性気体の陽イオン線や他のイオンの質量スペクトルを得ることに成功している．

図 3.1 典型的な質量分析装置．真空チャンバー内には試料イオン化源，電磁フォーカシング装置，イオンビームの速度と軌跡を制御する電極，質量(m/z)分析計と検出器が設置してある．

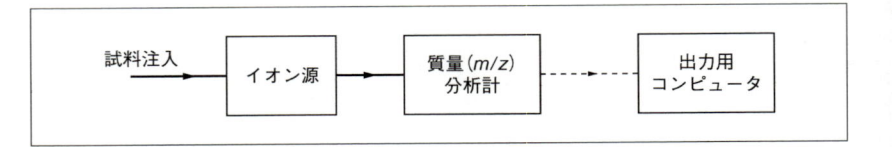

例題 3.1

Q 質量分析計が高真空を必要とするのはなぜか？

A イオンの飛行経路を妨害する分子間の衝突を抑えるため．

気体分子運動論によれば，平均自由行程（すなわち分子が他の分子と衝突せずに進む平均距離）は次式で与えられる．

$$l = \frac{kT}{2^{1/2} P \sigma}$$

ここで P は気体の圧力，σ は衝突する気体分子の衝突断面積である．低分子の典型的な衝突断面積は約 $1\,\mathrm{nm}^2$ である．大気圧($1\,\mathrm{atm} = 1.013 \times 10^5\,\mathrm{Pa}$)下，$300\,\mathrm{K}$ では，この式から平均自由行程 l は $3 \times 10^{-8}\,\mathrm{m} = 30\,\mathrm{nm} = 300\,\mathrm{Å}$ である．したがって分子は，数個分の分子半径を飛ぶたびに衝突することになる．ごく一般の普通の質量分析計で平均自由行程を $1\,\mathrm{m}$ とするためには，内部圧力 P は $3 \times 10^{-8}\,\mathrm{atm}$ 以下が必要とされる．

3.2 イオン源

　質量分析(MS)の実験的な挑戦は，どのようにして質量分析に適したかたちで分子イオン流を得て，これを高真空の機器に導入するかということである．試料のイオン化法が，生体分子への応用を成功させる鍵であることが明らかになっている．ほとんどの化合物，とくに高分子量で極性をもった物質は蒸気圧がたいへん低いため，質量分析計内の高真空条件でも容易には蒸発しない．小さな化合物では入念な誘導体化（たとえばメチル化，アシル化，エステル化）によって揮発する化合物とすることができ，これが MS の基礎となっている．しかし，これはより大きな生体分子に対して満足できる方法であることはまれで，別の方法を採用する必要がある．

3.3 イオン化の方法

3.3.1 電子衝撃イオン化法と化学イオン化法

　これらの方法では通常，MS 試料室で分子が揮発するように十分な蒸気圧をもつよう誘導体化することが必要である．試料は電子衝撃イオン化法(EI)では直

接に試料室へ導入され，化学イオン化法(CI)では過剰の他の気体と混合されて導入される．揮発性の試料混合物は，十分なエネルギー(普通，100 eV 以下)をもつ電子ビームに暴露されて負の電荷をもった分子種 M^- になるか，大きな電子衝撃で電子が追い出されて正の電荷をもつイオン M^+ になる．この過程の結果，試料分子は不安定なラジカルを生じて断片化することもあり，このような特徴的な断片化のパターンがしばしば構造決定に役立つ．

穏和なほうのイオン化法，すなわち CI では，試料を適当な気体キャリアー(たとえばメタン CH_4 やアンモニア NH_3)と混合することによって，さらに試料の断片化を減少させることができる．ここでは，キャリアーは電子衝撃のインパクトを受け止め，電荷をもった CH_4^+，NH_3^+ や他のラジカルを生じ，そうしてこれらが正の電荷(H^+)をより穏和な衝突によって試料に受け渡す．その結果得られた分子イオン MH^+ は直接的な電子衝撃で生じたラジカルより安定で，分子の断片化が抑えられる．その結果，質量スペクトルがシンプルになり，正確な質量の決定が容易になるが，一方で断片化によって得られる構造情報を失うという面もある．

上で述べた両イオン化法は比較的低分子の測定に向いており，単純なメチル化した糖の分析に広汎に用いられてきた．これらの方法はペプチド，タンパク質や他の高分子化合物のような揮発性の低い分子には用いられない．

3.3.2 高速原子衝撃法

高速原子衝撃法(FAB)においては，試料は粘度の高い液体として〔しばしばグリセロール(グリセリン．プロパン-1,2,3-トリオール)に溶解される〕導入され，エネルギーの高い原子かイオン(よく用いられるのは 30 keV 以下の加速されたアルゴンやキセノンで，電子ではない)の流れで衝撃を与えられる．その結果，試料から分子がはじき出され，ある割合の分子がイオン化されている．衝突とイオン化の過程で断片化も起こりうる．このイオンの"雲"が分析のために MS に送り込まれる．この方法は，とくに分子量 10,000 程度までのペプチドに威力を発揮する．

3.3.3 エレクトロスプレーイオン化法

エレクトロスプレーイオン化法(ESI)においては，試料は希薄溶液として細い孔またはキャピラリーを通して注入され，細かいスプレーすなわち水滴の流れを生じる．キャピラリーやそれを取りまく電極に電圧がかけられ，水滴は電荷をもつ．溶媒は試料室中の乾燥気体によって蒸発し取り去られ，静電的な反発によって水滴はさらに分離し，電荷をもった粒子(多くの場合は単分子)となって MS の真空チャンバー内に導かれる．これは比較的穏和なイオン化法であり，とくにタンパク質や大きな分子に有用である．しかし，最適な条件では断片化はほとんど起こらないのだが，質量スペクトルにはある範囲の電荷をもったいくつかのピ

ーク（MH$^+$，MH$_2^{2+}$ など）が現れる．スペクトルを解釈するときにはこれを考慮しなければならない．しかし実はこれは有利な点であって，そのためにより正確な分子量が計算できるのである．図3.5にその例が示してある．この方法の変法を，クロマトグラフィーからの溶出を分画するのにも用いることができる．

3.3.4 マトリックス支援レーザー脱離イオン化法

この方法（MALDIと略称される）では，試料は2,5-ジヒドロキシ安息香酸のような紫外線または可視光を吸収する化合物からなる固体マトリックスと混合される．このマトリックスの表面に強力なレーザー光（普通，390 nm辺り）をパルス照射すると，吸収されたエネルギーが局所的にマトリックスの加熱と脱離を引き起こす．これらの脱離分子は，多くのものが熱によってイオン化しており，チャンバー内に導入される．ここでも，この比較的穏和な脱離の技術は，とくに壊れやすい可能性のある高分子の分析に有用である．この方法で生成したイオンのパルスは，とくに飛行時間型の解析法（TOF）に向いている（3.4.2節参照）．

今日の，より高度なMS機器では，いくつかのイオン化法と解析法を組み合わせている．

3.4 質量分析計

いったん分子イオンが生成されると，これらは質量分析計へ注入される前に通常は高圧電場と適当な電極で加速され，絞り込まれる．質量分析にはさまざまな方法があり，現在も新しい方法が次つぎ開発されつつある．しかし，これらのすべてに1点だけ共通していることがある．すなわち，これらのイオンは質量/電荷比（m/z）に基づいて分離されるということである．

3.4.1 磁気分析法

初期の質量分析計は磁気による分離に基づいていて，この技術はいまでも用いられている（図3.2）．一様な磁場中を運動する電荷 ze の粒子は，（内向きの）磁

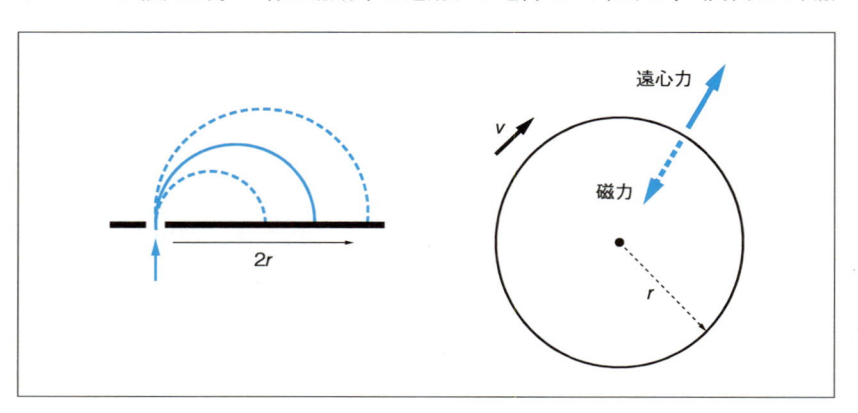

図3.2 磁場中を運動する荷電粒子．

力 $zevB$ と(外向きの)遠心力 mv^2/r とが釣り合って円形の軌跡を描く．すなわち

$$\frac{mv^2}{r} = zevB \tag{3.1}$$

したがって

$$r = \frac{mv}{zeB} \tag{3.2}$$

速度 v はイオンを加速するのに用いる電極の電圧によって決まる．静電ポテンシャル V の中を通過する粒子が得る運動エネルギーは zeV に等しいから

$$\frac{1}{2}mv^2 = zeV \tag{3.3}$$

よって式 (3.3) と (3.2) から

$$r = \left(\frac{2mV}{zeB^2}\right)^{1/2} \tag{3.4}$$

を得る．この式は磁場中のイオンの軌跡の半径または粒子の移動(変位)が，どのように m/z に依存するかを示している．式(3.4)の m/z 以外のすべての項は一定である．

3.4.2 飛行時間法

飛行時間法(TOF)では，荷電断片の速度 v が直接測定される．静電ポテンシャル V の中を横切る電荷 ze の粒子が得る運動エネルギーは zeV に等しい．したがって

$$\frac{1}{2}mv^2 = zeV \quad \text{すなわち} \quad v = \left(\frac{2zeV}{m}\right)^{1/2} \tag{3.5}$$

ある一定の経路を動く粒子の飛行時間(TOF)は速度に反比例するから，次の関係が成り立つ．

$$(\text{TOF}) \propto \frac{1}{v} = \left(\frac{m}{z}\right)^{1/2}\left(\frac{1}{2eV}\right)^{1/2} \tag{3.6}$$

この種の分析計では，分子イオンの不連続なパルスが電磁場のないドリフト管に注入され，イオンが検出器に到達するまでの時間が測定される(図3.3参照)．

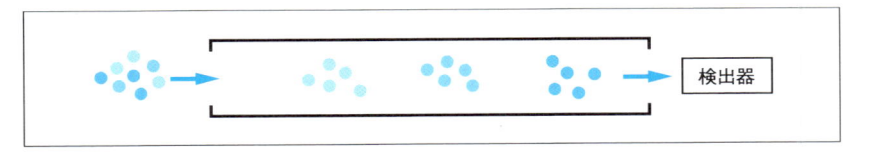

図3.3 ドリフト管中を異なる速度で飛行する粒子の飛行時間による分離．

この分析法はとくに MALDI に向いており，非常に大きな高分子に用いることができる．これまで述べてきたのと同じように，分子イオンの分離は m/z に基づいている．

3.4.3 四重極型分析計

四重極による分離は，一様でない電場中におけるイオンの動きに依存している．図 3.4 のように，イオンビーム (青色の矢印で示す) は 4 本の平行な円柱状電極の間の空洞にある不均一な電場 (四重極電場) に導かれる．

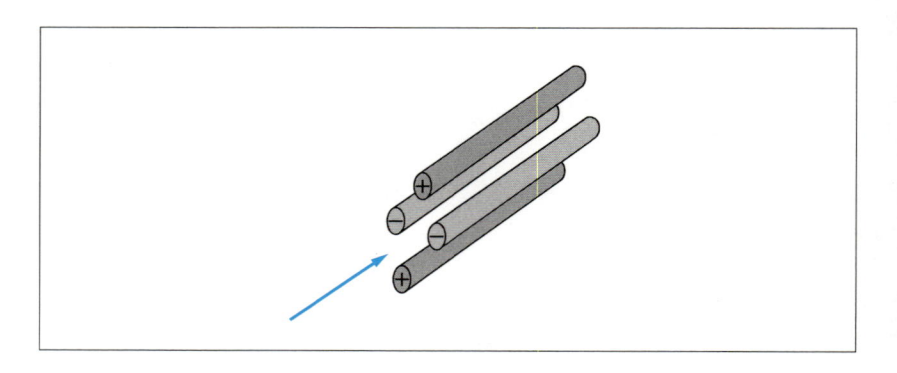

図 3.4 四重極型分析計．

これらの電極に振動ポテンシャル $\pm(V_0 + V\cos\omega t)$ が加えられ，分子イオンが複雑に運動して，その結果ほとんどの分子が電極または空洞の壁に衝突する．ある電圧 V および V_0 と (角) 周波数 ω の組合せのときに限って，特定の m/z をもつイオンだけが衝突せずに通り抜け，検出器に到達する．よくある値は $V_0 = 500 \sim 2{,}000$ V，$V = 0 \sim 3{,}000$ V，$\omega = 1 \sim 2$ MHz である．

3.4.4 イオントラップ法とイオンサイクロトロン共鳴 FT-MS

近年，複雑なイオン光学[†]に基づいた四重極型や他の分析計のより高度な変法がいくつか発展してきた．

イオントラップ法では電極の組合せで電場を形成し，イオンが m/z や印加された電場に依存してトラップされる．特定の m/z は，この印加する電圧を変化させることによって検出される．

イオンサイクロトロン共鳴型は四重極型と関連しているが，そこへ加えて強力な磁場 $\boldsymbol{B}$ が印加される．これによってイオンは，角速度が次式で表される (ほぼ) 円形の軌道に入る．

$$\omega = \frac{v}{r} = \frac{zeB}{m} \tag{3.7}$$

ここへ同じ (角) 周波数 ω で振動する電場を印加すると，サイクロトロン共鳴になる．このときイオンは電場からエネルギーを吸収し，v/r を一定に保ったま

[†] 訳者注　電磁場中を運動するイオンの軌跡を幾何光学になぞらえて扱う手法のこと．

ま加速され，より大きな半径の軌道を運動することになる．特定の m/z をもったイオンはこのようにして，印加される電場の周波数に基づいて選択される．このことは，この方法を周波数領域でのフーリエ変換(FT)を用いた解析にとくに適したものにしており，非常に高い分解能を与える可能性がある．

3.5 検　出

初期の質量分析計は分子イオンの位置検出に写真乾板を用いていた．現在では，より感度が良く，便利な光電子増倍管のような電子検出器に置き換えられている．イオンが電子増倍管に衝突すると，自由電子のパルスが放出される(ちょうどフォトンの場合のように)．この電子のパルスは電極のカスケードを通して加速される．各電極でパルス中の電子の数が増幅され(これが"電子増倍管"の名前の由来である)，測定可能なシグナルとなる(光電子増倍管については図2.9参照)．

3.6 質量分析の応用

質量分析(MS)は分子量を高精度に決定できるので，他の方法ではぼんやりした答えしか得られない分野で多くの応用がある．以下にいくつか実際の例をあげる．

3.6.1 タンパク質の分子量

図3.5に，精製したあるタンパク質の典型的な ESI-MS プロファイルの一部が示してある(m/z の値は表3.1に与えられている)．スペクトル中の各ピークは ESI で生じた m/z が異なる分子イオンに対応している．隣り合うピークは普

思い出そう　$m = M + z$ である．ここで M は中性タンパク質分子の分子量．

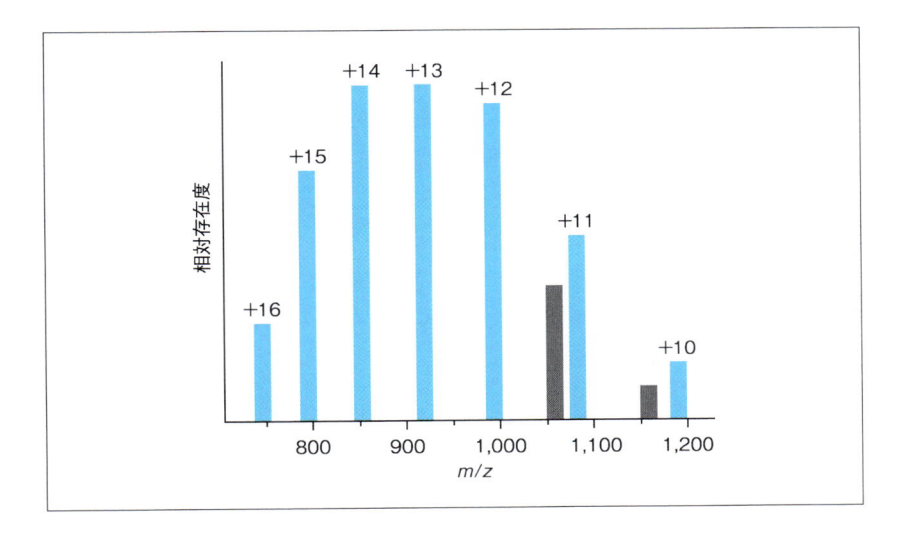

図3.5　分子量11,924.2の無傷のタンパク質(intact protein)の MS データの例(青で示す)．計算された電荷 z とともに示す．グレーのピークは不純物によると考えられるもの．

表 3.1　図 3.5 のデータ

測定値		計算値		
m/z	Δ	z	m	$M = m - z$
1,193.417	108.381	10.0021	11,936.66	11,926.66
1,085.036	90.353	10.9978	11,932.99	11,922.00
994.683	76.437	12.0000	11,936.22	11,924.22
918.246	65.517	13.0001	11,937.31	11,924.31
852.729	56.782	14.0000	11,938.19	11,924.19
795.947	49.685	14.9997	11,939.00	11,924.00
746.262	—			
			平均	11,924.23
			標準偏差	1.48

通，電荷も質量も 1 単位だけ異なる．このようなデータをどのように解釈したらよいだろうか？

例題 3.2

Q　表 3.1 を用いて，タンパク質の分子量を求めよ．

A　どれか一つのピークを選ぶ．このピークは m/z の値をもつが，この段階では m や z のそれぞれの値はわからない．その隣のピークは m/z が $(m+1)/(z+1)$ のピークに対応する．したがって，その差 Δ は次式によって与えられる．

$$\Delta = \frac{m}{z} - \frac{m+1}{z+1} = \frac{m/z - 1}{z+1}$$

これを変形して，次式を得る．

$$z = \frac{m/z - 1}{\Delta} - 1$$

この式から選んだピークの z の値を求めることができ，これを用いて m を計算することができる．（中性の）親分子の分子量は $M = m - z$ である．このような計算の結果（表 3.1）から $M = 11,924.23(\pm 1.48)$ が得られる．理論値は 11,924.2（アミノ酸組成から計算）である．

整合性のある結果を得るためには，このようなデータの一連のピークを用いることが重要である．たとえば図 3.5 のグレーのピーク（$m/z = 1,060.1$ と 1,160.3）は，他のデータと整合性がとれない．このピークはおそらく不純物または分解生成物によるものである．

3.6.2　ラダー配列決定法

質量分析は一次構造を決定するためにも用いられる．ペプチドやタンパク質を

表 3.2 断片の"ラダー"の例

ポリペプチドの配列	質量/amu	Δ	アミノ酸
X-Ser-Gly-Trp-Glu-Asp-Leu-Ile-Lys-Met	10,531	131	Met
X-Ser-Gly-Trp-Glu-Asp-Leu-Ile-Lys	10,400	128	Lys/Gln ?
X-Ser-Gly-Trp-Glu-Asp-Leu-Ile	10,272	113	Leu/Ile ?
X-Ser-Gly-Trp-Glu-Asp-Leu	10,159	113	Leu/Ile ?
X-Ser-Gly-Trp-Glu-Asp	10,046	115	Asp
X-Ser-Gly-Trp-Glu	9,931	129	Glu
X-Ser-Gly-Trp	9,802	186	Trp
X-Ser-Gly	9,616	57	Gly
X-Ser	9,559	87	Ser
X	9,472		

化学的にあるいは酵素で部分的に消化することにより,大きなものから小さなものまでの混合物となる.たとえば酵素(カルボキシペプチダーゼ)によって部分的に消化された(仮想的な)断片の混合物は,表3.2に示されるような断片の"ラダー(ladder,階段)"を生じる.

混合物を質量分析にかけると,質量が順に小さくなっていく一連のピークを生じる.各ピーク間の質量差 Δ はC末端にあるアミノ酸1個の欠失に対応する.各アミノ酸残基の質量は正確に知られているので,これを逆算して元のポリペプチドのアミノ酸配列を構築することができる.これはラダー配列決定法として知られ,DNAや多糖類の配列決定でも類似の方法が用いられる.

しかし,いくつかのアミノ酸は同じ質量をもっているので,この方法で完全にあいまいさがなくなるわけではない.たとえばリシンとグルタミン(どちらも $\Delta = 128$)や,ロイシンとイソロイシン(どちらも $\Delta = 113$)を質量分析の結果だけからでは決定できない.

実際には混合物が複雑になりすぎることと,分解が一様(均一)ではないため,20アミノ酸程度が配列決定の限界である.ただしタンパク質を同定するに当たっては,得られる数種のペプチドの短い配列(ペプチドマッピング)がわかれば十分なことが多い.もし異なるペプチドの配列が重なっていれば,タンパク質の全アミノ酸配列の決定が可能である.

3.6.3 プロテオミクス

すでにヒト(および他の)ゲノム配列が決定されているので,その遺伝子に対応するタンパク質とその相互作用を同定することが重要である.これは一般にプロテオミクスと呼ばれている.生物の細胞は何千種類ものタンパク質を含んでおり,質量分析(MS)を用いてそれらを決定することができる.タンパク質は種類によって普通,大きさと電荷が異なるので,それらをクロマトグラフィーや電気泳動で分離することができる(第7章参照).たとえば細胞を破砕して二次元電気泳動を行うと,1,000またはそれ以上の数の別べつのスポットが得られる.それ

"プロテオミクスは全発現タンパク質の機能の研究である"[1]

それのスポットは異なるタンパク質である．これまでに述べた MS の技術を用いると，これらのタンパク質のアミノ酸配列を解析することができ，また遺伝暗号が既知なので，それらが由来している遺伝子を同定できる．ここでの質量分析の利点は精度が高いことと，必要とする試料の量がごくわずかだということである．

ペプチドマスフィンガープリント法も，特異的なプロテアーゼ処理後に行うことによってタンパク質の同定に用いることができる（図 3.6）．たとえばタンパク質分解酵素（プロテアーゼ）であるトリプシンは，Arg または Lys の C 末端側でペプチド鎖を切断する．その結果，トリプシン消化物はそのような特異的な部位で切断されたペプチド混合物の MS パターン（マスフィンガープリント）を与える．このフィンガープリントを，ゲノム配列から予測されるタンパク質の理論的なフィンガープリントのデータベースと比較することによってタンパク質を同定することができる．

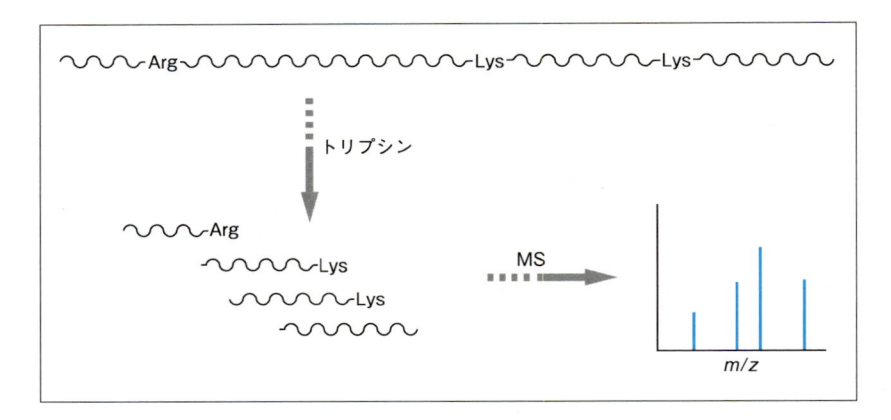

プロテアーゼはタンパク質中のペプチド結合を加水分解（プロテオリシス）する酵素である．ペプシンとトリプシンは動物の消化器系に存在する典型的なプロテアーゼである．

図 3.6 ペプチドマスフィンガープリント法．トリプシンは Arg および Lys の C 末端側を切断して，そのタンパク質に特徴的な m/z パターンを与える．

細胞内で互いに強く相互作用するタンパク質（または他の分子）はしっかりと結びついて，細胞抽出物から共精製される．精製された複合体の質量分析は，相互作用する相手分子の同定に役立つ．最近の技術では，従来は質量分析計内の脱水や他のより破壊的な力によって解離してしまうような弱く相互作用するタンパク質についても研究が可能になってきている[2]．

キーポイントのまとめ

1. 質量分析は m/z に基づいて分子イオンを分離する．
2. 穏和なイオン化法と質量分析計の開発によって，生体高分子の研究に質量分析が利用可能になった．
3. 一次構造と結合（相互作用）についての情報が得られる．

章末問題

3.1 無傷のタンパク質（intact protein）の質量分析を行うと，ピークの隣に質量が 1 amu だけ異なるピークが現れるのはなぜか？　タンパク質のどのような基がこれらの電荷を担っているか？

3.2 20 kV で加速すると，以下のイオンはどれくらいの速度で飛行するか？　(a) プロトン（H^+），(b) ロイシンカチオン（$m=132$, $z=+1$），(c) $z=+4$ で 14.5 kDa のタンパク質．ただし $e=1.6\times10^{-19}$ C，1 amu $=1.66\times10^{-27}$ kg とする．

3.3 問題 3.2 のそれぞれについて，1.5 m の飛行時間はいくらか？

3.4 問題 3.2 の 20 kV で加速したイオンについて，4 T の磁場 B 中における軌跡の半径はいくらか？

3.5 磁場 B における，イオンの軌道の角速度 ω は次式で与えられる．

$$\omega = \frac{v}{r} = \frac{zeB}{m}$$

この式を式(3.2)から導け．

3.6 ある組換えタンパク質（分子量 13,700）が，別のタンパク質（GST．分子量 12,500）との融合タンパク質として発現された．融合タンパク質を切断し粗精製したあと，SDS ゲル電気泳動（第 7 章）で分析したところ，期待された分子量 13,700 のタンパク質に加えて分子量 26,000〜28,000 のタンパク質が検出された．残念ながら電気泳動の確度が足りず，このタンパク質が組換えタンパク質の二量体か，切れ残りの融合タンパク質かわからなかった．この問題を解決するのに MS はどのように利用できるか？

参考文献

1) M. Tyers and M. Mann, From genomics to proteomics, *Nature*, 2003, **422**, 193-197.
2) J. L. P. Benesch and C. V. Robinson, Biological chemistry: dehydrated but unharmed, *Nature*, 2009, **462**, 576-577.

さらに学習するための参考書

R. Aebersold and M. Mann, Mass spectrometry-based proteomics, *Nature*, 2003, **422**, 198-207.

E. de Hoffmann, J. Charette and V. Stroobant, "Mass Spectrometry", Wiley, Chichester, 1996.

A. Dell and H. R. Morris, Glycoprotein structure determination by mass spectrometry, *Science*, 2001, **291**, 2351-2356.

M. Mann, R. C. Hendrickson and A. Pandey, Analysis of proteins and proteomes by mass spectrometry, *Annu. Rev. Biochem.*, 2001, **70**, 437-473.

第4章 流体力学

　流体力学は水の運動を取り扱う．液体全体でも分子レベルでも，水の運動は液体中に存在する他の分子の影響を受ける．高分子の溶液中での挙動や溶液の流れ方に与える影響は，高分子の構造や性質を研究するさまざまな流体力学的手法を提供する．

> ### この章の目的
> 　この章はとくに生体高分子の研究に重要な流体力学的手法を扱う．この章を終えるまでに，読者は以下のことができるようになる．
> - 溶液の混合物の密度をどうやって測定するか，そしてそれが構成成分にどのように依存するかを説明する．
> - 超遠心分析中の高分子の運動について説明し，沈降平衡法と沈降速度法の違いを理解する．
> - 分子の拡散とブラウン運動の熱力学の基礎を理解する．
> - 粘度と動的光散乱の実験がどのように分子の大きさに関する情報を与えるかを説明する．

4.1　密度と分子容

　流体中の分子の運動は，分子の大きさと形と質量，およびそれを取り巻く溶媒の物理的性質に依存する．タンパク質，核酸，糖質の水溶液は同じ条件下の純粋な水よりも一般的に重い．高分子自体はあたかも水より重いように振る舞う．これが，この章で扱う種々の超遠心技術の基礎である．

　溶液である分子(成分)の混合物を考えよう(図4.1)．二つの成分(ここで成分1は溶媒，成分2はたとえば高分子を表す)からなる混合物の全体積 V は次式で与えられる．

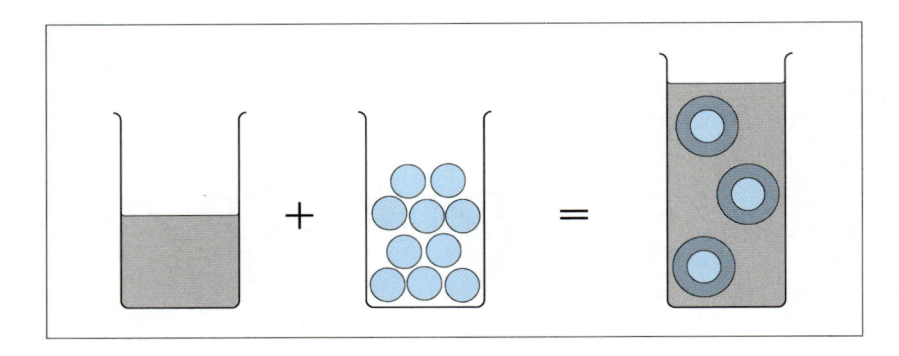

図 4.1 混合の体積効果.

$$V = \overline{V}_1 n_1 + \overline{V}_2 n_2$$

ここで n_1 と n_2 は混合物中の各成分のモル数である．また

$$\overline{V}_i = \left(\frac{\partial V}{\partial n_i}\right)_{T,P,n_j}$$

は各成分のモル偏比容(部分モル比容，部分モル体積)である．これはすべての変数(温度，圧力，他の成分)を一定にして，成分 i だけを少量加えたときの全体積の変化と見ることができる．

各成分の質量 g_i (単位は g)を用いた同等の表現は偏比容(部分比容) $\bar{v}_i$ の定義となる．

$$V = \bar{v}_1 g_1 + \bar{v}_2 g_2$$

このとき

$$\bar{v}_i = \left(\frac{\partial V}{\partial g_i}\right)_{T,P,g_j} = \frac{\overline{V}_i}{M_i}$$

ここで M_i は成分 i の分子量である．

混合物溶液の密度，すなわち単位体積当りの質量は次式で与えられる．

$$\rho = \frac{g_1 + g_2}{V} = \frac{g_1 + g_2}{\bar{v}_1 g_1 + \bar{v}_2 g_2}$$

全体積は(必ずしも)二つの別べつの純粋な成分の体積の和とはならないことに注意する．これにはいくつかの理由がある．

第一に，溶液と溶媒の分子が異なる大きさの場合，それぞれの純粋な成分の液体中の空隙部分(ボイド)が，二つを混合した場合には物質で満たされるかも知れない．

第二に，溶質分子はすぐ近くの溶媒の構造に影響を与える(溶媒和あるいは水和の効果)可能性があり，それが溶液全体の密度に影響を与えるかも知れない．たとえば溶液中の電荷をもつ基またはイオンは，液体の水の通常の水素結合によ

> モル偏比容と偏比容は，より一般的な熱力学の法則の特別な例である．すなわち平衡にある任意の系の示量変数は混合物中の各成分の部分モル量または部分量の総和を使って書ける．

> サッカーボールとボールベアリングの玉を混合することを想像してほしい……ボールベアリングの玉はより大きなサッカーボールの間のスペースに入り込むので，両者で占められる体積はそれぞれを別べつに詰める場合の和よりも小さくなる(話の真偽は怪しいが，野球のボール(軍隊のため)とボールベアリングの玉(戦車のため)が第二次大戦中に，こうしてアメリカからヨーロッパへ効率的に送られたといわれている)．

る構造を破壊し，水和層中に溶媒をもっと充塡して高い密度にする．一方，非極性基は一般的に逆の効果をもつと考えられており，疎水基を収容するために水分子が"氷様"のクラスターを形成して体積が増す傾向がある．

　高分子のモル偏比容の測定値（表 4.1 参照．表は偏比容）はいくつかの因子に依存する．たとえば球状タンパク質では，天然のタンパク質がいかによく折りたたまれているか，構造中にいくつの内部空隙（ボイド）があるか，また表面における溶媒との相互作用から生じる水和にも依存する．

表 4.1 タンパク質の偏比容の例 [1]

タンパク質	M_r	$\bar{v}_2/\mathrm{cm^3\,g^{-1}}$
リボヌクレアーゼ	13,683	0.728
リゾチーム	14,300	0.688
卵白アルブミン	45,000	0.748
血清アルブミン	65,000	0.734
ヘモグロビン	68,000	0.749
コラーゲン	345,000	0.695
ミオシン	493,000	0.728

例題 4.1

Q 偏比容 $0.725\ \mathrm{cm^3\,g^{-1}}$ のタンパク質 5.0 mg と $1.0000\ \mathrm{cm^3}$ の水からなる溶液の 25 ℃ における密度はいくらか？　ただし 25 ℃ における純水の密度 ρ_0 は $0.99705\ \mathrm{g\,cm^{-3}}$ である．

A $1.0\ \mathrm{cm^3}$ の純粋な溶媒（水）の質量が g_1 で，ρ_0 の値から 0.99705 g である．一方，タンパク質については $\bar{v}_2 = 0.725\ \mathrm{cm^3\,g^{-1}}$ で，$g_2 = 0.0050$ g である．

　このような希薄溶液では，混合物中の溶媒（水）の偏比容を純粋な水の偏比容と同じだと近似してよい．したがって混合物の全体積は次式で与えられる．

$$V = 1.0000 + \bar{v}_2 g_2 = 1.003625\ \mathrm{cm^3}$$

よって

$$\rho = \frac{g_1 + g_2}{V} = \frac{0.99705 + 0.0050}{1.003625} = 0.99843\ \mathrm{g\,cm^{-3}}$$

すなわち，純粋な水より約 0.14% 密度が高い．

4.1.1　流体の密度の測定と偏比容

4.1.1.1　古典的方法

　液体や液体の混合物の密度はピクノメーター（比重びん）または液体比重計（浮きばかり）で測るのが便利であるが（図 4.2），これらの方法は，生物物理学的な研究で取り扱うような高分子の希薄溶液を測定できるほどは正確でない．

図 4.2 （a）ピクノメーター（比重びん）は精密なメスフラスコで、これを完全に液体で満たすと、その重量の変化が液体の密度を与える．（b）液体比重計（浮きばかり）は"浮き"が浮く高さで液体の密度を測定する．

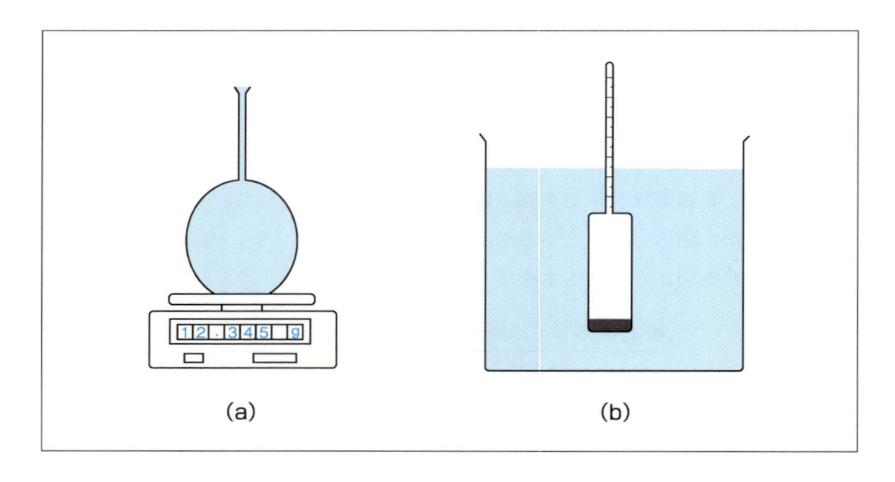

4.1.1.2 振動管密度計

溶液の密度を測定する、より精密で便利な方法は、その溶液を満たした石英の振動管（図 4.3）の振動数を測定するもので、その値からモル偏比容または偏比容が計算できる．

図 4.3 振動管密度計の振動する管．

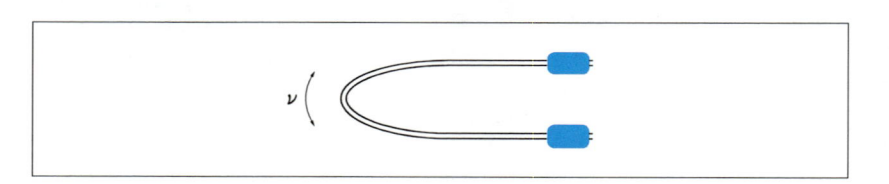

調和振動子の共鳴振動数 ν は $(k/M)^{1/2}$ に比例する．ここで M は系の有効質量、k は振動子のバネ定数である．

振動管密度計（パール密度計）は両端が締められたループ形の石英の管からなっており、これが音さのように振動する．管を異なる密度の液体で満たすと、振動する管の共鳴振動数が変化し、この変化は電子的にきわめて高い精度で測定できる．この振動の周期（$\tau = 1/\nu$）は液体の密度 ρ の 2 乗根に関係している．すなわち、密度の異なる二つの液体に対して

$$\tau_1^2 - \tau_2^2 = k'(\rho_1 - \rho_2)$$

ここで k' は校正（キャリブレーション）定数で、既知の密度の標準液を用いて決定される．

例題 4.2

Q 次の関係を示せ．
$$\tau_1^2 - \tau_2^2 = k'(\rho_1 - \rho_2)$$

4.1 密度と分子容

A まず

$$\nu = K\left(\frac{k}{M}\right)^{1/2}$$

とする．ここで K は比例定数である．よって

$$\tau^2 = \frac{1}{\nu^2} = K'\frac{M}{k}$$

となる（比例定数を K' に置き換えた）．ここで M_0 を空の管の有効質量，V を管の容量とすると

$$M = M_0 + V\rho$$

だから

$$\tau^2 = K'\frac{M_0 + V\rho}{k}$$

よって密度の異なる二つの溶液について

$$\tau_1^2 - \tau_2^2 = K'\frac{(\rho_1 - \rho_2)V}{k} = k'(\rho_1 - \rho_2)$$

が成り立つ．

4.1.1.3 密度勾配法

よく知られているように，アルキメデス（Archimedes）は風呂に浸かっているとき，任意の物体が沈むか浮くかする傾向は，その物体が排除する液体の質量によって決まることを見いだした．物体の浮揚質量 m' は，実際の質量 m_0 からそれが排除する液体の質量を引いたものとなる．

$$m' = m_0 - m_0 \bar{v} \rho$$

ここで $\bar{v}$ はその物体の偏比容，ρ は排除した液体の密度である．

これが密度を決定するための密度勾配法の基礎である．密度が直線的に増加する液体中を沈降（落下）していく粒子は，その浮揚質量がゼロとなったところで止まり，粒子の密度は周囲の溶媒の密度と一致する．これは通常，遠心機（下記参照）の中で行われ，遠心管中の密度勾配はショ糖または塩化セシウム（CsCl）溶液でつくられる[†]．

密度勾配法の歴史的に重要な応用は古典的なメセルソン-スタールの実験（1958）[2)] で，密度の異なる2本鎖DNA（^{15}N 同位体を多く含むDNAと天然の ^{14}N を取り込ませたDNA）を用いて，DNAの複製が半保存的に起こることを示した．半保存的複製は分子生物学の中心的な事項である．

[†] 訳者注　ただしショ糖の場合は，あらかじめ勾配をつくってから遠心を行い，一方，塩化セシウムの場合は，遠心力場の中で自発的に勾配をつくることが多い．

メセルソン-スタールの実験はノーベル賞を受賞したワトソンとクリックのDNA複製の理論を証明した．

4.2 超遠心分析

遠心法は生体分子の分離と分析に用いられ，高速で回転する溶液内の分子に遠心力（重力に似ているが，一般にもっとずっと大きな力）を及ぼす．これが超遠心分析（AUC）の基礎である．遠心機は，試料を垂直な軸の周りで高速に回転させるローターをもつ．試料管は分離用遠心機ではローター中の所定の位置（固定されたスロットまたはスウィングバケット）に収められ，分析用遠心機では特別なくさび形のセル内に収められる（図4.4）．

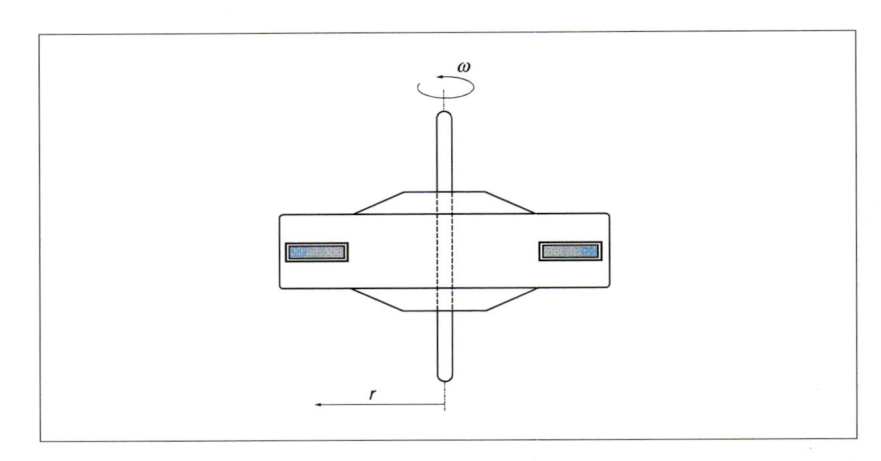

図 4.4 超遠心分析機のローター．

角速度 ω は1秒間でどれくらい回転するかを rad（ラジアン）という角度の単位で表したものである．完全な1回転（360°）は 2π rad に等しい．

（外側に向かった）力が質量 m の粒子に働き，その大きさは中心からの距離を r，（回転）角速度を ω とすると $mr\omega^2$ である．これは $r\omega^2$ の加速度と等価である．

例題 4.3

Q 15,000 rpm で回転する遠心機内のローターの半径 10 cm における有効加速度（単位は g）はいくらか？

A 15,000 rpm は毎分 15,000 回転だから，毎秒だと 15,000/60 で 250 回転である．したがって
$$\omega = 2\pi \times 250 = 1{,}570 \text{ rad s}^{-1}$$
一方
$$r = 10 \text{ cm} = 0.1 \text{ m}$$
で，重力による加速度は
$$g = 9.81 \text{ m s}^{-2}$$
したがって遠心加速度は
$$r\omega^2 = 0.1 \times 1570^2 = 2.47 \times 10^5 \text{ m s}^{-2} \approx 25{,}000 \times g$$

4.3 沈降平衡法

　沈降平衡法では，遠心機で試料を高速に回転させたときに生じる濃度勾配を測定する．試料はローター中の特別なセルに入れられ，光学的に透明なウインドウで挟まれている．現在の装置では，(対照セルを含む)複数の試料を同時に解析することができる．この装置では光学系がローターの上に設置されており，半径方向の距離 r の関数として紫外/可視の吸光度，蛍光，または屈折率によって濃度勾配が測定される†．

† 訳者注　蛍光測定装置は普通，取りつけられていない．

　重力または遠心力場の中を沈降しようとする分子の傾向は，それに抗して分散させようとする熱拡散，またはブラウン運動によって打ち消される．平衡状態では，これら相反する力の釣り合いはボルツマンの確率式によって決まる．平衡状態では，遠心管またはセル内の異なる位置における高分子の相対濃度を次式によって書くことができる．

$$\frac{c(r_2)}{c(r_1)} = \exp\left\{\frac{m'(r_2^2 - r_1^2)\omega^2}{2RT}\right\} \tag{4.1}$$

ここで m' は高分子の浮揚質量である．

> ### Box 4.1　沈降平衡法
>
> 　式(4.1)は次のようにして導かれる．任意の位置に粒子を見いだす相対的な確率に関するボルツマンの平衡の式は，2点間のポテンシャルエネルギー差 $E_1 - E_2$ に依存する．すなわち
>
> $$\frac{c(r_2)}{c(r_1)} = \exp\left(\frac{E_2 - E_1}{RT}\right)$$
>
> 　一方，質量 m の粒子が半径 r の位置で受ける力は $mr\omega^2$ である．ポテンシャルエネルギー差，すなわち粒子を半径方向のある位置から別の位置まで移動させるのに必要な仕事は力と距離の積を積分することによって与えられるから
>
> $$E_2 - E_1 = \int_{r_1}^{r_2} mr\omega^2 \, dr = \frac{m(r_2^2 - r_1^2)\omega^2}{2}$$
>
> これと上の式から式(4.1)が得られる．

4.4 沈降速度法

　沈降平衡法と異なり，沈降速度(遠心力場の中で分子がどれだけ速く沈降するか)の測定は，高分子の形と大きさの情報を与える．この方法は比較的大きな遠

心力を用い，遠心管(セル)内の濃度プロフィールを時間の関数として測定する．

沈降している高分子を考えよう．分子にかかる遠心力 $m'r\omega^2$ は，周りを囲む液体の中を分子が進もうとするときに働く摩擦力 F と拮抗する(図4.5)．比較的遅い場合(この場合がそうである)，この摩擦力は分子の溶媒に対する相対速度 v に比例する．

$$F = fv$$

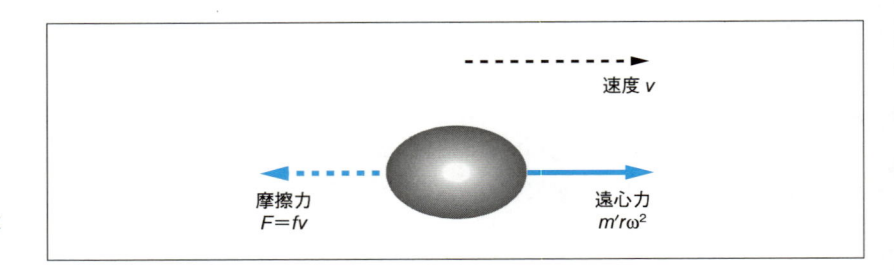

図 4.5 拮抗する摩擦力と遠心力．

ここで f は分子の摩擦係数である．摩擦係数 f は分子の大きさや形，周りを取り囲む液体の粘度を含むいくつかの因子に依存する．

定常状態では，この二つの力は釣り合っている．すなわち

$$fv = m'r\omega^2$$

したがって沈降速度は

$$v = \frac{m'r\omega^2}{f}$$

である．

期待通り，この式は重い粒子(分子)ほど速く沈降し，摩擦(f)が大きいほど速度は遅くなることを表している．

沈降係数はローターの回転速度とは独立で，次式で定義される．

$$s = \frac{v}{r\omega^2} = \frac{m'}{f}$$

沈降係数の単位は s(秒)であるが，普通，沈降係数はスベドベリー単位(S)で表される．

$$1\,\text{S} = 10^{-13}\,\text{s}$$

単位名の由来であるスベドベリー(Theodor Svedberg)はスウェーデンの科学者で，初期のこの分野で大きな業績を残した(1926年にノーベル賞を受賞)．

摩擦係数は分子の大きさと形に依存し，また温度と周囲の溶媒の粘度にも依存する．これは一般的な関係として次の式で表される．

$$f = \frac{RT}{N_A D}$$

ここで R は気体定数，T は絶対温度，N_A はアボガドロ定数，D は高分子の拡散係数である．摩擦係数の大きさと形への依存性は，次の一般的な式で表される．

$$f = 6\pi\eta R_S$$

ここで η は溶媒の粘度，R_S は分子のストークス半径である．

完全な球状分子の場合，摩擦係数は

$$f_0 = 6\pi\eta R_0$$

で，R_0 は球の半径である．他の形状の場合はもっと複雑で，見かけ上の球形からのずれは摩擦比 f/f_0 で表される．そのような場合にはストークス半径は，その分子と同じに振る舞う仮想的な球の半径に相当すると見ることができる．一般的に，f/f_0 は 1 より大きい[1]．

ストークス半径 R_S は高分子の水和にも依存する．完全に球状の分子でもすぐ近くの溶媒分子は高分子表面に結合する傾向があり，分子とともに動く溶媒和層，すなわち水和層が生じる．その結果，R_S は他の方法で決定した見かけの分子半径よりも大きく見えることが多い．このことは水和の状態を調べるのに役立つ．

典型的な沈降速度法の実験では，試料溶液は始めは遠心管（セル）内に一様に分布している．しかし遠心力の下で，溶媒（水）よりも密度の高い分子はすべて一団となって遠心管の底に向かって動き始める．典型的な濃度プロファイルの経時変化を図 4.6 に示してある．注目すべき点が二つある．第一に，溶媒と溶液の間の境界が一定の速度で遠心管内を沈降していくことであり，これが測定される沈降速度 v（移動境界面の中点の位置で測定する）となる．

アインシュタインは 1905 年の論文でブラウン運動の分子論を基礎としてこの式を導いた．同じ年，科学的創造性が爆発したのだろうか，彼は光電効果の量子論と特殊相対性理論の論文も発表している．

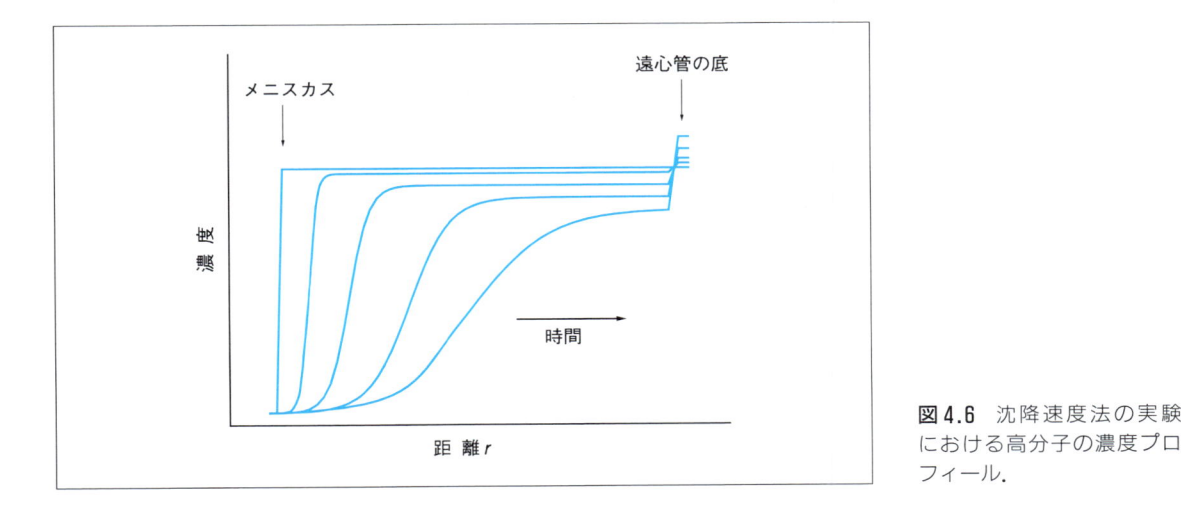

図 4.6 沈降速度法の実験における高分子の濃度プロフィール．

†1 訳者注 ここで浮揚質量 m' についてよく思い出すこと. m' の定義は 87 ページで示したように
$$m' = m_0 - m_0 \bar{v}\rho$$
$$= m_0(1 - \bar{v}\rho)$$
である.

第二に, 時間が経つにつれて境界面がぼやけてくることである. この第二の特徴は, 境界面での高分子の拡散に起因する. 分子はすべて同じ遠心力を受けるが, それぞれの分子は別べつに周りの溶媒からのランダムな熱運動の影響下にあり, したがって分子一つひとつは若干異なる経路をたどって沈降し, そのために移動境界面はよりぼやけていくことになる. この移動境界面の経時変化を解析すると高分子の拡散係数 D が得られる.

結果的に, 沈降速度法からは v (したがって s) と D が得られ, 両者を使って f と m' が決定できる[†1].

4.4.1 分子の混合物

試料が, 異なる流体力学的性質をもつ分子の混合物を含んでいるとき, 沈降平衡法の結果も沈降速度法の結果も, 濃度プロフィールはより複雑なものになる. しかしこれらの結果は, しばしば解析されて個々の分子の性質や相互作用の解析が行われてきた. たとえば 2 種の異なる大きさの高分子の混合物は, 単純な場合には沈降速度法で二つの移動境界面を生じる. その場合には, 各境界面からそれぞれの分子種の沈降係数 s と拡散係数 D を算出できる. しかし, もしこれら二つの分子が溶液中で強い相互作用を行う (互いに結合する) 場合は, 複合体として一つの境界面を生じるはずである. もし相互作用がより弱く, 結合した分子種と単量体の分子種が動的な平衡にある場合には, 境界面はよりぼやけた形となる. 現在ではさまざまなモデルと相互作用パラメータを決定する技術が利用できるようになっている[†2].

†2 訳者注 移動境界面の広がりは拡散によるものと, 沈降係数の近い分子種の存在によるものとがあるが, 拡散による境界面の広がりを除いて沈降係数の分布関数 $c(s)$ を求める方法が開発されている. たとえば後藤祐児ほか編,『タンパク質科学 ─ 構造・物性・機能 ─』, 化学同人 (2005) 所収の有坂文雄, "相互作用解析法 ─ 超遠心分析と表面プラズモン共鳴法 ─" などを参照のこと.

4.5 拡散とブラウン運動

すべての分子は常に熱運動をしており, 決して動きを止めることはない (0 K を別として). このランダムな分子の運動が "熱" の正体であって, 物体は, 分子運動が周囲よりもより激しくなっているか, あるいは逆により動きが少ないかによって熱く感じたり, 冷たいと感じたりする.

これは "分子熱力学" または "統計力学" として知られる分野の主要な部分である. 章末の "さらに学習するための参考書" を参照のこと.

すべての分子の正確な挙動を予測することはできないが, その平均の挙動は非常に正確に予測することができる. たとえば便利な経験則として, 平均の熱エネルギーは (量子効果を無視すれば) 1 自由度当り $(1/2)kT$ である. したがって気体分子 (三つの自由度をもつ) の平均の熱運動エネルギーは分子 1 個当り $(3/2)kT$ となる (この点について, さらにくわしくは第 5 章を参照).

例題 4.4

Q 室温における空気中の水分子の熱運動の平均速度を計算せよ.

A 1 個の水分子の質量は分子量 18 で, モル質量が 18×10^{-3} kg mol^{-1} だから

$$m = \frac{18 \times 10^{-3}}{N_A} = 3.0 \times 10^{-26} \text{ kg}$$

ここで

$$\frac{1}{2} m \langle v^2 \rangle = \frac{3}{2} kT$$

より

$$\langle v^2 \rangle = \frac{3kT}{m} = \frac{3 \times (1.381 \times 10^{-23}) \times 300}{3.0 \times 10^{-26}} = 4.1 \times 10^5 \text{ m}^2\text{ s}^{-2}$$

ゆえに根2乗平均速度は

$$\langle v^2 \rangle^{1/2} = 640 \text{ m s}^{-1}$$

このランダムな熱運動の結果，どんな粒子でも(大きなものであろうと小さなものであろうと)すべてのものは，その周囲から常に"打撃"を受けている．これがブラウン運動，すなわち液体または気体中の微粒子のランダムで混沌とした運動の原因である．

巨視的な(日常生活の)レベルでは，私たちはこの運動を気圧として経験している．上の計算が示すように，私たちの周囲の空気中の分子は秒速数百メートルで運動しており，常に私たちの皮膚の表面に衝突している．私たちはそれぞれの衝突を感じることはない(空気中の分子は多すぎるし，個々の衝突の衝撃はとても小さい)が，その総和は大気による圧力として感じている．

分子レベルでは，このランダムな混沌とした動きは拡散として現れ，分子はゆっくりと(不可逆的に)混合する．

(液体または気体中の)拡散の過程は，数学的にはフィックの(第一)法則として記述される．すなわち拡散流束について

$$J = -D \frac{\partial c}{\partial x}$$

この式は，拡散係数 D の分子が濃度勾配 $\partial c/\partial x$ とは逆の向きに流れようとする傾向を表している．

これは分子レベルでは，分子が一連のランダムな関連のないステップで動く酔歩の問題と見ることができる(図 4.7)．1905 年，アインシュタインはこの概念を用いて，粒子がそのような動きをするときの運動を表す方程式を導出した．球形粒子が，ある時間 t だけ経ったあとに任意の方向へ移動した距離の 2 乗平均は次式で表される．

$$\langle x^2 \rangle = 6Dt$$

ここで $\langle x^2 \rangle$ は任意の方向への移動距離の 2 乗平均である．

1827 年に，スコットランドの植物学者ロバート・ブラウン(Robert Brown)は花粉内部の小さな粒子がいつまでもランダムに動き続けることを述べた．ブラウンが最初にこの運動を見たというわけではないが，彼は"死んでいる"花粉，煤や他の"不活性な"微視的物体を注意深く観察し，それらの粒子が"生きている"とした一般的な考えを否定し，それらの運動が微視的な粒子の普遍的な性質であることを示した．

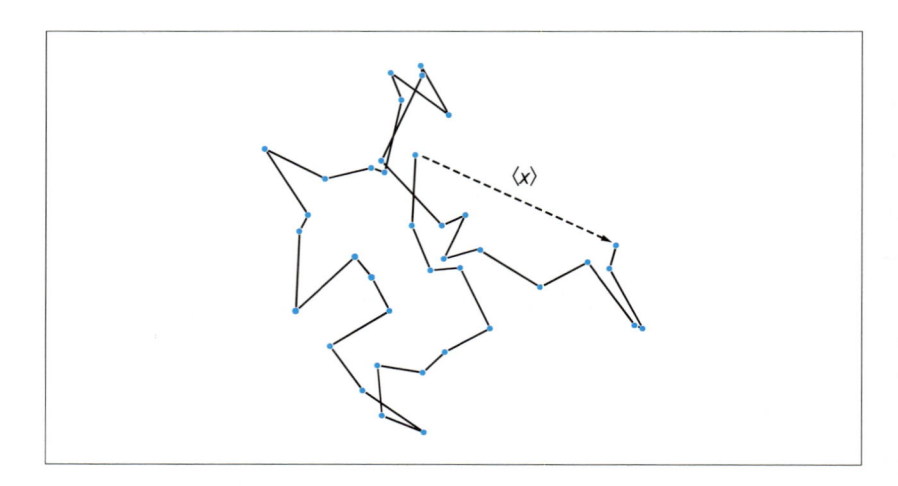

図 4.7 拡散と酔歩の問題.

この式は微視的な粒子のブラウン運動を正確に記述しており，ペラン（Jean Baptiste Perrin）が彼の（1908 年からの）一連の古典的実験でアボガドロ定数 N_A の推定に用いた．彼は 1926 年，ノーベル物理学賞を与えられた．

高分子の拡散係数 D は分子の大きさ，形，柔軟性，および周りを囲む液体の粘度と温度に依存する．そのため一般的には理論的に見積ることは難しいが，いくつかのモデルが提案されている．一般的に，拡散係数は摩擦係数 f の別の表現である．

$$D = \frac{RT}{N_A f} = \frac{kT}{f}$$

したがって（ストークス）半径 R_s の理想的な球状粒子では

$$D = \frac{RT}{6\pi N_A \eta R_s}$$

となる．これをストークス-アインシュタインの式と呼ぶ．

例題 4.5

Q 20 ℃ の水中で測定したタンパク質リゾチームの拡散係数は約 $10.4 \times 10^{-11}\,\mathrm{m^2\,s^{-1}}$ である．水の 20 ℃ における粘度が $1.002 \times 10^{-3}\,\mathrm{N\,s\,m^{-2}}$ であるとして，この分子の R_s を求めよ．

A 上の式を変形して

$$R_s = \frac{RT}{6\pi N_A \eta D}$$

$$= \frac{8.314 \times 293}{6\pi \times (6 \times 10^{23}) \times (1.002 \times 10^{-3}) \times (10.4 \times 10^{-11})}$$

$$= 2.1 \times 10^{-9} \, \text{m}$$
$$= 2.1 \, \text{nm}$$

並進運動に加え，他の種類の運動もランダムな熱的ゆらぎに関係することに注意しよう．とくに溶液中の(高)分子のタンブリングは回転拡散を使って記述され，回転拡散係数が定義される．すでに述べた並進拡散とのアナロジーで，回転拡散係数 D_{rot} と回転摩擦係数 f_{rot} は次式によって関係づけられる．

$$D_{\text{rot}} = \frac{kT}{f_{\text{rot}}}$$

半径 R の理想的な球が粘度 η の溶液中で回転するとき，次の式が成り立つことが示されている[†]．

$$f_{\text{rot}} = 8\pi\eta R^3$$

高分子が溶液中でどれだけ速く回転またはタンブリングしているかを考えることはしばしば有益である．明らかに，そのような動きは非常に混沌としてとらえにくく，平均の値しか推定できないが，これは回転緩和時間の概念で考えることができる．

$$\tau_{\text{rot}} = \frac{1}{2D_{\text{rot}}}$$

これは理想的な球の場合，次式となる．

$$\tau_{\text{rot}} = \frac{8\pi\eta R^3}{2kT}$$

[†] 訳者注　ここでの R は球の半径であり，例題 4.5 の最初の式で用いられている気体定数 R とは混同しないように注意する．

例題 4.6

Q　20 ℃ の水中における，半径 1 nm の球状タンパク質の回転緩和(タンブリング)時間はいくらか？　ただし純水の 20 ℃ における粘度は $1.002 \times 10^{-3} \, \text{N s m}^{-2}$ である．

A　上の式から

$$\tau_{\text{rot}} = \frac{8\pi\eta R^3}{2kT}$$

$$= \frac{8\pi \times (1.002 \times 10^{-3}) \times (1 \times 10^{-9})^3}{2 \times (1.381 \times 10^{-23}) \times 293}$$

$$= 3 \times 10^{-9} \, \text{s}$$

$$= 3 \, \text{ns}$$

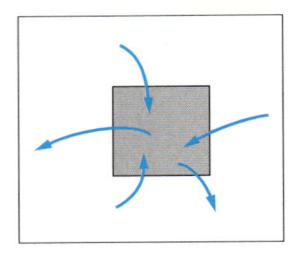

4.6 動的光散乱法

液体や気体中の分子の拡散やブラウン運動は、密度や濃度のゆらぎを生じるため、これを光学的な方法で観測することができる。

高分子溶液の中の小さな素体積を考えよう。任意の時間において、ある分子はこの素体積の中に入り込み、他の分子は外に拡散によって出ていくことだろう（図4.8）。もし、その素体積が十分大きければ、その体積に出入りする分子の数は差し引きゼロとなる。しかし、体積が小さいと短時間の間にはそうはならず、密度や濃度のゆらぎが生じる。試料を横切る光のビームについて、このゆらぎは屈折率のゆらぎとして観察され、光の一部は散乱される。この散乱光は、素体積内のゆらぎが増したり減ったりするのにつれ、キラキラと光ることになる。この"キラキラ"が起こる速度は、溶液内で分子が拡散する速度にとくに依存している。

これが動的光散乱法（DLS）として知られる技術の基礎である。高分子溶液にレーザー光を通過させ、試料内の小さな体積からの散乱光の時間依存性を記録する（図4.9）。

この"きらめき"の形と振動数の解析により自己相関時間 τ が求まる。τ は分子の拡散係数 D と関連している。この情報は分子量と、高分子試料の不均一性を決定するために使用される。

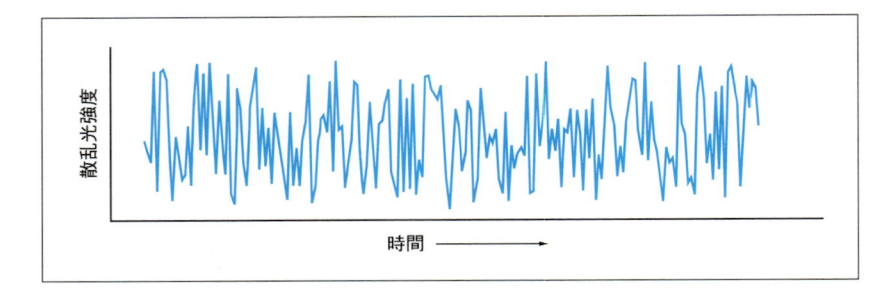

図4.8 素体積の中と外への拡散。

地球大気の密度のゆらぎは親しみのある（雲のない）空の青色の原因である。太陽からの白色光は大気上部に注がれ、光の波長程度の大きさの素体積におけるゆらぎによって（すべての方向に）散乱される。すなわち密度のゆらぎの相対的な大きさは小さな素体積よりも大きいので、より短い波長の（青い）光が、より長い波長の（赤い）光よりもより散乱されやすい。空を見上げたときに見えるのは、太陽のスペクトルのこの散乱された青色の部分なのである。逆に、日の出や日没時に太陽を直接見るときには（それ以外のときには太陽を直接見ることはないように！）、青い光が散乱されたあとの赤色側の端のスペクトルの部分を見ていることになる。大気汚染（大気中の微粒子）はこの効果を増進する。

図4.9 DLS実験における散乱光強度のゆらぎの例。

4.7 粘度

高分子溶液は純粋な溶媒に比べて粘性が高い傾向があり、この性質が生体分子の形を決定するための初期の実験に利用されていた。溶液の粘度を決定するにはいくつかの方法があるが、最も単純な方法はキャピラリー粘度計（オストワルド粘度計）である（図4.10）。もう一つの方法は落球法で、重い球が液体中でどれだけ速く落下するかを測定するものである。さらにクエット粘度計では、同心円状に回転するシリンダーと外側の容器との間に測定したい溶液を入れ、生じるトルクすなわち力を測定する。

キャピラリー中を重力下で流れる液体の速度はいくつかの因子、すなわち液体

の粘度 η と密度 ρ，および管の大きさと形に依存する．標準的なキャピラリー粘度計（図 4.10 参照）では，液体が位置 A から B まで流れるのに要する時間 t は η/ρ に比例し，いくつかの粘度既知の液体で注意深く校正（キャリブレーション）したのち，任意の試料についての流れに要する時間 t から粘度を決定することができる．

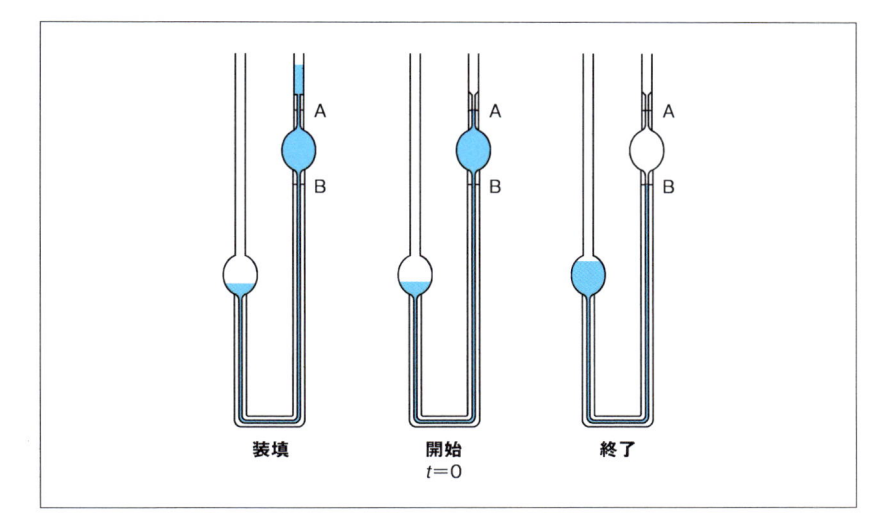

粘度は現在でも非 SI 単位である P（ポアズ）という単位で与えられる．ポアズはフランスの医師ポアズイユ（Jean Poiseuille，1797〜1869）の名にちなんで付けられたもので，彼は血圧測定法を開発し，また液体の流れについての基本的な研究を行った人物でもある．なお 1 P = 0.1 N s m^{-2} である．

図 4.10 キャピラリー粘度計．

例題 4.7

Q キャピラリー粘度計を用いて水の粘度を 20 ℃で測定したところ，流れに要する時間 τ_0 は 27.3 s であった．同じ条件下，ある希薄タンパク質溶液では $\tau = 30.4$ s であった．このタンパク質溶液の粘度はいくらか？

A 20 ℃における純水の粘度は $\eta_0 = 1.002 \times 10^{-3}$ N s m^{-2} である．いま，この溶液が水と（ほとんど）同じ密度をもつと仮定すると（生体分子の希薄溶液ではもっともな仮定である）

$$\frac{\tau}{\tau_0} = \frac{\eta}{\eta_0}$$

したがって

$$\eta = \frac{\eta_0 \tau}{\tau_0} = \frac{(1.002 \times 10^{-3}) \times 30.4}{27.3} = 1.116 \times 10^{-3} \text{ N s m}^{-2}$$

粘度や，非常に細い管（キャピラリー）の中を液体が流れるときに生じるその効果は，マイクロ流体デバイス，インクジェットプリンターのヘッドや微小流体アッセイなどの設計において重要である．

粘度は多くの場合に相対粘度 η_r，比粘度 η_{sp}，固有粘度 $[\eta]$ という用語を導入して，純粋な溶媒の粘度に対する相対値として表される．これらは以下のように定義される．

相対粘度　$\eta_r = \dfrac{\eta}{\eta_0}$

比粘度　$\eta_{sp} = \dfrac{\eta - \eta_0}{\eta_0} = \eta_r - 1$

固有粘度　$[\eta] = \dfrac{\eta_{sp}}{c} \quad (c \to 0)$

ここで c は高分子の濃度である．分子の相互作用と，他の溶液中の非理想性の効果によって $[\eta]$ は通常，ある濃度範囲で測定を行ってゼロ濃度に外挿する（図 4.11）．

粘度はよく，溶液中の DNA 試料が 1 本鎖か 2 本鎖かを決めるのに，また 2 本鎖ヘリックスの DNA に薬の候補分子が結合したときコンフォメーション変化があるかどうかを検出するのに用いられる[3]．

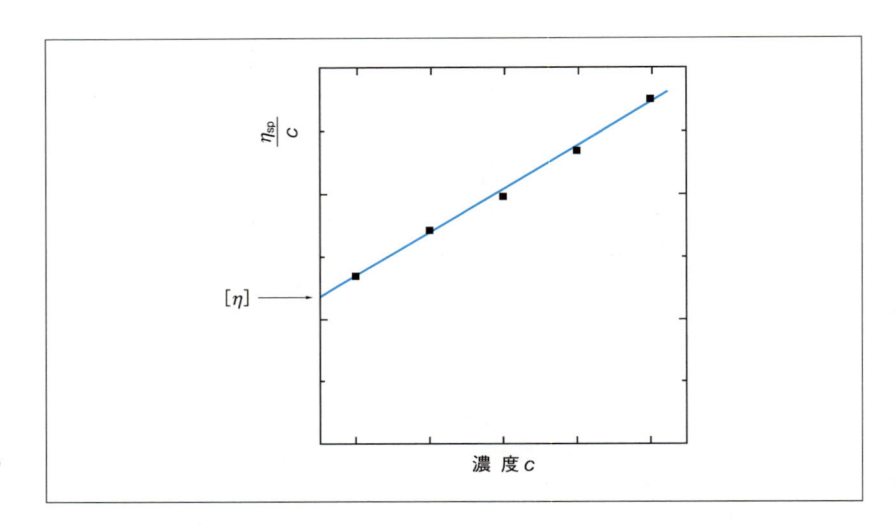

図 4.11　固有粘度 η_{sp}/c の濃度依存性．

$[\eta]$ と分子の形状との関係を理論的に求めるのは特別な場合を除いて困難である．しかし，いくつかの経験則が導かれている[1]．

キーポイントのまとめ

1. 高分子の水溶液は純水よりも密度が高い．高分子の密度は，異なる成分のモル偏比容から決定される．
2. 高速遠心で高分子を沈降させることによって，溶液中の高分子の形や大きさ，均一性を調べることができる．
3. 溶液中の分子の並進拡散と回転拡散，および関連するより大きな粒子のブラウン運動はランダムな熱運動に起因し，分子の大きさや形に関連づけることができる．
4. 粘度といった流体力学的な性質も，分子の大きさや形の情報を与える．

章末問題

4.1 7.5 mg のタンパク質を 5.000 g の水に溶解した．25 ℃ におけるこの溶液の密度は 0.99748 g cm^{-3} であった．このタンパク質のこの条件下での偏比容はいくらか？ ただし 25 ℃ における純水の密度は $\rho_1 = 0.99707$ g cm^{-3} である．

4.2 上の問題のタンパク質は加熱すると不可逆的に変性した．この処理のあとで 25 ℃ に冷却すると，溶液の密度は 0.99752 g cm^{-3} に変化した．この結果から，変性による偏比容の変化について何がわかるか？

4.3 タンパク質の偏比容は変性によってなぜ減少するのか？

4.4 遠心機で試料を遠心するとき，ローターの周りに重みが対称的に分布していなければならない理由は何か？

4.5 高速遠心機が堅牢に設計されているのはなぜか？

4.6 2 kg の遠心ローターの回転運動エネルギー $(1/2)mr^2\omega^2$ はいくらか？ ただし有効半径は 15 cm，回転は 40,000 rpm とせよ．また TNT 火薬の爆発のエネルギー約 4.6×10^6 J kg^{-1} とこれを比較せよ．

4.7 以下の 20 ℃ 純水中における拡散係数 D を計算せよ．
(a) 半径 0.5 nm の球状分子．
(b) 半径 2.5 nm の球状タンパク質．
(c) 直径 10 μm のバクテリアの細胞．
ただし水の 20 ℃ における粘度を $\eta = 1.002 \times 10^{-3}$ N s m^{-2} とする．

4.8 同じ条件下で，問題 4.7 の各物体はブラウン運動により 5 分間で(平均して)どれだけ水中を動くか？

4.9 問題 4.8 の距離は，同じ条件下で熱運動の速度から期待される距離に比べてなぜ短いのか？

参考文献

1) C. Tanford, "Physical Chemistry of Macromolecules", Wiley, New York, 1961.
2) M. Meselson and F. W. Stahl, The replication of DNA in *Escherichia coli*, *Proc. Natl. Acad. Sci. U. S. A.*, 1958, **44**, 671–682.
3) K. M. Guthrie, A. D. C. Parenty, L. V. Smith, L. Cronin and A. Cooper, Microcalorimetry of interaction of dihydro-imidazo-phenanthridinium (DIP)-based compounds with duplex DNA, *Biophys. Chem.*, 2007, **126**, 117–123.

さらに学習するための参考書

J. M. Seddon and J. D. Gale, "Thermodynamics and Statistical Mechanics", RSC Tutorial Chemistry Text, Royal Society of Chemistry, Cambridge, 2001.

D. Sheehan, "Physical Biochemistry: Principles and Applications", Wiley, New

York, 2nd edn, 2009, 第 7 章.

I. Tinoco, K. Sauer, J. C. Wang and J. D. Puglisi, "Physical Chemistry: Principles and Applications in Biological Sciences", Prentice Hall, Upper Saddle River, NJ, 4th edn, 2002, 第 6 章.

K. E. van Holde, W. C. Johnson and P. S. Ho, "Principles of Physical Biochemistry", Prentice Hall, Upper Saddle River, NJ, 1998, 第 5 章.

第5章 熱力学と相互作用

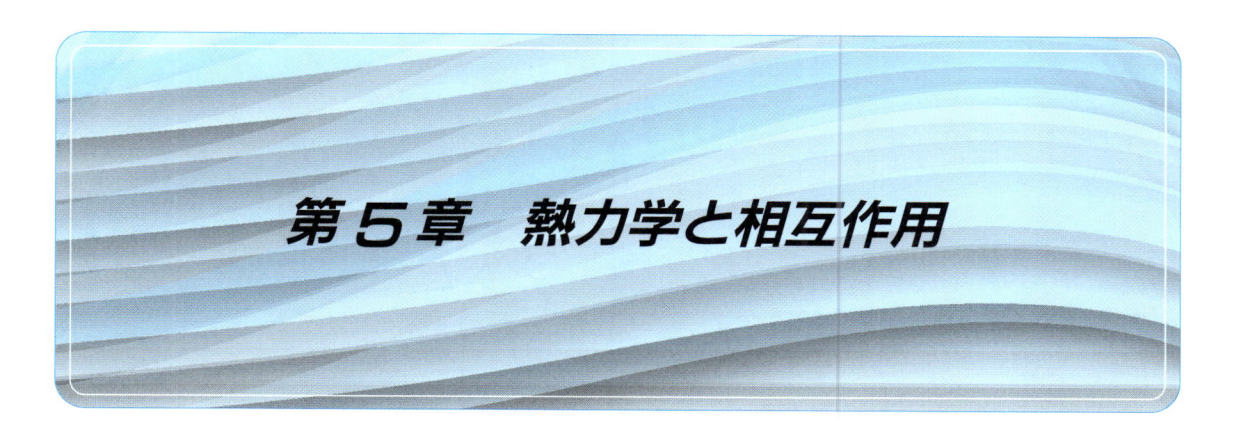

　すべての物質と同様，生体系の構造と挙動は，分子の熱運動とさまざまな相互作用の働きかけによって支配されている．本章では，分子レベルにおける平衡の熱力学について述べる．熱力学的な平衡状態は，生体分子系に働くさまざまな力の成分を測定する方法を与える．

この章の目的

この章を読み通すと，以下のことができるようになる．
- 熱と熱力学の分子レベルでの基礎を説明する．
- 生体分子の熱力学を直接測定するマイクロカロリメトリーの方法を説明する．
- 熱力学的なパラメータを間接的に測定する分光法，および他の方法の原理を説明する．
- 結合平衡を測定するために用いられる平衡透析法について説明する．
- タンパク質の溶解度と結晶化の熱力学的基礎を説明する．

5.1 初学者のための分子熱力学入門

　熱力学は成熟した分野で，しばしば詳細な議論にとらわれてしまいがちである．その基礎的な部分は19世紀，分子という言葉がほとんど聞かれなかった時代に築かれたが，当時は蒸気機関の最適化やその他，産業革命の新しい技術がおもな関心事であった．以下，他の教科書で扱われるより厳密性には欠けるが，熱力学を分子との関係で理解することでよしとすることにする．

　熱力学的平衡は，系が低いエネルギーに向かおうとする自然の傾向（図5.1）と，同時にこれとは反対に，系が分子レベルでのランダムな動き（すなわち熱）をとろうとする自然の傾向（図5.2）とのバランスの上に成り立っている．

仕事は原子や分子の秩序だった運動である．熱は原子や分子の無秩序な運動である．

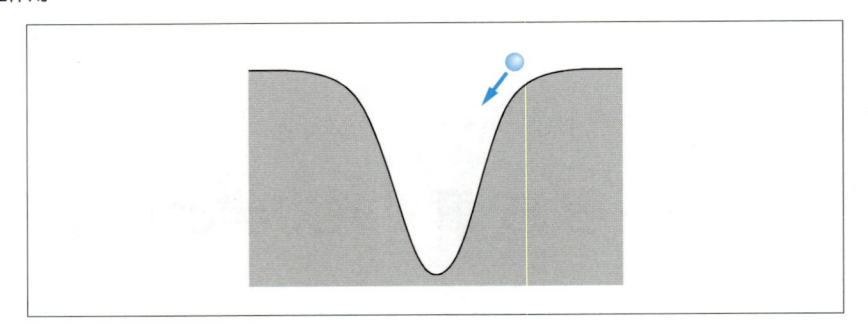

図 5.1 物事は坂を転がり落ちようとし，ΔH は負になる傾向がある．

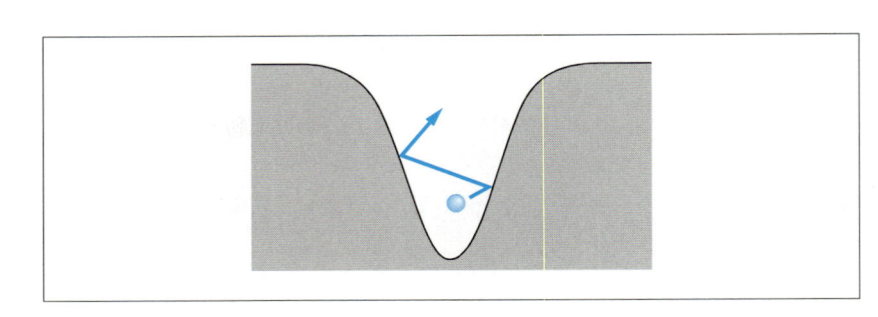

図 5.2 熱(ブラウン)運動はエネルギー障壁を登ろうとする傾向があり，ΔS は正となる傾向がある．

ある系の内部エネルギー U は並進，回転，振動の運動エネルギーおよび原子間の力を含む試料中のすべての原子・分子の運動エネルギーおよびポテンシャルエネルギーの総和である．

日常生活ではほとんどの物事が一定圧力の下で進行するので，適切なエネルギー量はエンタルピー

$$H = U + PV$$

であり，これは内部エネルギー U と，圧力と体積の積 PV からなる．この PV は，体積に変化が起こるときに周囲とやりとりする仕事を表している．任意の過程におけるエンタルピー変化は ΔH で表される．

分子レベルでは，熱運動による"破壊"の効果はエントロピー変化 ΔS で表される．この効果は温度が高いほど大きくなる．

これら二つの反対方向の効果のバランスは，ギブス自由エネルギー変化として表される．

$$\Delta G = \Delta H - T \Delta S$$

この二つの効果が釣り合って，熱力学的平衡状態に達すると

$$\Delta G = 0$$

となる．個々の原子や分子は動いているが，このとき全体の平均としてはさらに自発的な変化は起こらない．

統計力学では，分子レベルで起こるすべてのことは確率を用いてしか記述できないとするが，そこではこれらの効果はボルツマンの確率で表される．

$$p(H) = w\exp\left(-\frac{H}{RT}\right)$$

ここで $p(H)$ は，ある分子系が絶対温度 T で (1 mol 当りに) エンタルピー H をもつ確率で，R は気体定数 ($8.314\ \mathrm{J\ K^{-1}\ mol^{-1}}$) である．また w は縮重度と呼ばれることがあるが，系がエンタルピー H をとることができる異なる仕方の数である．これは以下で見るように，エントロピーに関係している．

ボルツマンの確率式にある指数関数的に減少する項は，最も低いエネルギー状態を好むように見える．しかし，このことは矛盾する状態，すなわち宇宙におけるすべてのものはエンタルピーがゼロとならざるをえないという事態を引き起こす．このパラドックスは以下のように解決される……

宇宙のエネルギーの総和はゼロではない．ビッグバンの瞬間 (すなわち宇宙のはじめ)，世界は大きなエネルギーを与えられた．私たちがいかに試みようと，このエネルギーはなくなることはない．したがって，それはなんらかの仕方で分配されなければならない．しかし，それはボルツマンの式とどう折りあいがつけられるのだろうか．これは w と関係している．低いエネルギーを得る方法はそれほど多いわけではない．エネルギーが極度に低いところでは，ものはあまり動かないので分子は結晶化する傾向があり，すべては整った状態にある．すなわち w が小さい．

しかしエネルギーがより高い状態では，ものはより動きまわる傾向がある．分子はよく動き，回転し，あるいは振動する——多くのことが一挙に起こる．したがって同じエネルギーに異なるたくさんの状態がある．すなわち w が大きい．

これら二つの効果の組合せはグラフにして表すことができる (図 5.3)．

分子運動の平均熱エネルギーは絶対温度 T にも関係している．たとえば，質量 m の任意の物体 (分子) の平均熱運動エネルギーは次式で与えられる．

$$\frac{1}{2}m\langle v^2\rangle = \frac{3}{2}kT$$

ここで $\langle v^2\rangle$ は分子の 2 乗平均速度で，k はボルツマン定数である．

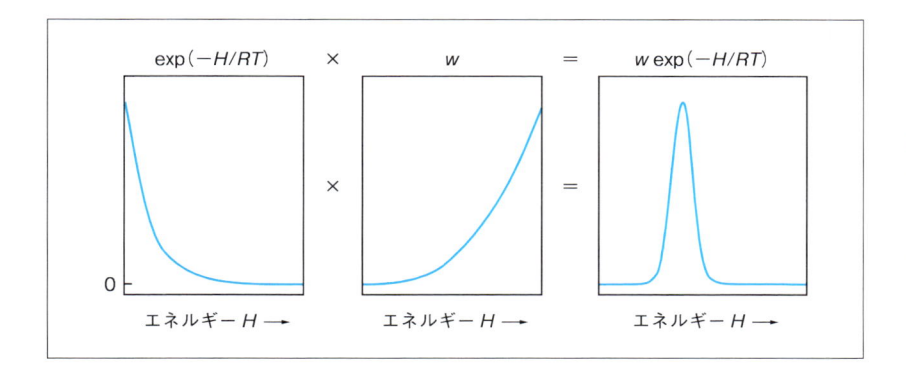

ボルツマン定数は気体定数とアボガドロ定数に関係している．
$$k = \frac{R}{N_\mathrm{A}}$$
$$= 1.381 \times 10^{-23}\ \mathrm{J\ K^{-1}}$$

分子の回転や振動については量子効果を考える必要があるので，状況はやや複雑である．しかし低エネルギーの運動では一般的な規則として，平均の熱エネルギーは 1 自由度当り約 $(1/2)kT$ である．

図 5.3 指数関数 (エネルギーの増加とともに減少) と w (エネルギーの増加とともに増加) の積はほとんどの分子がほとんどの時間，ゼロから離れたある平均エネルギーの状態にいるという確率分布を与える．

読者は以下のように思うかも知れない——私たちの周囲の分子がそんなに速く動いているなら,私たちに衝突する分子をどうして感じないのだろうか？いや,私たちは実際には感じている.気圧と呼んでいるのがそれだ.

> **例題 5.1**
>
> **Q** 室温における空気中の窒素分子 N_2 の熱運動の平均速度はいくらか？
>
> **A** 1個の N_2 分子の質量は分子量28で,モル質量が $28 \times 10^{-3} \text{ kg mol}^{-1}$ だから
>
> $$m = \frac{28 \times 10^{-3}}{N_A} = 4.7 \times 10^{-26} \text{ kg}$$
>
> したがって
>
> $$\langle v^2 \rangle = \frac{3kT}{m} = \frac{3 \times (1.381 \times 10^{-23}) \times 300}{4.7 \times 10^{-26}} = 2.6 \times 10^5 \text{ m}^2 \text{ s}^{-2}$$
>
> ゆえに根2乗平均速度は
>
> $$\langle v^2 \rangle^{1/2} = 510 \text{ m s}^{-1}$$
>
> すなわち,約 0.5 km s^{-1} である.

もちろん,こうした熱運動はすべて直線運動ではなく(少なくとも長い距離を動くことはなく),そのように速く運動する粒子は,すぐに近くの分子や周囲の分子と衝突するので,運動は高度にランダムで無秩序な酔歩になる.これが,分子が拡散する理由である.これはまた,タンパク質や他の生体高分子がたいへん動的な構造をしており,周囲との衝突によって常にゆらいでいる理由でもある.

5.1.1 化学平衡

単純な化学平衡

$$A \rightleftharpoons B$$

を考える.

反応は実際には(分子レベルでは)決して終わることはないが,順方向の反応速度が逆方向の反応速度と釣り合ったときに平衡に到達する.こうして系は動的な平衡にあり,任意の時刻に分子がいずれの状態(AかBか)にあるかは確率として記述される.分子が状態Aか状態Bかの確率は,いくらになるだろうか.

ボルツマンの規則を用いて,状態Aである確率は

$$p(A) = w_A \exp\left(-\frac{H_A}{RT}\right)$$

状態Bである確率は

$$p(B) = w_B \exp\left(-\frac{H_B}{RT}\right)$$

となる.ここで w_A と w_B は,各分子種がそれぞれエンタルピー H_A および H_B で

ある場合の数である．この二つの式を組み合わせると，二つの分子種の相対確率の比は

$$\frac{p(\text{B})}{p(\text{A})} = \exp\left(-\frac{\Delta H^\circ}{RT}\right) \times \frac{w_\text{B}}{w_\text{A}}$$

ここで

$$\Delta H^\circ = H_\text{B} - H_\text{A}$$

で，この比はこの反応の平衡定数 K である．すなわち

$$K = \frac{[\text{B}]}{[\text{A}]} = \frac{p(\text{B})}{p(\text{A})} = \exp\left(-\frac{\Delta H^\circ}{RT}\right) \times \frac{w_\text{B}}{w_\text{A}}$$

さてここで，この式を変形して，より親しみのある形にしよう．まず両辺の自然対数をとる．

$$\ln K = -\frac{\Delta H^\circ}{RT} + \ln\frac{w_\text{B}}{w_\text{A}}$$

ここで両辺に $-RT$ を掛けると

$$-RT\ln K = \Delta H^\circ - RT\ln\frac{w_\text{B}}{w_\text{A}}$$

さらに次の関係

$$\Delta S^\circ = R\ln\frac{w_\text{B}}{w_\text{A}}$$

を仮定すると，この結果は古典的な標準ギブス自由エネルギー変化と同じになる．

$$\Delta G^\circ = \Delta H^\circ - T\Delta S^\circ = -RT\ln K$$

この式は，エントロピーが実際にどのように縮重度 w，すなわち分子系が，ある特定のエネルギーで存在しうる場合の数と関係しているかを示している．

> 対数と指数の一般的な性質を思いだそう．
> $\ln\{\exp(y)\} = y$
> $\ln(a \times b) = \ln a + \ln b$
> である．

5.1.2 熱容量

エンタルピーとエントロピーはいずれも基本的に物体の熱容量(または比熱)に関係している．

$$\Delta H(T) = \Delta H(T_\text{ref}) + \int_{T_\text{ref}}^{T} \Delta C_\text{P}\, dT$$

$$\Delta S(T) = \Delta S(T_\text{ref}) + \int_{T_\text{ref}}^{T} \frac{\Delta C_\text{P}}{T}\, dT$$

ここで ΔC_P は一定圧力での熱容量変化で，エントロピーおよびエンタルピー両方の温度依存性と関係している．

$$\Delta C_P = \frac{\partial \Delta H}{\partial T} = T\frac{\partial \Delta S}{\partial T}$$

熱容量は，ある系の温度を上昇させるのに必要な熱エネルギー H である．これはエントロピー S とも関係している．それは w が大きいと，温度を上げずに，加えたエネルギーを分配する異なる多くの道があるためで，そのために熱容量は大きくなる．

エンタルピー変化 ΔH とエントロピー変化 ΔS はいずれも化学平衡や物理平衡を決定するのに重要である．非共有結合が支配的な生体分子の系では，これがとくに重要である．そうした系では分子間の力は比較的弱く，分子の動力学や溶媒和の変化から生じるエントロピー的な効果と同じくらいである．

以上の結果は次の結論を導く．すなわち生体分子の挙動を理解するためには，生体分子の構造や相互作用を制御する力への別の熱力学的寄与をどうにかして決定しなければならないということである．これは主として実験的な問題で，以下の節で，それを種々の方法でどのように行うかを示す．

5.2　示差走査型カロリメトリー

示差走査型カロリメトリー(DSC)は熱量の出入りを直接的に測定する実験技法で，制御された温度上昇(降下)中に試料が吸収した(または放出した)熱量を測定する．最も単純なケースとしては溶液中，固体中または混合相(たとえば懸濁試料)中の試料の熱転移(融解)温度を決定するために使われる．しかし，より高感度で精密な実験系では，種々の熱的に誘起される転移についての絶対熱力学的データを決定するために使うこともできる．とくにタンパク質や核酸の希薄溶液での変性の熱力学，あるいは生体膜の相転移を研究するのに有用である．

図 5.4 は典型的な DSC 装置の配置図である．試料と参照用緩衝液をそれぞれ等しい熱量計セル(S および R)に入れる．典型的な装置では約 $1\,\mathrm{cm}^3$ の溶液を用いる．DSC の実験では，試料溶液 S(タンパク質などで，最新の機器では約 $1\,\mathrm{mg\,cm^{-3}}$ か，それ以下の濃度である)を，緩衝液を入れた同じセル R とともに同じ速度で加熱する．試料セルと参照セルは，温度の上昇とともに溶解していた気体が泡を形成するのを防ぐために，小さな圧力 $P(1\sim2\,\mathrm{atm})$ 下に保たれている．S と R の温度差 ΔT_1 および周囲を取り囲むジャケットとの温度差 ΔT_2 は高感度の熱電対で測定される．熱電対は温度差に比例する電圧を与え，その電圧は外部の電子回路で増幅される．系全体はジャケットとメインヒーターにより一定の速度で加熱され，各セル(R と S)はフィードバックヒーターで個別に加熱することもできる．これらのヒーターによって供給される電力(電圧と電流)が測定さ

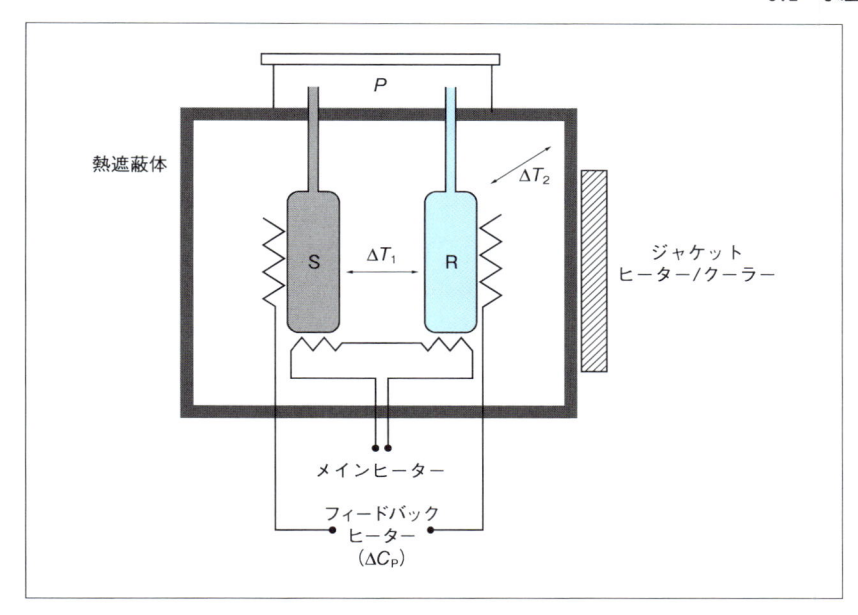

図 5.4 希薄溶液の熱転移を測定するための示差走査型熱量計.

れ，記録される．

　試料溶液と参照溶液を一定の速度で加熱したときの様子を思い浮かべてみよう．最初，試料溶液と参照溶液が同じ挙動をしたならば，それらの間に温度差はない．しかし，ある温度で(たとえば)試料溶液中のタンパク質分子が熱変性を開始し，メインヒーターからの熱エネルギーの一部が溶液の温度を上げるためではなく，この吸熱性の転移をもたらすために使われたとする．そうすると試料セルと参照セルの間に温度差 ΔT_1 が生じる．この温度差は外部の電子回路で検出され，この温度差を補償するために(フィードバックヒーターを用いて)追加のエネルギーが試料セル S に加えられる．ここで試料に加えられた電気熱エネルギーは，温度変化のために生じた試料中のエンタルピー変化の直接的な指標になる．

例題 5.2

Q 1 mg cm^{-3} の分子量 50,000 のタンパク質が熱変性し，このとき $\Delta H = 80$ kJ mol^{-1} であるとすると，試料溶液と参照用緩衝液との間の温度差はいくらになるか？

A 分子量 50,000 のタンパク質は 1 mg で

$$\frac{1 \times 10^{-3}}{50,000} = 2 \times 10^{-8} \text{ mol}$$

である．この 1 mg のタンパク質が吸収する熱エネルギーは，上のモル数に ΔH を掛けて

$$(2 \times 10^{-8}) \times \Delta H = 1.6 \times 10^{-3} \text{ J}$$

> いま緩衝液とタンパク質溶液の単位体積当りの熱容量は水と等しいとして，水の単位体積当りの熱容量は $4.2\,\mathrm{J\,K^{-1}\,cm^{-3}}$ だから，上の熱エネルギーがすべて $1\,\mathrm{cm^3}$ の試料中のタンパク質に吸収されたとすると
>
> $$\Delta T_1 = \frac{1.6 \times 10^{-3}}{4.2} = 3.8 \times 10^{-4}\,\mathrm{K}$$
>
> の温度変化が生じる．
> (実際には，生体分子の熱転移はいっぺんに起こるわけではなく，ある有限の温度範囲で起こる．したがって DSC によって観測される温度変化は，もっとずっと小さい．)

　一般的に，試料セルと参照セルを等しい温度に保つために取り込まれる熱エネルギーの差は，見かけの熱容量の差に対応する．この熱容量の差 ΔC_P が，熱に誘起されて起こる試料中の過程についての直接的な情報を与えるのである．

　図 5.5 に DSC によって得られた，水中の小さなタンパク質の熱変性のデータの例が示してある．これは，タンパク質溶液の熱容量の測定データを温度の関数として示したものである．低温では熱容量 C_P は比較的小さい．しかし，この場合，約 40 °C 以上でタンパク質は吸熱的に変性を開始する．この過程は熱エネルギーを要求し，熱容量曲線は急激に立ち上がって転移点の中点 T_m で最大に達し，それから低下して，すべてのタンパク質分子が変性を終えると新しいベースラインに達する．

　熱容量曲線のピークの下を積分した面積は，観測された転移をもたらすのに必要な全エネルギー（エンタルピー）を与える．しかし曲線の形は，実験的な情報も与える．たとえば任意の温度における変性したタンパク質の割合は，曲線の下の相対的な面積から得られる(図 5.6)．

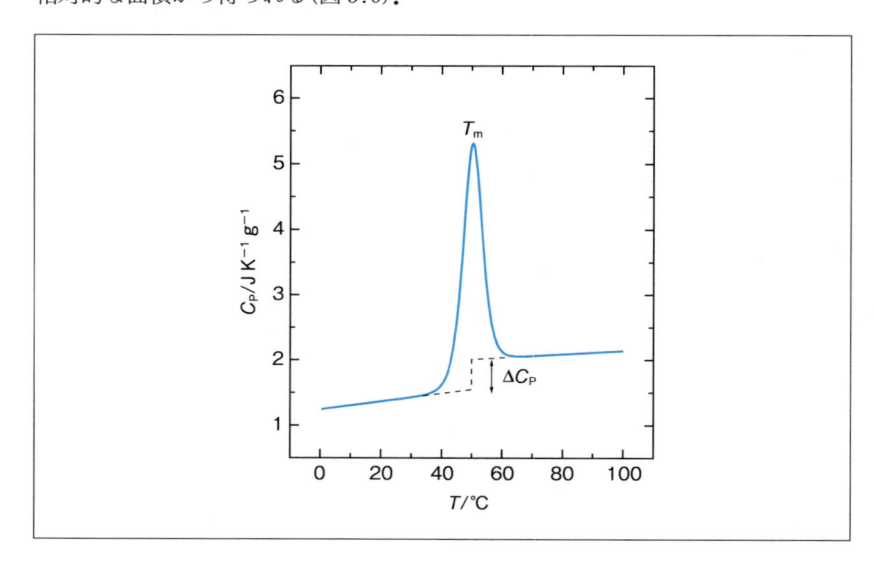

図 5.5 典型的な DSC データ．タンパク質の変性の例．

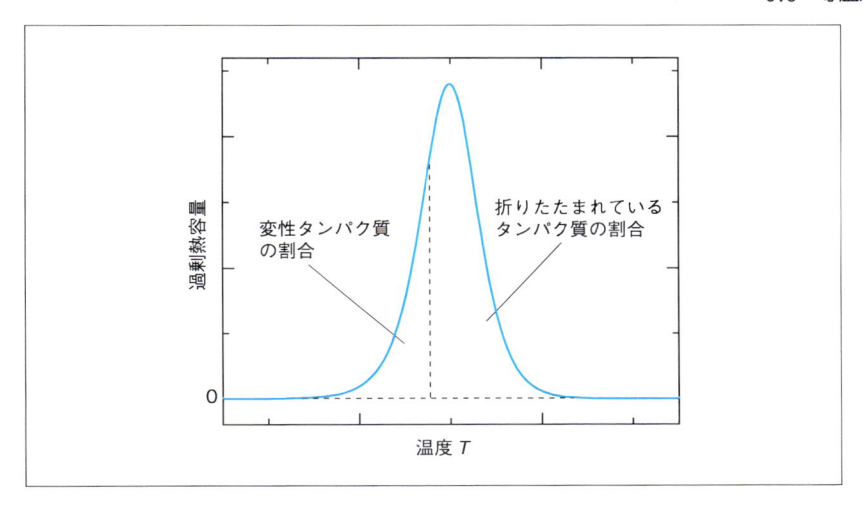

図 5.6 DSC 曲線の積分で得られる面積は転移の割合と関係している.

ベースラインの熱容量の増加 ΔC_P は各タンパク質に特徴的である.実験結果は,変性タンパク質の熱容量は折りたたまれているタンパク質の熱容量よりも大きいことを示している.これは水素結合で形成されている固体の融解のときに見られる曲線に典型的なものであり(図 5.7),変性状態で疎水性のアミノ酸側鎖が水により多く露出したときに期待されるものである[1].

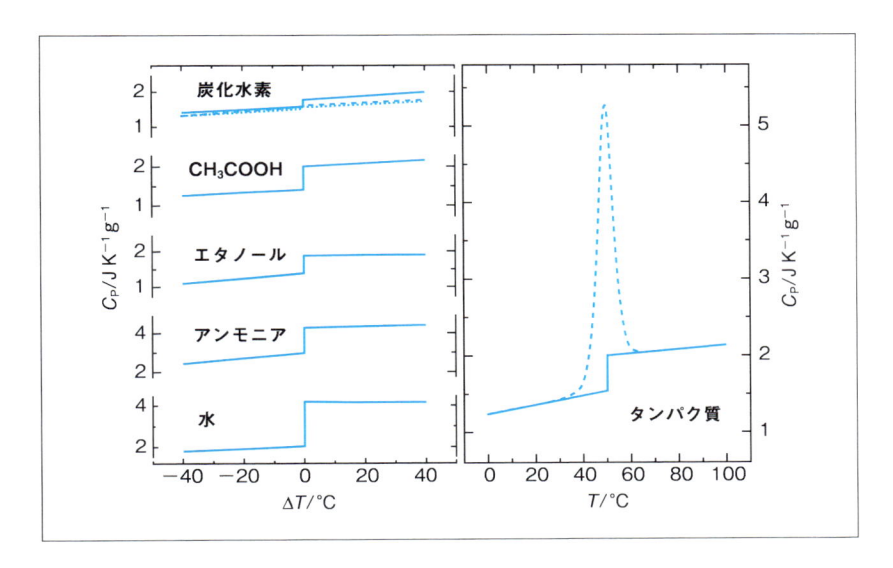

図 5.7 (左)純粋な固体および液体混合物の絶対熱容量を,標準融点との温度差 ($\Delta T = T - T_m$) の関数としてプロットしたもの. (右)(水溶液中の)タンパク質の変性データ.左の図と同様の熱容量スケールでプロットしてある.

5.3 等温滴定型カロリメトリー

溶液中の分子間の相互作用の熱力学は等温滴定型カロリメトリー(ITC)によって測定できる(図 5.8).

ITC 装置は,上記の DSC 装置とよく似ている.しかしこの場合,温度は変化

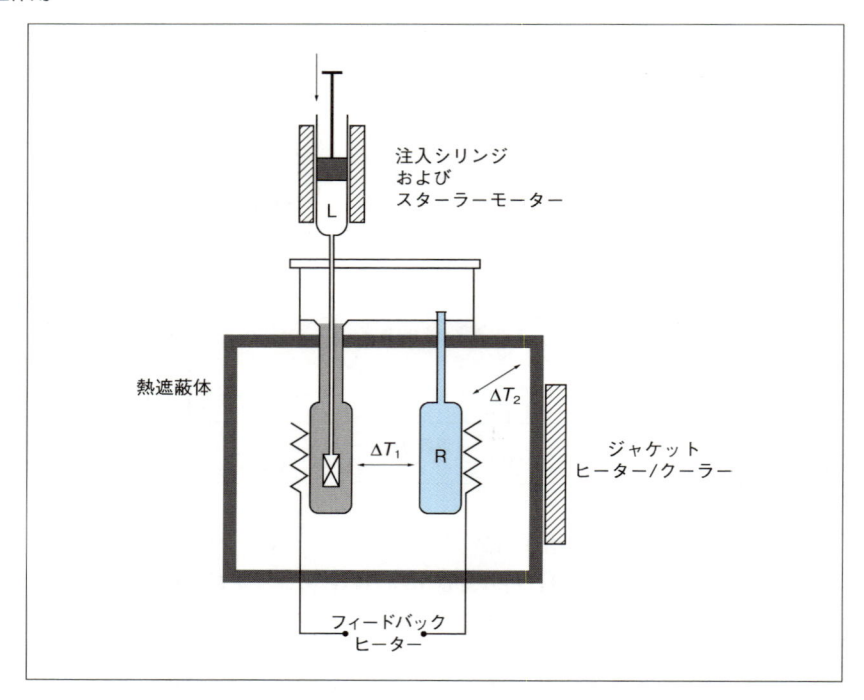

図 5.8 等温滴定型熱量計.

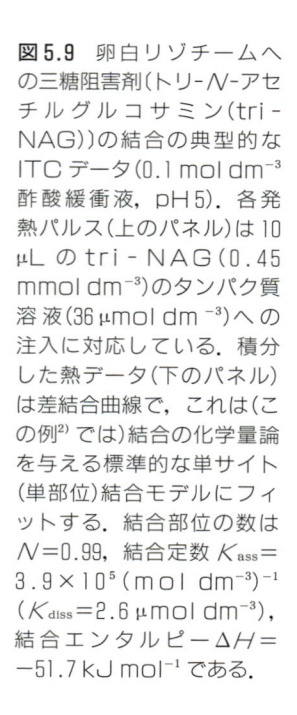

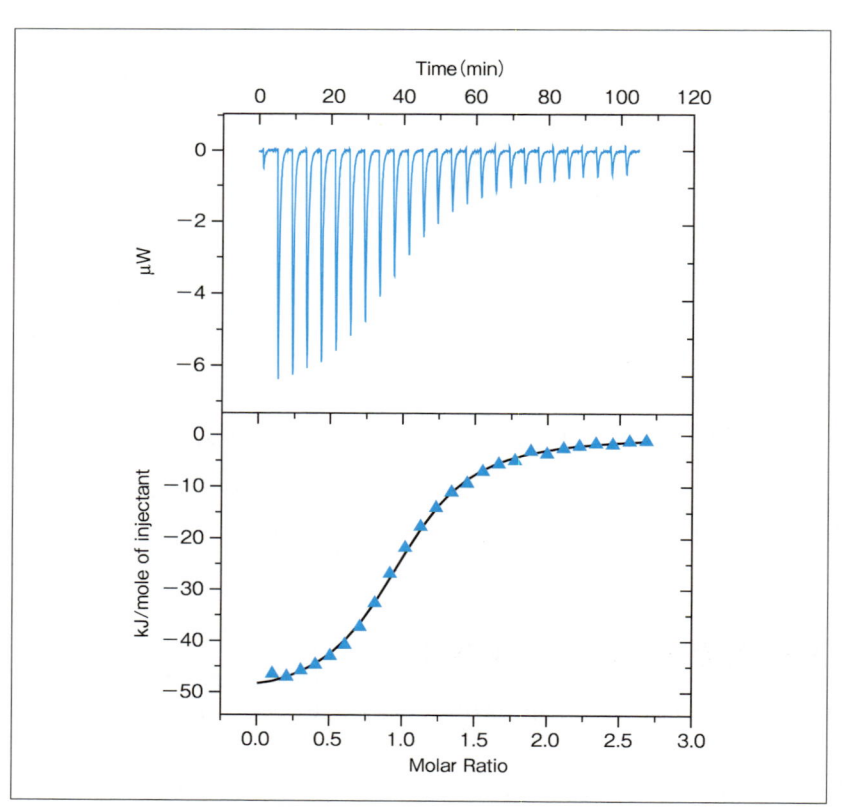

図 5.9 卵白リゾチームへの三糖阻害剤(トリ-N-アセチルグルコサミン(tri-NAG))の結合の典型的なITCデータ(0.1 mol dm^{-3} 酢酸緩衝液, pH 5). 各発熱パルス(上のパネル)は10 μLのtri-NAG(0.45 mmol dm^{-3})のタンパク質溶液(36 μmol dm^{-3})への注入に対応している. 積分した熱データ(下のパネル)は差結合曲線で, これは(この例[2]では)結合の化学量論を与える標準的な単サイト(単部位)結合モデルにフィットする. 結合部位の数は $N=0.99$, 結合定数 $K_{ass}=3.9\times10^5$ (mol dm^{-3})$^{-1}$ ($K_{diss}=2.6$ μmol dm^{-3}), 結合エンタルピー $\Delta H=-51.7$ kJ mol^{-1} である.

させず，試料セルと参照セルは一定温度に保たれる（だから"等温"という）．試料セルには注入シリンジが備えられており，別の溶液を少量ずつ試料と混合させることができる．典型的な実験では，この方法によって，薬物または阻害剤分子が酵素に結合する際の熱が測定される．

酵素への低分子阻害剤の結合の典型的な ITC データを図 5.9 に示す．最初に大きな熱パルスが観測されることに注目してほしい．これは，阻害剤分子がタンパク質の活性部位に結合したときに解放される熱エネルギーに対応している．しかし，それに続く注入では，熱パルスは結合部位が占有されるに従って，次第に小さくなっていく．このようなデータの一般的な解析法は 5.5 節で説明する．

5.4 結合平衡

あるリガンドの，あるタンパク質への結合定数が既知であるとする．その場合，ある特定の条件下でどれだけのリガンドが結合しているかをどうやって知ることができるだろうか？ 典型的な場合として，全タンパク質濃度と全リガンド濃度がわかっているとすると，どれだけ結合しているだろうか？

次のようなタンパク質-リガンド結合（または同等な任意の結合）

$$P + L \rightleftharpoons PL$$

の場合，解離定数は

$$K = \frac{[P][L]}{[PL]} \tag{5.1}$$

全リガンド濃度は

$$c_L = [L] + [PL] \tag{5.2}$$

とそれぞれ書ける．さらに全タンパク質濃度は

$$c_P = [P] + [PL]$$

と書け，ここで式(5.1)を用いると

$$c_P = \frac{K[PL]}{[L]} + [PL]$$

さらに式(5.2)を用いて

$$c_P = \frac{K[PL]}{c_L - [PL]} + [PL]$$

となる．これを変形すれば，次のような [PL] についての二次方程式を得る．

$$[PL]^2 - (c_P + c_L + K)[PL] + c_P c_L = 0$$

この二つの解は

$$[PL] = \frac{(c_P + c_L + K) \pm \{(c_P + c_L + K)^2 - 4c_P c_L\}^{1/2}}{2}$$

である．この式の分子の $\pm$ のうち，$-$ をとるものが物理的に正しい解，つまり

$$[PL] = \frac{(c_P + c_L + K) - \{(c_P + c_L + K)^2 - 4c_P c_L\}^{1/2}}{2}$$

で，これは全タンパク質濃度と全リガンド濃度の関数として，タンパク質-リガンド複合体(PL)形成の厳密な式になっている．

いまタンパク質1 mol当りに n 個の結合部位があるとすると

$$c_P = nc_0$$

である．ここで c_0 は推定されるタンパク質濃度で，これを上式に代入すると

$$[PL] = \frac{(nc_0 + c_L + K) - \{(nc_0 + c_L + K)^2 - 4nc_0 c_L\}^{1/2}}{2}$$

よって任意のリガンド濃度における占有された部位の割合 ϕ は

$$\begin{aligned}\phi(c_L) &= \frac{[PL]}{nc_0} \\ &= \frac{(nc_0 + c_L + K) - \{(nc_0 + c_L + K)^2 - 4nc_0 c_L\}^{1/2}}{2nc_0}\end{aligned} \quad (5.3)$$

で与えられる．

> 生体高分子の複数の結合部位への結合はしばしばもっと複雑な結合スキームを含み，それは結合部位間の協同的な，すなわちアロステリックな相互作用である．このような状況ではより複雑な結合の式となるが，ここでは述べない．

5.5 熱力学的な性質を決定する一般的な方法

高分子のコンフォメーション変化やリガンドの結合を実験的に測定するには多くの異なった方法がある．これらのいくつか，たとえばすでに述べたカロリメトリーの方法は熱力学的な情報を直接的に与える．他の分光学的な変化に基づく多くの方法(第2章参照)はより間接的だが，その過程で何が起こっているかをある程度すでに理解している場合には，有用な熱力学データを得ることができる．

たとえば温度を上昇させるか，あるいは尿素や塩酸グアニジンGuHClのような化学変性剤を加えると，タンパク質の変性に対応して，溶液中のタンパク質の蛍光やCDスペクトルの変化が生じる(図5.10と5.11)．

DNAやタンパク質の活性部位にリガンドが結合しても，結合の度合いに応じて(リガンドのほうも高分子のほうも)スペクトルの変化が生じうる．例については図5.12を参照のこと．

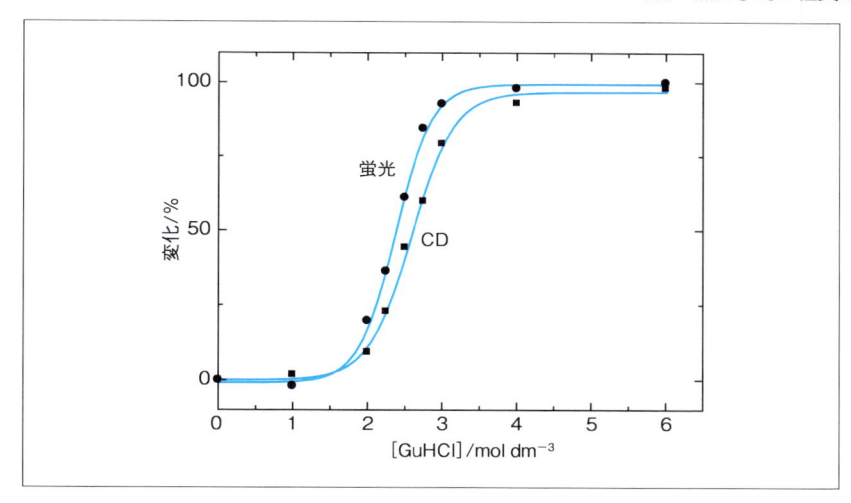

図 5.10 化学変性剤（GuHCl）がタンパク質溶液の蛍光スペクトルや CD 強度に与える効果．

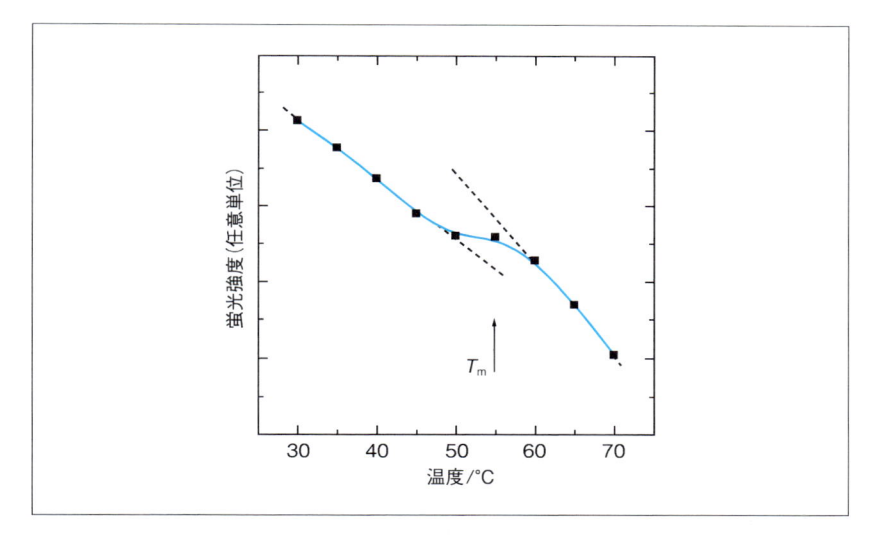

図 5.11 典型的なタンパク質（リゾチーム）の温度に対する蛍光強度の変化．変曲点 T_m は，この例では熱変性が約 55 ℃ で起こることを示している．破線は Trp の蛍光が一般的に温度の増加とともに，折りたたまれた状態（低温）でも変性状態（高温）でも減少することを示している．

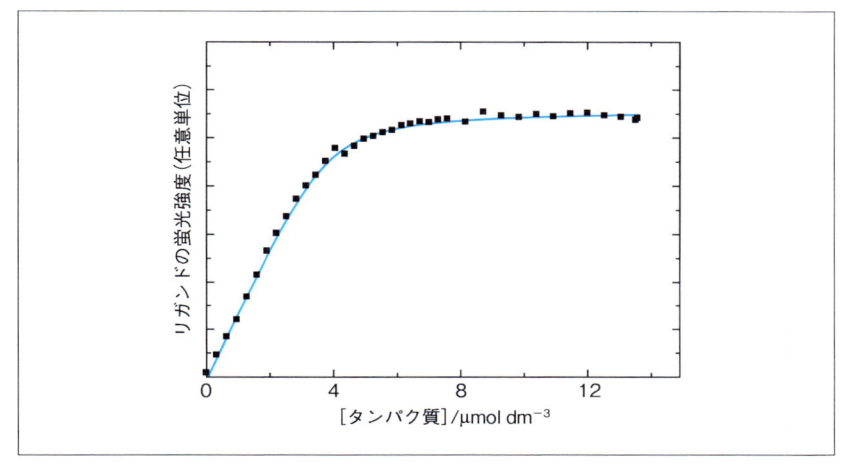

図 5.12 蛍光標識した脂肪酸（ダンシルウンデカン酸）の脂質結合タンパク質への結合．タンパク質を徐々に添加していくと，リガンドの蛍光が増加する．蛍光はすべてのリガンド分子が結合したときにプラトーに達する．

このようなデータから，有用な熱力学的な情報を得るにはどのような解析をしたらよいだろうか？　以下では，これをどう行ったらよいかについて述べる．

5.5.1　天然状態-変性状態転移

二状態転移

$$N \rightleftharpoons U$$

では

$$K = \frac{[U]}{[N]}$$

であり，任意の特定の温度における平衡定数は図 5.13 の実験データから，以下のように決定できる．

$$K = \frac{F - F_0}{F_{\text{inf}} - F}$$

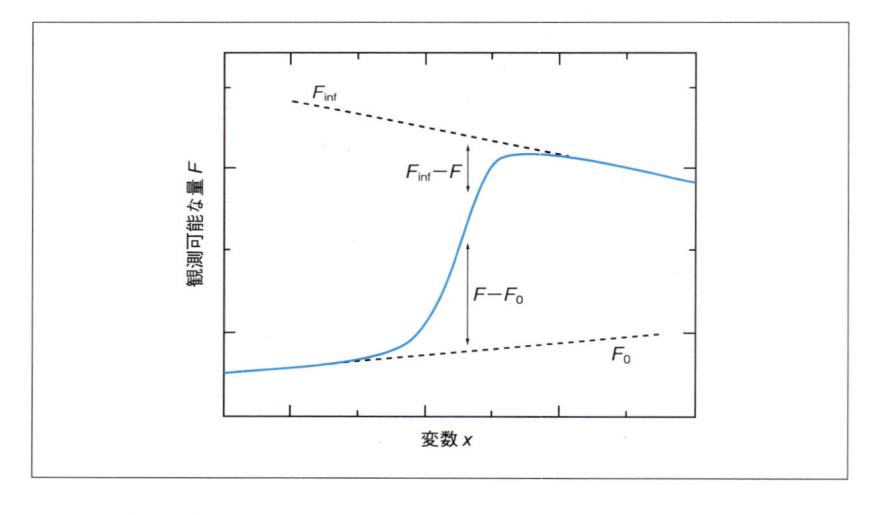

図 5.13　一般的な二状態転移曲線．観測可能な量 F には任意の実験パラメータ（熱の取込み，蛍光強度，UV 吸収，CD 強度など）を用いることができる．変数 x は転移をもたらすどんな量でもよい（温度，圧力，濃度，pH など）．破線は外挿したベースラインで，転移が起こらない場合の始点と終点での F の値を示す．

ここから変性の熱エネルギーは，標準的な方法によって計算できる．

$$\Delta G°_{\text{unf}} = \Delta H°_{\text{unf}} - T\,\Delta S°_{\text{unf}} = -RT \ln K$$

変性の温度領域にわたって K を測定すると，$\Delta H°_{\text{unf}}$ と $\Delta S°_{\text{unf}}$ を求めることができる．

例題 5.3

Q　図 5.14 の例において $F_0 = 50$，$F_{\text{inf}} = 75$ である．35℃における K と ΔG の値はいくらか？

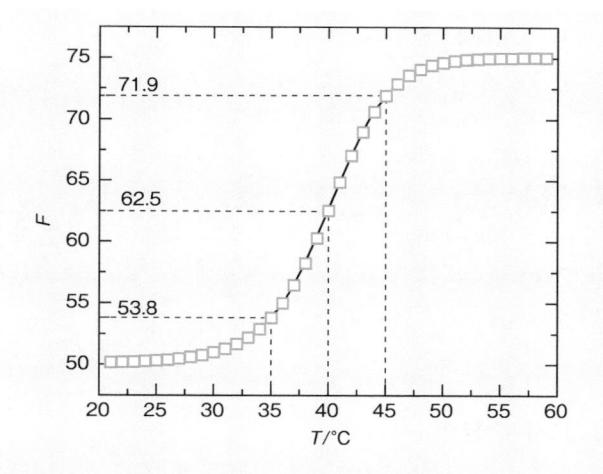

5.5 熱力学的な性質を決定する一般的な方法

図 5.14 グラフは，温度の上昇に伴って変性する高分子の UV 吸収(任意単位)の典型的なデータを示している．たとえば 2 本鎖 DNA の"融解"はこの種の曲線を与える．

A 35 ℃ において(グラフより) $F = 53.8$ である．よって

$$K(35\,°C) = \frac{F - F_0}{F_{\text{Inf}} - F} = \frac{53.8 - 50}{75 - 53.8} = \frac{3.8}{21.2} = 0.179$$

したがって

$$\Delta G°_{\text{unf}} = -RT \ln K = -8.314 \times (273 + 35) \times \ln 0.179$$
$$= +4.4 \text{ kJ mol}^{-1}$$

同じアプローチで他の温度における K や $\Delta G°_{\text{unf}}$ を調べることができる．結果を以下の表に示す(自分で確認すること)．

T/℃	F	K	$\Delta G°_{\text{unf}}$/kJ mol^{-1}
35	53.8	0.18	+4.4
40	62.5	1	0
45	71.9	7.1	−5.2

ここで転移の中点 $T_m = 40\,°C$ において，$K = 1$ で $\Delta G°_{\text{unf}} = 0$ であることに注意する．

さて

$$\Delta G°_{\text{unf}} = \Delta H°_{\text{unf}} - T \Delta S°_{\text{unf}}$$

を利用し，2 点の異なる温度でのデータを用いて変性のエンタルピーとエントロピーのおよその値を見積ることができる．上の結果から 35 ℃ では

$$\Delta G°_{\text{unf}} = \Delta H°_{\text{unf}} - 308 \times \Delta S°_{\text{unf}} = +4.4 \text{ kJ mol}^{-1}$$

45 ℃ では

$$\Delta G°_{\text{unf}} = \Delta H°_{\text{unf}} - 318 \times \Delta S°_{\text{unf}} = -5.2 \text{ kJ mol}^{-1}$$

である．両式を差し引いて連立方程式を解くと

$$10 \times \Delta S°_{\text{unf}} = +9.6 \text{ kJ mol}^{-1}$$

したがって

$$\Delta S°_{unf} = +0.96 \text{ kJ K}^{-1}\text{ mol}^{-1}$$

さらに，これらの値を自由エネルギーの式に代入することによって $\Delta H°_{unf}$ を求めることができる．たとえば 35 °C において

$$\Delta G°_{unf} = \Delta H°_{unf} - 308 \times 0.96 = +4.4 \text{ kJ mol}^{-1}$$

したがって

$$\Delta H°_{unf} = +300 \text{ kJ mol}^{-1}$$

(なお ΔH や ΔS はしばしば温度によって変化するので，これらは単に近似的な値であることを忘れないこと．)

5.5.2 リガンドの結合

(5.4 節で述べたような)単純なリガンドの結合平衡では，結合の程度は実験的に観測可能な量の変化に比例する．そのため全リガンド濃度 c_L については実験曲線から，結合している割合を決定することができる(図 5.15)．

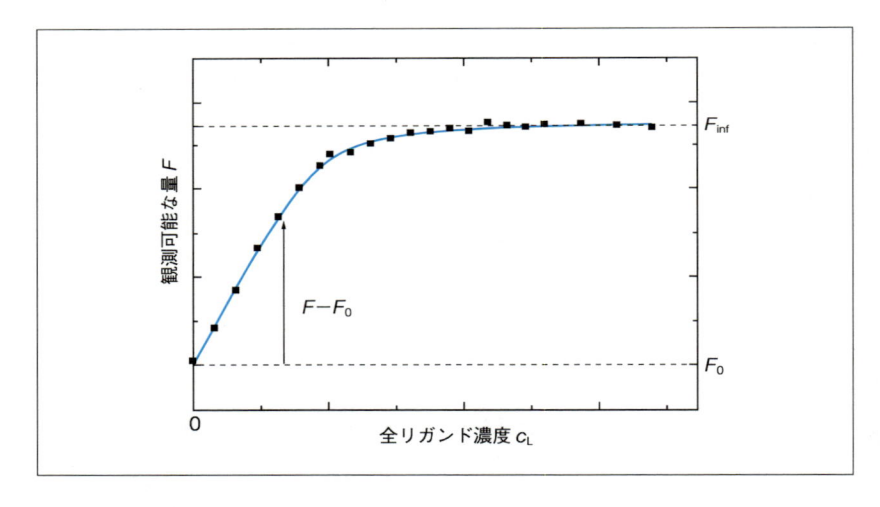

図 5.15 リガンドの結合の滴定曲線．これはリガンド濃度を上昇させたときに起こるなんらかの測定値 F の変化を示している．最終的にすべての結合部位が占有されると，F はある値 F_{inf} でプラトーに達する．

任意のリガンド濃度において占有される結合部位の割合 ϕ は

$$\phi(c_L) = \frac{[PL]}{c_P} = \frac{F - F_0}{F_{inf} - F_0}$$

で与えられる．

残念ながら遊離のリガンド濃度 [L] はわからず，全濃度 c_L のみがわかるので，K を求めるためには 5.4 節の式(5.3)のようなかなり複雑な式を用いなければならない．しかし比較的弱い結合では，全リガンド濃度に比べて [PL] が小さければ，近似的に [L] ≈ c_L としてもよい．

役に立つ経験則として，解離定数 K_d は複合体が 50% 形成されたときの遊離のリガンド濃度 [L] だということがある．単純な弱い結合の場合には，この値はたいていの場合，滴定曲線からじかに読み取ることができる．

5.6　熱シフトアッセイ

　ときどき膨大な数の化合物のなかから，特定の生体分子に結合するものをスクリーニングしなくてはならないことがある．しかし，これまで述べた方法は時間がかかりすぎるか，あるいは測るために必要な化合物の量が多すぎて経済的で実用的な時間内に測定することは困難である．それに加えて，たとえば創薬プロジェクトの最初の段階では完全な熱力学的な解析をする必要はなく，"これは結合するのか，しないのか"といった単純な問題設定で十分である．

　熱シフトアッセイは，リガンドの(たとえば)天然状態のタンパク質への結合がタンパク質の熱安定性を増加させるという原理に基づいている(Box 5.1参照)．この原理は，タンパク質が変性する前にリガンドを解離させるためには余分のエネルギーが必要である，という事実に基づいている．その結果生じる T_m の上昇はいくつかの方法で測定可能で，一つの例として DSC を用いた結果を図 5.16 に示してある．

製薬会社の多くは"化合物ライブラリー"と称して何万，何千という種類の薬の候補となる化合物を保有している．有望なリード化合物を選別するためのハイスループットスクリーニングという技術が必要とされる．

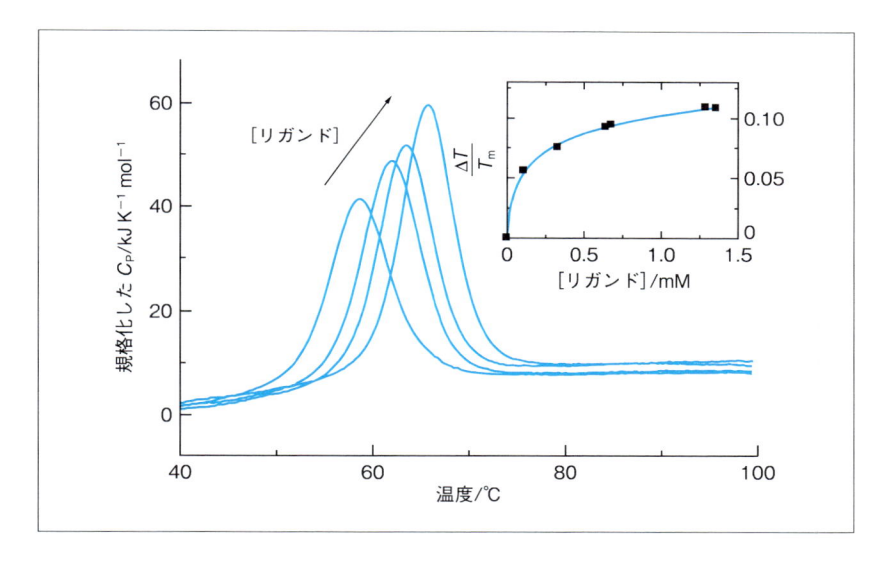

図 5.16　いくつかの異なるリガンド濃度下での DSC サーモグラムの例．天然の構造のタンパク質にリガンドが結合することによって T_m がどのように上昇するかを示している．右上の図は全リガンド濃度の関数として T_m の相対的な変化を示したもの(文献 3 より改変)．

　他のより迅速化に向いている方法も発展しており，とくに変性タンパク質に結合するプローブ分子の大きな蛍光強度の変化を利用する方法が知られている(2.4.5項参照)．そのようなプローブ存在下でのタンパク質の熱変性は(通常)大きな蛍光強度の増加を与えるので，これを利用してタンパク質の T_m を測定することができる．この方法は簡便に結合を調べることができ，複数のウェルに添加された少量の試料を用いて，多くの結合の可能性のある試料を同時に迅速にスクリーニングすることができる[4]．

ときおり，タンパク質-リガンド複合体の熱安定性がタンパク質のコンフォメーション変化によるとする(誤った)仮定を目にする．そうではない．これは単に，折りたたまれた状態の(すなわち天然状態の)タンパク質と変性状態のタンパク質の間の平衡の移動(シフト)である．

Box 5.1 リガンドの結合とタンパク質の折りたたみ平衡

天然の折りたたまれた状態のタンパク質 N の 1 個の結合部位に 1 個のリガンド L が特異的に結合するような単純な場合では，次の平衡が成り立つ．すなわちリガンドの結合について

$$N + L \rightleftharpoons NL$$

$$K_{L,N} = \frac{[N][L]}{[NL]}$$

変性について

$$N \rightleftharpoons U$$

$$K_0 = \frac{[U]}{[N]}$$

ここで $K_{L,N}$ は天然状態のタンパク質に結合しているリガンドの解離定数，K_0 はリガンド非存在下でのタンパク質の変性の平衡定数である．

タンパク質の変性の有効平衡定数 K_{unf} は，変性状態のタンパク質分子種と折りたたみ状態の(すなわち天然状態の)タンパク質分子種の比によって与えられる．

$$K_{unf} = \frac{[U]}{[N]+[NL]} = \frac{K_0}{1+[L]/K_{L,N}} \approx \frac{K_0 K_L}{[L]}$$

ここで最後の近似は，高濃度の遊離のリガンドが存在する($[L] \gg K_{L,N}$)ときのみ成り立つ．これはリガンド濃度が増加するにつれて，熱力学的な平衡が折りたたまれた分子種のほうにシフトし，そのため K_{unf} が減少して，折りたたまれたタンパク質分子種が安定化することを確かに示すものである．

また T_m のシフトは次式から推定できる．

$$\frac{\Delta T_m}{T_m} = \frac{RT_{m0}}{\Delta H_{unf,0}} \ln\left(1 + \frac{[L]}{K_L}\right)$$

ここで $\Delta T_m = T_m - T_{m0}$ は変性に伴う T_m の変化，$\Delta H_{unf,0}$ は結合リガンド非存在下でのタンパク質の変性のエンタルピーである[3]．

同じ効果が，リガンドが変性状態で結合するときにも観測されることがある．ただし，その場合には T_m は降下する．

豚の膀胱または他の生体膜がこの目的のために用いられた．今日では半透膜，すなわち透析膜は孔径(ポアサイズ)がより精密に制御できる合成材料から作成される．同じ原理が腎臓透析や，他の治療上の応用で細胞や高分子はそのままにして低分子の毒素を取り除く目的に応用されている．

5.7 平衡透析

前節で述べたリガンドの結合の間接的測定法の問題は，ほとんどの場合，たとえば実際の遊離のリガンドや結合したリガンドの濃度がわからないことである．これらの濃度は間接的な測定によって得られる．平衡透析は，この問題を回避する技術の一つである．

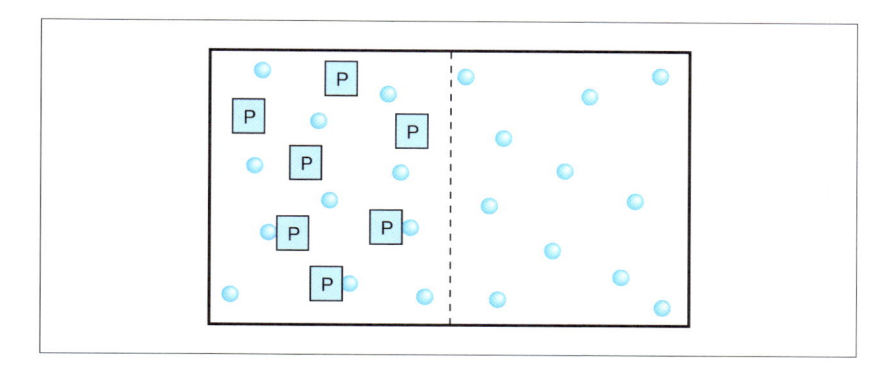

図 5.17 平衡透析セル．高分子 P とその複合体が一方に閉じ込められ，他方，低分子リガンドは自由に半透膜(中央に破線で示されている)を通って拡散する様子を表す．

単純な平衡透析セルは二つの部分からなっており，溶液は半透膜によって仕切られている(図 5.17)．この膜はたくさんの小さなチャンネルをもっていて，溶媒と低分子は拡散で自由に出入りできるが，タンパク質のような高分子は出入りができない．典型的な実験では，緩衝液を含むタンパク質(または他の高分子の)溶液を一方のコンパートメントに入れ，他方に溶媒(緩衝液)を加え，リガンドを添加する．(小さな)リガンド分子 L は自由に膜を通って動くが，タンパク質 P やタンパク質-リガンド複合体 PL は一方のコンパートメントに閉じ込められる．いったん平衡に達したあと，各コンパートメントの全リガンド濃度が測定される．

図 5.17 の配置を想定すると，右側のコンパートメントでは

(a) 全リガンド濃度 $c_L(右) = [L]$

左側のコンパートメントでは

(b) 全リガンド濃度 $c_L(左) = [L] + [PL]$
(c) 全タンパク質濃度 $c_P(左) = [P] + [PL]$

だから

$[PL] = (b) − (a)，[P] = (c) − [PL]$

で

$$K = \frac{[PL]}{[P][L]}$$

となる．

平衡透析法ではしばしば放射性同位元素で標識したリガンドを用いることによって，非常に低い濃度のリガンドと非常に強い結合を直接測定することができる．

5.8 タンパク質の溶解度と結晶化

これまでに考えてきた，かなり特異的である相互作用に加えて，多くの非特異的な相互作用があり，互いに結合し合ったり別の表面に結合したりする傾向をもたせて，タンパク質やポリペプチドを"くっつきやすい"ものにする．その結果，タンパク質やポリペプチドは通常かなり溶解度が低く，pH やイオン強度の変化，他の溶質に対して敏感に反応する．このことは実験においても実際の応用においても重要である．というのは，ほとんどのタンパク質は溶液中でのみ活性があるからである．いくつかの一般的なガイドラインがある．

飽和溶液というのは，ある化合物の固相とその溶液が，特定の溶媒中で平衡に達しているものである．常にそうであるように，これは熱運動によって凝集体を分散させよう(壊そう)という傾向と，結合し合って凝集しようとする傾向の間の戦いである．濃度が十分低いときには(時間があれば)熱的に壊す(エントロピー的な)効果が勝る．なぜなら希薄溶液または混合物は高いエントロピーをもつからである．しかし高濃度では限界に達して，それ以上溶質は溶けることはない．熱力学では，これは固体から溶液に移る標準自由エネルギー $\Delta G°_{solusion}$ と関係づけられる．

$$\Delta G°_{solusion} = - RT \ln(溶解度)$$

この自由エネルギーを増加させるものは溶解度を下げ，また逆も成り立つ．

5.8.1 溶解度への静電的な効果

タンパク質水溶液の系で，溶解度をコントロールしているおもな因子の一つに，電荷をもつ基の間の静電相互作用がある．

タンパク質の電荷は(主として)弱酸性および弱塩基性の側鎖によるもので，したがって溶液の pH に依存する(第1章参照)．タンパク質は全体として正に帯電するか(低 pH)，負に帯電するか(高 pH)であり，それによる静電的な反発は，分子間のより特異的な相互作用に打ち勝ってしまう傾向がある．しかし中間のpH 領域で，とくに等電点 pH = pI ではタンパク質の電荷の総和はゼロとなり，

任意の成分の溶解度は，平衡状態で固相に接している溶液中の溶質の濃度(mol dm^{-3})である．

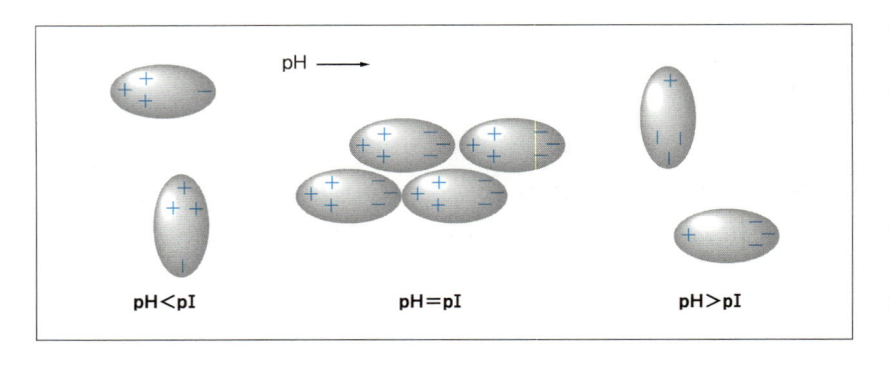

図 5.18 タンパク質間の静電的な引きつけ合いあるいは反発に及ぼす pH の影響．

全体的な反発の効果は最小となる（図5.18参照）．したがって一般的な（普遍的ではないが）規則として，タンパク質は等電点近傍で最も溶けにくくなる．

5.8.2 塩溶と塩析

添加する電解質（塩）の溶解度に及ぼす効果は複雑である．低濃度（通常は0.15 mol dm^{-3}）では，溶液中の低分子イオンによる静電遮蔽効果は高分子間の相互作用を減少させ，タンパク質の溶解度は上昇する．歴史的に，これは塩溶効果として知られる．しかし，より高塩濃度の領域では，タンパク質の溶解度は塩析効果のために減少する．

塩析はタンパク質間の特異的な相互作用によるのではなく，電解質の水に対する強い親和性に基づく，間接的に熱力学的な効果である．サイズが小さく，大きな電荷をもったイオンは水のような極性溶媒中で高度に溶媒和している．そのようなイオンは誘電率の高い環境を好み，非極性分子を寄せつけまいとする．

> タンパク質分子の表面は比較的極性が高いが，タンパク質全体としては非極性の，低い誘電率をもつ残基からなっている．

この現象は熱力学的見地から（ほぼ同等に）二つの見方で見ることができる．溶液中の塩の低分子イオンへの解離は，極性の環境でより容易に起こる——塩は水のような高い極性の溶媒を〝好む〟．タンパク質のような非極性の物質の存在は溶媒の全体としての極性を減少させる傾向があり，低分子のイオンにとっては熱力学的に不利になる．その結果，とくに高濃度の塩存在下では，タンパク質のような非極性の物質は，溶液全体の極性を最大にするように溶液から閉め出される．別の考えでは，高濃度の塩存在下では，水が不十分になって低分子イオンやタンパク質表面のいずれもが十分に水和されなくなる．その結果，タンパク質は溶液から閉め出され，水分子が解放されてより多くの塩を水和するようになる．

塩溶効果も塩析効果も溶液中のイオンの大きさ（サイズ）と電荷に依存する．とくに塩析はサイズが小さく，大きな電荷をもつイオンが，より大きな効果をもつ（これは，より大きな溶媒和のためである）．こうしてホフマイスター系列または離液系列が生じ，これは異なる陰イオンまたは陽イオンによって，塩析の効率が異なることを比較したものである．典型的なホフマイスター系列は，水溶液からタンパク質を析出する効率の大きいものから小さいものへと並べたもので，よく知られたイオンについて下に記す（ただし実際の順序はタンパク質の種類や条件によって若干異なる）．

陰イオン

$$(クエン酸)^{2-} > SO_4^{2-} > HPO_4^{2-} > F^- > Cl^- > Br^- > I^- > NO_3^- > ClO_4^-$$

陽イオン

$$Al^{3+} > Mg^{2+} > Ca^{2+} > Na^+ > K^+ > Cs^+ > NH_4^+ > N(CH_3)_4^+$$

> この経験的な順序は1888年にオーストリア・ドイツ人の化学者ホフマイスター（Franz Hofmeister, 1850〜1922）によって行われた実験から得られた．ホフマイスターは異なる塩を用いて卵白からタンパク質を沈殿させた場合の効率に興味をもっていたのである．もう一方の名称である〝離液系列〟は，〝溶媒の親和性に関する〟という意味に近いギリシャ語から来ている．

種々の塩の濃度を変えて塩析，すなわち沈殿を行うことは，複雑な混合物からのタンパク質の精製によく用いられる．

5.8.3 非極性添加物

水に対する溶解度は一般にタンパク質表面の極性基によって仲介されているので，溶媒の極性を下げると，タンパク質の溶解度が下がることが期待される．これは一般的に正しい．エタノールやメタノール，あるいはポリエチレングリコール（PEG）のような非極性の高分子を加えると普通，タンパク質の溶解度は低下する（図5.19）．

ある種の添加物，とくに高濃度の添加物はタンパク質を変性させるかも知れないが，それは結晶化による沈殿とは別の理由による．

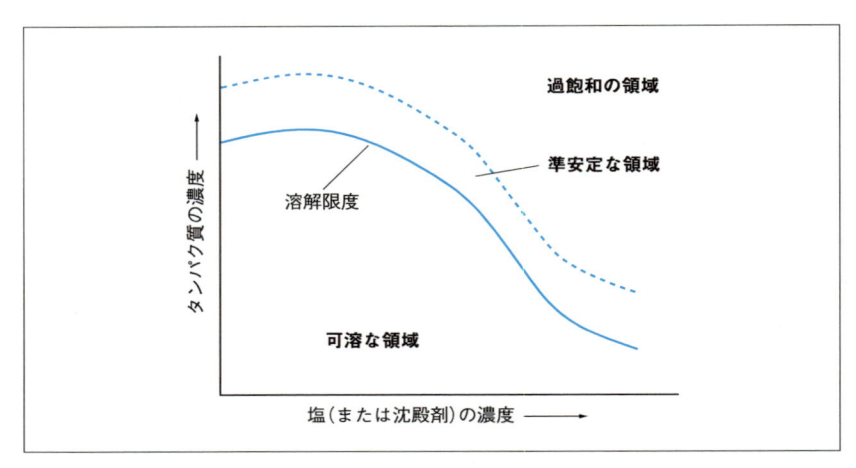

図5.19 塩や他の沈殿剤がタンパク質の溶解度に与える影響を説明する相図．

5.8.4 タンパク質の結晶化

タンパク質は普通，無定形の凝集体として沈殿する．しかし注意深く条件を制御すると，精製されたタンパク質の単結晶を得ることができることがある．これは，タンパク質の回折法による構造決定における重要なステップである（第8章参照）．

沈殿の過程は相図との関連で記述できる（図5.19）．低濃度のタンパク質および塩（または他の沈殿剤）の存在下では，タンパク質は溶解限度以下で，溶液に溶けたままである．しかし高濃度では，溶液は熱力学的に不安定（過飽和）となり，いったん核形成が起こると，タンパク質は液相の濃度が溶解限度になるまで析出する．もしこれが急に起こりすぎると，沈殿は無定形となる傾向があり，結晶ができたとしても微結晶になる．

核形成とは初期の小さな凝集体の形成で，そこからさらに大きな結晶が成長する．結晶核はほんの数分子からなり，分子間の接触が少ないので一般的に安定でなく，自発的には形成されない．

より制御された結晶成長が起こるためには核形成が鍵となる．相図の過飽和の領域では，核形成は起こりやすいが偶然に起こり，それに続く結晶成長は速く，制御が効かない．しかし〝準安定〟な領域では，濃度が若干飽和濃度より高いと，小さな核は不安定だが，より大きな核は小さな核を消費して成長する可能性がある．ほとんどのタンパク質結晶化法はこの条件が満たされるように，タンパク質と沈殿剤の濃度をゆっくりと増し，この準安定の領域に近づくようにする．いくつかの実用的な方法が考案されており，たいていは液相または気相拡散過程

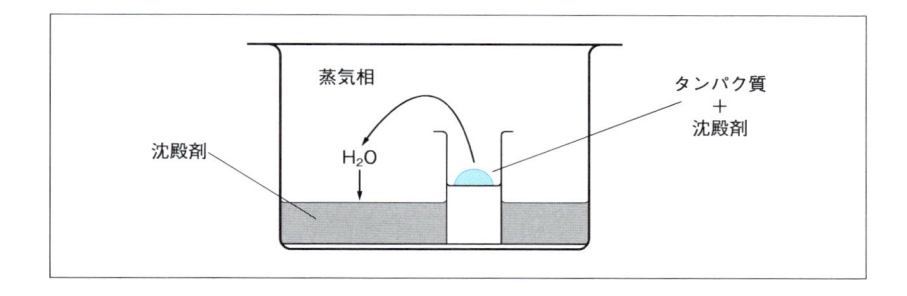

図 5.20 タンパク質結晶化のためのシッティング・ドロップ法.

に基づいている．シッティング・ドロップ法（静置ドロップ法）はその例の一つである（図 5.20）．

シッティング・ドロップ法では，少量のタンパク質溶液を同容量の沈殿剤溶液（高濃度の塩溶液または他の沈殿剤溶液）と混合し，より大きな容量の沈殿剤溶液で囲まれたチャンバー内に置く．水はタンパク質の小さな滴から蒸発し，蒸気相を通ってより高濃度の沈殿剤溶液に入る．この過程によって，滴（ドロップ）の中のタンパク質と沈殿剤の両方の濃度は，周囲のレザバーの濃度と等しくなるまで徐々に増加する．良い条件では（通常，試行錯誤で到達する），このようにゆっくりと濃度を上げることによって（何日もかかることが多いが）良質な結晶が成長する．

結晶化の最適条件のスクリーニングには時間と手間がかかる．最近では，このスクリーニングは自動化されたロボットシステムで行われる．

キーポイントのまとめ

1. 生体高分子のコンフォメーションと相互作用は，エントロピー効果とエンタルピー効果のバランスを含む熱力学的な力によって支配されている．
2. 生体分子の安定性と相互作用の熱力学はマイクロカロリメトリー（DSC と ITC）によって測定することができる．
3. 分光学や他の間接的な方法も熱力学量を決定するのに用いることができる．
4. 平衡透析は結合相互作用を直接測定するのに用いることができる．
5. タンパク質（および他の高分子）の溶解度は，熱力学の相平衡との関連で理解することができる．

章末問題

5.1 以下の分子の熱運動の平均速度はいくらか？
  (a) 25 ℃ における酸素分子．
  (b) 25 ℃ における水分子．
  (c) 37 ℃ における分子量 25,000 のタンパク質分子．

5.2 私たちを取り囲む分子の問題 5.1 のような運動を，私たちはどのように感じているか？

5.3 熱安定性の研究により pH 7.4 のいくつかの異なる温度において，タンパク質の変性に関する以下の (部分的な) 熱力学データが得られた.

(a) 次の表で"?"で示された部分のデータを埋め，表を完成せよ.

$T/°C$	K	$\Delta G°/\text{kJ mol}^{-1}$	$\Delta H°/\text{kJ mol}^{-1}$	$\Delta S°/\text{J K}^{-1}\text{mol}^{-1}$
45	0.133	5.33	150.0	?
50	?	2.86	175.0	?
55	?	0	200.0	609.8
60	3.22	?	225.0	?

(b) 50, 55, 60 ℃ の各温度において，この条件下で変性しているタンパク質の割合を求めよ.

(c) 変性のエンタルピー $\Delta H°$ の温度依存性から，折りたたまれた (天然の) タンパク質のコンフォメーションを安定化している力について何が示唆されるか？

5.4 線虫 (*Caenorhabditis elegans*) の全ゲノム塩基配列が決定された．次のおもな課題は，多くの遺伝子産物の機能を同定することである．科学者たちは金属を結合すると考えられる一つのタンパク質を同定した．このタンパク質への金属イオンの結合を研究する異なった複数の生物物理学的手法について述べよ．

5.5 以下の表は，異なる温度におけるタンパク質溶液の蛍光強度 F と CD データである．

$T/°C$	F (任意単位)	CD (任意単位)
20	65.0	−1,310
30	65.0	−1,310
40	64.7	−1,304
46	58.8	−1,186
50	40.0	−810
56	17.8	−366
60	15.5	−320
70	15.0	−310
80	15.0	−310

(a) このタンパク質の T_m はいくらか？

(b) 46 ℃ では，変性したこのタンパク質の割合はいくらか？

(c) この温度 46 ℃ における変性のギブス自由エネルギーはいくらか？

(d) 二つの実験でモニターされた分子の性状は何か？

(e) 蛍光とCDで観測される転移温度は常に同じはずか？ もしそうでなければ，それはなぜか？

5.6 リガンドLが，あるタンパク質Pと1:1の複合体PLを形成する．このとき

$$\frac{c_\mathrm{P}}{[\mathrm{PL}]} = 1 + \frac{K}{[\mathrm{L}]}$$

となることを示せ．ここでKは平衡定数，c_Pは全タンパク質濃度である．また，この式が平衡透析のデータを解析するためにどのように利用できるかを説明せよ．

5.7 ある新規の有機リガンドの受容体タンパク質への結合を測定する平衡透析の実験で，下記のデータが得られた(図5.17参照)．すなわち左側のコンパートメント(タンパク質およびリガンド)では

(全タンパク質濃度) $= 8.3 \times 10^{-9}$ M

(全リガンド濃度) $= 3.9 \times 10^{-8}$ M

右側のコンパートメント(リガンドのみ)では

(全リガンド濃度) $= 3.5 \times 10^{-8}$ M

リガンドの結合定数を求めよ．

参考文献

1) A. Cooper, Heat capacity of hydrogen-bonded networks: an alternative view of protein folding thermodynamics, *Biophys. Chem.*, 2000, **85**, 25-39.
2) A. Cooper, C. M. Johnson, J. H. Lakey and M. Nollmann, Heat does not come in different colours: entropy-enthalpy compensation, free energy windows, quantum confinement, pressure perturbation calorimetry, solvation and the multiple causes of heat capacity effects in biomolecular interactions, *Biophys. Chem.*, 2001, **93**, 215-230.
3) A. Cooper, M. A. Nutley and A. Wadood, Differential scanning microcalorimetry, in "Protein-Ligand Interactions: Hydrodynamics and Calorimetry", ed. S. E. Harding and B. Z. Chowdhry, Oxford University Press, Oxford, 2000, pp. 287-318.
4) M. W. Pantoliano, E. C. Petrella, J. D. Kwasnoski, V. S. Lobanov, J. Myslik, E. Graf, T. Carver, E. Asel, B. A. Springer, P. Lane and F. R. Salemme, High-density miniaturized thermal shift assays as a general strategy for drug discovery, *J. Biomol. Screen.*, 2001, **6**, 429-440.

さらに学習するための参考書

A. Cooper, Microcalorimetry of protein-protein interactions, in "Biocalorimetry: Applications of Calorimetry in the Biological Sciences", ed. J. E. Ladbury and B. Z. Chowdhry, Wiley, Chichester, 1998, pp. 103-111.

A. Cooper, Microcalorimetry of protein-DNA interactions, in "DNA-Protein Interactions", ed. A. Travers and M. Buckle, Oxford University Press, Oxford, 2000, pp. 125-139.

A. Cooper, Heat capacity effects in protein folding and ligand binding: a reevaluation of the role of water in biomolecular thermodynamics, *Biophys. Chem.*, 2005, **115**, 89-97.

G. A. Holdgate, Making cool drugs hot: isothermal titration calorimetry as a tool to study binding energetics, *Biotechniques*, 2001, **31**, 164-186.

D. Sheehan, "Physical Biochemistry: Principles and Applications", Wiley, New York, 2nd edn, 2009, 第8章.

J. M. Seddon and J. D. Gale, "Thermodynamics and Statistical Mechanics", RSC Tutorial Chemistry Text, Royal Society of Chemistry, Cambridge, 2001.

K. E. van Holde, W. C. Johnson and P. S. Ho, "Principles of Physical Biochemistry", Prentice Hall, Upper Saddle River, NJ, 1998, 第2章から第4章, および第15章.

I. Tinoco, K. Sauer, J. C. Wang and J. D. Puglisi, "Physical Chemistry: Principles and Applications in Biological Sciences", Prentice Hall, Upper Saddle River, NJ, 4th edn, 2002, 第2章から第4章.

第6章 反応速度論

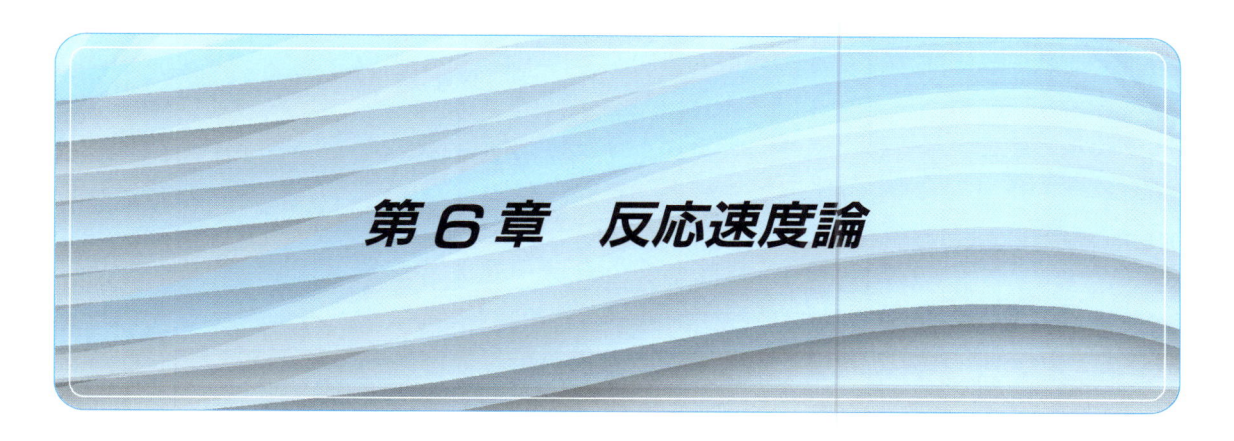

　熱力学は，平衡で何が起こるかを説明する．反応速度論は，平衡に至るのにどれだけ時間がかかるかを明らかにする．生物は決して熱力学的平衡にはない．生物は，生化学的な過程の速度が精密に制御されることによってうまく機能している．

この章の目的

　本章では，生体分子反応の速度を測定する実験的方法を概観し，基礎となる理論を見直す．最後には，これまでに習ったこととあわせて以下のことができるようになる．
- 反応が進行する速度に影響を与える因子を説明する．
- 反応速度を測定する基本的な方法を説明する．
- 高速反応を追跡する方法について説明する．
- 酵素の触媒反応や阻害反応の基礎的な速度論を理解している．

6.1　反応速度論の基礎

　熱力学的平衡にないすべての化学系あるいは物理系は，平衡を回復するように反応する傾向をもつ．しかし，この過程がどのように進み，どれだけ速く平衡に達するかは多くの因子に依存する．速度についていえば，水素が酸素と反応して爆発するように極度に速い場合もあれば，大理石が酸性雨で腐食するような見かけ上それが起こっていることがわからないほど遅い場合もある．反応速度論のより厳密な取扱いは別の本を見てもらうことにし，ここでは，後の章を理解するために必要な基本をまとめておくにとどめる．

　どんな反応もそれが起こるためには，一般的に三つの条件が満たされなければならない．すなわち(a)分子が衝突すること，(b)その衝突が正しい向きで起こ

図 6.1 単純な化学反応の典型的なエネルギー変化．反応物分子 X および Y はエネルギー障壁 E_A を越えるために十分なエネルギーをもって衝突し，生成物 Z へと進む前に活性複合体，すなわち中間体 {X.Y} を形成しなければならない．

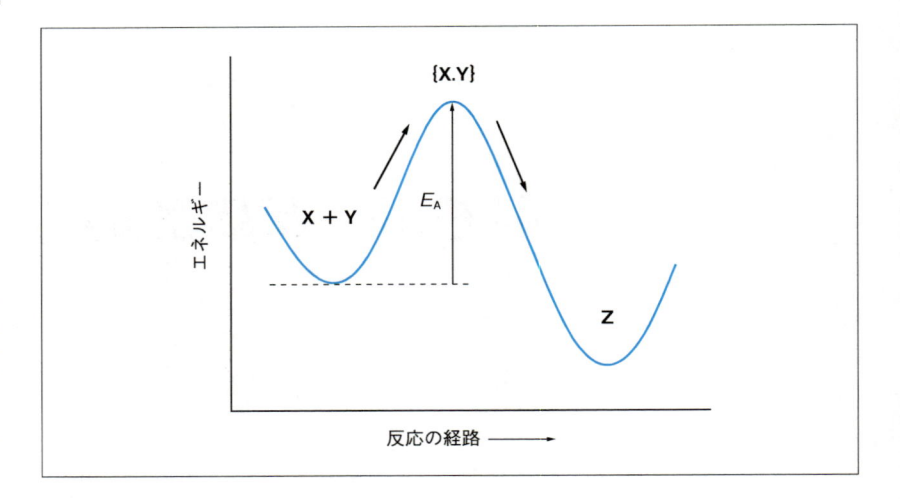

ること，また(c)衝突する分子が反応の活性化の障壁を乗り越えるのに十分大きなエネルギーをもっていること(図 6.1)である．

これらの条件は基礎的な速度式で表される．たとえば，次の簡単な反応を考えよう．

$$X + Y \longrightarrow Z$$

任意の時刻における反応の速度は，生成物の形成または反応物の減少の速度として定義される．溶液中の均一な反応では，それは反応物または生成物の濃度の関数として表される．

$$(反応速度) = \frac{d[Z]}{dt} = -\frac{d[X]}{dt} = -\frac{d[Y]}{dt}$$

この基礎的な反応の速度式は

$$(反応速度) = k[X][Y]$$

ここで k は反応速度定数，[X] と [Y] は反応物のモル濃度である．この基礎的な式がモル濃度(たとえば g dm^{-3} ではなく mol dm^{-3})で表されていることは重要である．それはこの表現が，混合物中の変化する実際の分子数が，分子間の衝突の確率に直接影響する仕方を表しているからである．反応速度定数 k は，反応が必要とする他の因子を含んでおり，次の古典的なアレニウスの式で表される．

$$k = A \exp\left(-\frac{E_A}{RT}\right) \tag{6.1}$$

ここで係数 A は衝突因子で，衝突の頻度と衝突する分子の配向に依存する．また E_A は反応の活性化エネルギーである．指数で表されているエネルギーの項は

(ボルツマンの)確率で，これは衝突する分子が，ある絶対温度 T で活性化エネルギーの障壁を越えるのに十分なエネルギーをもつ確率である．

反応速度定数の温度依存性は，より厳密な遷移状態理論によって表されることがある．この理論は厳密には理想気体の反応にのみ成り立つのだが，場合によっては役に立つことがある．この理論では，反応速度定数は次式で表される．

$$\begin{align}k &= \frac{k_B T}{h} \exp\left(-\frac{\Delta G^*}{RT}\right) \\ &= \frac{k_B T}{h} \exp\left(\frac{\Delta S^*}{R}\right) \exp\left(-\frac{\Delta H^*}{RT}\right) \end{align} \tag{6.2}$$

k_B はボルツマン定数，h はプランク定数，R は気体定数である．

ここで

$$\Delta G^* = \Delta H^* - T\Delta S^*$$

は活性化自由エネルギーで，活性化エンタルピーと活性化エントロピーからなり，これは反応の遷移状態形成に必要な熱力学的自由エネルギーととらえることができる．活性化エンタルピーはアレニウスの活性化エネルギー E_A に対応し，分子の配向や他の要因は，指数項の前の係数中に活性化エントロピー ΔS^* としてはっきりと表されている．

式(6.1)と(6.2)は極低温(絶対零度に近い温度)では適用できない．それは粒子が熱エネルギーを利用せずに障壁に浸透する現象(トンネル効果)のためである．これは酵素反応，とくに電子または水素の移動を伴う酵素反応において重要と考えられている[1]．

反応は逆方向にも進むが，全体としては正方向と逆方向のバランスがとれて平衡に達する．基礎的な反応

$$X + Y \underset{k_2}{\overset{k_1}{\rightleftarrows}} Z$$

では

$$(\text{全体の反応速度}) = k_1[X][Y] - k_2[Z]$$

である．正方向と逆方向の反応速度のバランスがちょうどとれたところで平衡に達し，反応速度はゼロになる．したがって，各分子種の濃度が平衡に達したとき

$$k_1[X]_{\text{equilib}}[Y]_{\text{equilib}} - k_2[Z]_{\text{equilib}} = 0$$

で，これを変形して

平衡に達しても反応が止まるわけではない．平衡のときの分子は正方向にも，逆方向にも反応を起こしているが，反応は全体としては変化が見られないということである．

$$\frac{k_1}{k_2} = \frac{[Z]_{\text{equilib}}}{[X]_{\text{equilib}}[Y]_{\text{equilib}}} = K$$

となる．ここで K は，この反応についての平衡定数である．

より複雑な反応機構では，反応全体を表す式からは必ずしも予測されない一連の素過程に沿って反応が進むかもしれない．素過程には過渡的な反応中間体や，観測される反応速度を制御する律速段階が含まれるかもしれない．その結果，より一般的な反応速度は次の形となる．

平衡についての詳細は第5章を見よ．分子と分母の濃度の項が正確に打ち消されない限り，K は普通，単位をもつ．

$$(\text{反応速度}) = k[\text{X}]^m[\text{Y}]^n$$

ここで m と n はそれぞれ反応物 X と Y についての反応次数である．

適切な反応の速度式の解（積分）は，反応物や生成物の濃度が時間とともにどのように変化するかを表す．

単純な一次反応

$$\frac{d[\text{X}]}{dt} = -k[\text{X}]$$

では，反応物 X の濃度は指数関数的に減少する．すなわち

$$[\text{X}] = [\text{X}]_0 \exp(-kt)$$

ここで $[\text{X}]_0$ は時刻ゼロにおける濃度である．

より高次の反応ではより複雑な式となる．しかし研究の対象となるほとんどの生体分子反応では，反応速度は一次（あるいはより単純），または実験条件を工夫して擬一次の過程とする．擬一次反応とは，一つの反応物について一次であるように振る舞う反応である（たとえば他のすべての反応物の濃度が一定であるか，十分過剰に存在する場合である）．

ここで役に立つ概念として半減期がある．半減期 $t_{1/2}$ は，ある反応物の濃度が元の濃度の半分になるのに要する時間である．一次反応では，反応物の絶対濃度には依存せず

$$t_{1/2} = \frac{0.693}{k}$$

で与えられる．

反応はどのくらい速く起こる可能性があるだろうか？ 言い換えると，分子の衝突が必ず反応を生じるとすると，その場合の反応速度はいくらになるだろうか？ これは拡散律速として知られ，ここから実際に測定された値と比較する有益な数値が得られる．

溶液中の分子は熱運動の影響で，でたらめな運動を行っている．分子が互いに出会う確率（割合）は，分子の大きさと拡散係数に依存する（拡散についての詳細は 4.5 節を見よ）．分子が大きいほど衝突の大きな標的にはなるが，拡散係数は小さくなり，そのためよりゆっくりと拡散する．拡散律速の衝突頻度について

$$A_{\text{diffusion}} = 4\pi N_A r_{\text{XY}} (D_\text{X} + D_\text{Y}) \times 1{,}000$$

ここで D_X と D_Y は反応分子の拡散係数，r_{XY} は反応が起こるために必要な接近距離である．この $A_{\text{diffusion}}$ は分子の配向や引力，その他の効果がない場合のアレニウスの式の指数関数の前にある係数であり，活性化エネルギーがゼロ（$E_\text{A} = 0$）である拡散律速の反応速度の上限である．

> この式に含まれる 1,000 は SI 単位系の体積（m³）を dm³ に変換するための因子である．

例題 6.1

Q 室温の水中における低分子の拡散係数はおよそ $1.5 \times 10^{-9}\,\mathrm{m^2\,s^{-1}}$ である．r_XY を 0.5 nm とすると，拡散律速の衝突頻度はいくらになるか？

A 上の式を使って

$$A_\mathrm{diffusion} = 4\pi N_A r_\mathrm{XY}(D_\mathrm{X} + D_\mathrm{Y}) \times 1{,}000$$
$$= 4\pi \times (6 \times 10^{23}) \times (5 \times 10^{-10}) \times (3 \times 10^{-9}) \times 1{,}000$$
$$\approx 1 \times 10^{10}\,\mathrm{mol^{-1}\,dm^3\,s^{-1}}$$

衝突頻度は $A_\mathrm{diffusion}[\mathrm{X}][\mathrm{Y}]$ で与えられる．

例題 6.2

Q 上の答えが，反応物の濃度 $1 \times 10^{-3}\,\mathrm{mol\,dm^{-3}}$ の(擬)一次反応に対するものとする．対応する半減期はいくらか？

A 反応速度は

$$A_\mathrm{diffusion}[\mathrm{X}] = (1 \times 10^{10}) \times (1 \times 10^{-3}) = 1 \times 10^{7}\,\mathrm{s^{-1}}$$

よって

$$t_{1/2} = \frac{0.693}{k} = \frac{0.693}{1 \times 10^7} = 6.9 \times 10^{-8}\,\mathrm{s} = 69\,\mathrm{ns}$$

　分子の拡散は一次元または二次元のほうが，ここで計算した三次元の拡散よりも原理的に速い．たとえば，ある種の生体膜(二次元)における反応や DNA 鎖上(一次元)で起こる速い反応ではこの事実が利用されている．

　もちろん，ほとんどの生物にとって，反応は実験室のフラスコ内での反応よりももっとずっと複雑な環境下で起こっている．細胞は多くのコンパートメントに仕切られており，反応は膜上で起こったり，他の分子や表面に吸着された状態で起こる．そのような状況では，反応の過程を表す速度論的な方程式はたいへん複雑になる．とはいえ，ここで記した基本的な原理は適用できる．

　生体分子の速度論的過程を，機能上適切な生体中の条件下で高い信頼性をもって測定するのは実験上のチャレンジである．比較的遅い反応の場合には，化学反応速度論の多くの伝統的手法を用いることができ，反応は(すでに前の章で述べた)種々の分光学的方法によって追跡できる．以下の節で，生体分子の反応速度を測定するために開発または応用されたより特殊な方法のいくつかを見てみる．

6.2　高速反応の技術

　多くの反応はとても速く，試薬を混ぜる通常の方法では追跡ができない．また

反応のごく初期段階（定常状態に至る前の反応）を見てみたいということもある．そのような実験では試薬を素早く効率的に混合するとともに，どうにかしてそれに続く反応をある一定の時間，測定することが求められる．

6.2.1 連続フロー法

最も直接的な方法の一つは連続フロー法（連続流通法）である（図6.2）．試料溶液 X と Y をそれぞれ別べつにポンプによって一定速度で流して混合槽に導入し，反応中の溶液は下流の管に向かって流れる．混合槽から下流の任意の点における反応時間は流速と，この管の大きさに依存する．検出器の位置を管に沿って変化させるか，あるいは流速を変化させることによって，時間の関数として反応をモニターできる．検出は紫外/可視吸収，蛍光，その他の適当な分光学的方法で行われる．

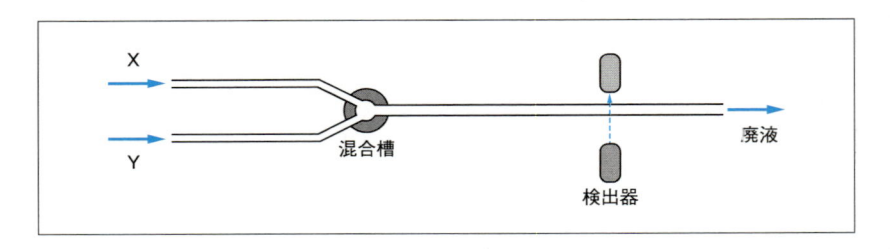

図6.2 連続フロー装置の概観．

例題 6.3

Q 合流した溶液の流速を $10\ \mathrm{cm^3\ min^{-1}}$ とし，内径 $0.1\ \mathrm{mm}$ の管を用いる．混合槽から1〜10 cm 下流では，反応開始からどれだけ後の時間の間の測定が可能か？

A 管の容量は1 cm 当り

$$\pi r^2 \times L = \pi \times (0.005)^2 \times 1 = 7.9 \times 10^{-5}\ \mathrm{cm^3\ cm^{-1}}$$

容量流速については

$$10\ \mathrm{cm^3\ min^{-1}} = \frac{10}{60} = 0.167\ \mathrm{cm^3\ s^{-1}}$$

よって流れ方向の流速は

$$\frac{7.9 \times 10^{-5}}{0.167} = 4.7 \times 10^{-4}\ \mathrm{s\ cm^{-1}}$$

したがって1 cm 下流では 0.47 ms 後，10 cm 下流では 4.7 ms 後で，この間の測定ができる．

連続フロー法の利点の一つは，単にフロー管の特定の位置における定常濃度を検出するだけでよいので，装置がごく簡単な点である．反応時間はフロー管の構

造と流速で決まる．しかし欠点となりうるのは，とくにミリ秒の速い時間スケールをカバーするためには大きな容量の試薬を必要とすることである．

6.2.2 ストップトフロー法

ストップトフロー法（流通停止法）では小容量の試料溶液を，別べつのシリンジからの注入によって急速に混合する（図6.3）．フローセルは通常，透明な石英ウインドウを備え，紫外/可視吸収または蛍光の経時変化を時間の関数として検出できる．場合によっては円偏光二色性(CD)も用いることができる．注入の動作は停止シリンジによって制御され，これがうしろの衝立に当たると電気的にトリガーがかかり，検出器が測定を開始する．

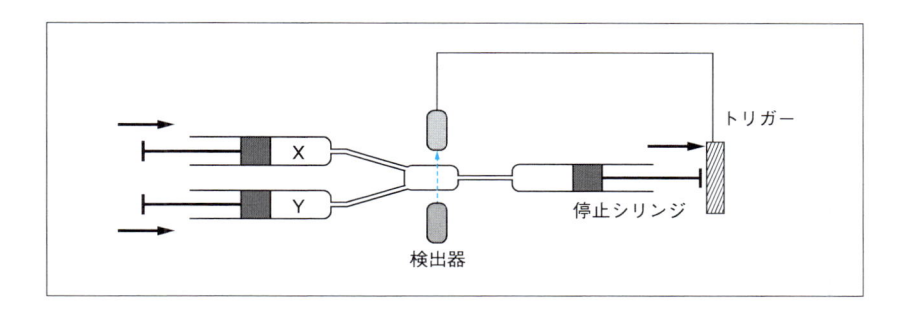

図6.3 典型的なストップトフロー装置．レザバーシリンジとフローセルは通常，温度が一定に保たれている．

ほとんどのストップトフロー装置の典型的な不感時間は約 $1\,\mathrm{ms}$ で，フローセルの大きさと混合の効率に依存する．この不感時間内の反応は測定できないが，この点に関してはより効率的な混合の技術が開発されつつある．

この種のストップトフロー装置は酵素触媒反応の初期段階の研究や，生体高分子へのリガンドの結合の研究に応用されてきた．そのような実験においては，レザバーシリンジの一方に酵素または生体高分子溶液が添加され，他方には基質やリガンドが同じ緩衝液に溶解されたものを添加する．（たとえば $1\sim1{,}000\,\mathrm{ms}$ の間の）反応の進行は，基質が生成物に変化する際の色の変化や紫外吸収の変化，あるいはリガンドの結合によるタンパク質の蛍光変化を利用してモニターされる．多くの酵素反応の場合，対象となる反応に伴う都合の良いスペクトル変化は起こらないが，過剰に加えた別の酵素による第二段階と"カップル"させたり，あるいは対象となる反応の速度に影響を与えないような試薬混合物を用いてモニターできることがある．

ストップトフロー法は現在では，溶液中のタンパク質の折りたたみや変性の速度を測定するために，pHジャンプや変性剤の濃度変化を生じさせる溶液と混合して用いられている．たとえばタンパク質は高濃度（$2\sim6\,\mathrm{mol\,dm^{-3}}$）の尿素や塩酸グアニジンのような化学変性剤で変性する．ストップトフロー法で（異なる大きさのシリンジを用いて）大容量の緩衝液と混合し希釈すると，この反応を逆に進行させ，タンパク質が再び折りたたまれる（"再生"）速い反応を追跡することが

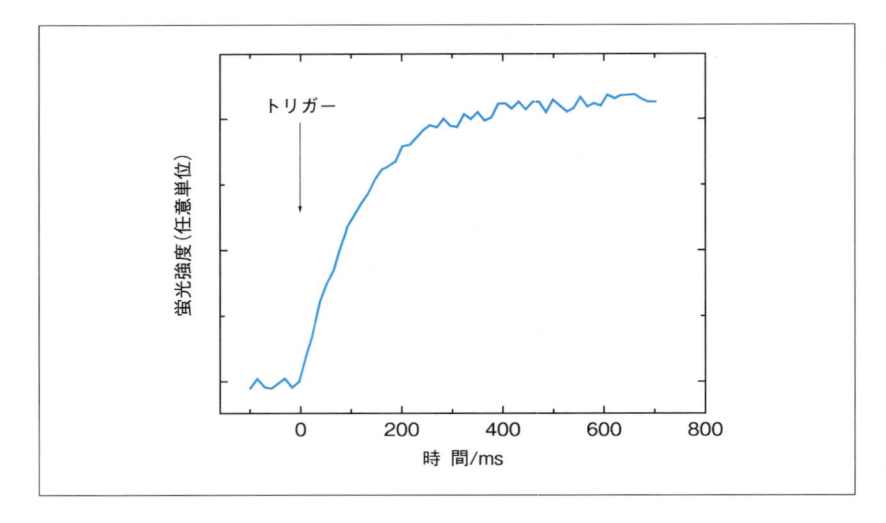

図 6.4 ストップトフロー法による溶液中の球状タンパク質の"再生"に伴う蛍光変化の例.

できる(図 6.4).

6.3 緩和法

すべての反応をフロー法で起こすことができるわけではなく，また混合の能率が悪いと，より高速な反応はこの方法では研究することが困難である．これに代わる方法として，すでに平衡にある混合物をとり，摂動を加えて平衡に戻ることを観測する方法がある．これがいくつかの緩和法の基礎である．

以下の簡単な反応を考える．

$$A \underset{k_{-1}}{\overset{k_1}{\rightleftharpoons}} B$$

これは，たとえばタンパク質の天然状態と変性状態の間の平衡を表すと考えられる．この平衡は，温度の上昇によって摂動を受ける可能性がある．

反応が平衡にあれば

$$K = \frac{k_1}{k_{-1}} = \frac{[B]_{\text{equilib}}}{[A]_{\text{equilib}}}$$

であり

$$k_1[A]_{\text{equilib}} = k_{-1}[B]_{\text{equilib}}$$

である．

しかし，もし濃度が

$$[A] = [A]_{\text{equilib}} - [\delta A]$$
$$[B] = [B]_{\text{equilib}} + [\delta B]$$

のようにわずかに変化して，反応が平衡から若干離れているとすると，このとき

平衡へ戻る様子は次の速度式で記述できる．すなわち

$$k_1[\text{A}]_{\text{equilib}} = k_{-1}[\text{B}]_{\text{equilib}}$$

および

$$[\delta \text{B}] = [\delta \text{A}]$$

なので

$$\begin{aligned}\frac{\mathrm{d}[\text{A}]}{\mathrm{d}t} &= -\frac{\mathrm{d}[\delta \text{A}]}{\mathrm{d}t} \\ &= -k_1[\text{A}] + k_{-1}[\text{B}] \\ &= -k_1[\text{A}]_{\text{equilib}} + k_1[\delta \text{A}] + k_{-1}[\text{B}]_{\text{equilib}} + k_{-1}[\delta \text{B}] \\ &= (k_1 + k_{-1})[\delta \text{A}]\end{aligned}$$

となる．

この式から，小さな摂動を加えたあと，平衡に戻る反応は一次反応であって，その速度定数は $k_1 + k_{-1}$ であることがわかる．平衡定数 K が他の方法で求められるならば，この実験から反応の正方向および逆方向の速度定数を決定することができる．

緩和の過程はたいへん速い可能性がある．測定の限界は，系に加える摂動の速さ，および検出系がその変化にどのくらい速く追随できるかのみに依存する．ミリ秒のオーダーの反応は通常，測定可能である．

種々の摂動法が用いられる．おそらく最もよく用いられるのは温度ジャンプ（T-ジャンプ）で，溶液を通して短時間放電を行うか，赤外レーザーを短時間パルス照射することによって温度を少し（通常は 5～10 ℃）だけ上昇させる．圧力ジャンプ（P-ジャンプ）による摂動は，まず系に（1,000 atm 程度までの）静水圧をかけ，次にシールを破って圧力を解放することによって圧力ジャンプを達成する．ある種の色素分子は電子状態が励起されると水素イオン H^+ に対する親和性が変化するので，光の吸収は溶液の pH 変化をもたらす．これは pH ジャンプの実験に利用することができる．すなわち色素分子を含む試料溶液を，この色素を励起する適当なパルスレーザーで短時間照射することによって摂動を加えるのである．

6.3.1 光化学反応

光によって開始される反応の場合，反応の開始〔フォトン（光子）の吸収〕はほとんど瞬間的である．このことは，たとえば溶液を混合することによる実際上の限界よりもずっと速い反応が見られるということである．一般に閃光光分解と呼ばれる方法では試料に短い，強力で適当な波長の光のパルスを当て，そこで起こる一連の反応を分光学的測定（吸収または蛍光）によってモニターする．

この方法は光合成や視覚など，光によって誘起される種々の自然界の生体分子反応に応用されてきた．現代のパルスレーザー法を用いると，数フェムト秒またはそれ以下という短いパルスを利用することができ，それによって重要な光化学反応のごく初期の段階についての情報が得られる．

1フェムト秒(fs)は 10^{-15} s である．

例題 6.4

Q 光は1 fs の間にどれだけの距離を進むか？

A 光の速度(真空中)は 3×10^8 m s^{-1} だから，1 fs の間に進む距離は

$$(3 \times 10^8) \times (1 \times 10^{-15}) = 3 \times 10^{-7} \,\text{m} = 0.3\,\mu\text{m}$$

ちなみに人の毛髪の直径は約 50 〜 100 μm である．

閃光光分解法は他の領域でも応用される．たとえばレーザー光の強力なパルスを当てると，ヘモグロビンやミオグロビンのようなタンパク質のヘム基に結合している一酸化炭素 CO を解離させることができる．いったん解離すると，また再び元の結合部位に戻る．この再結合は分光学的に測定することができ，低分子がタンパク質の中へ拡散する振舞いについての情報を与える．

ある種の染料分子は電子の励起状態によって異なる pK_a をもつので，閃光を照射すると，それに従って H$^+$ を解離または再結合する．これは溶液中の急速な pH 変化をもたらす．こうした pH ジャンプの実験を用いて，生体分子の反応をモニターすることができる．他の光化学反応も，高速反応を測定する際の混合の問題を克服するのに用いられる．この一例として ATP のケージ化合物を用いる方法がある．このケージド ATP の混合物はたとえば，強力な閃光に曝されたときにのみ，酵素反応の基質の ATP となることができる[2]．

6.4 水素交換

ある種の官能基の水素原子は交換可能で，この水素交換反応はたとえば D$_2$O を用いて NMR や質量分析，赤外およびラマン分光によって検出できる．通常，この交換は非常に速いが(マイクロ秒またはそれ以下)，官能基が水素結合によって溶媒から保護されていたり，高分子構造の中に埋もれていると，ずっと遅くなる．これは球状タンパク質の場合にとくに際だっており，埋もれたペプチド結合のアミドの水素交換は数日またはそれ以上に遅くなる．これは，高分子の構造的ゆらぎの速度に関する情報を得るために使うことができる．

典型的な実験ではタンパク質溶液と，同位体を多く含む溶媒(普通は D$_2$O)を注意深く制御された温度，pH 条件下で混合し，経時的にサンプリングして H-D 交換の程度をモニターする．球状タンパク質の表面または表面近くで溶媒に露出した官能基は交換が速く，より保護された化学的な環境下にある官能基はより

—NH や —OH (—CH は異なる)のような負の電荷をもった原子に結合した水素を含む官能基は D$_2$O(重水)に曝されると，急速に(そして可逆的に)交換して —ND または —OD となる．

あるいはタンパク質分子を D$_2$O 緩衝液中で前平衡化しておき，H$_2$O で希釈して，交換可能な重水素原子の遊離を測定する．この実験はトリチウム標識された水の放射能を用いて行うこともできる．

ゆっくりと交換する．

　これらの系の遅い水素-重水素交換の機構はきわめて複雑であるが，これはある単純なモデルによって，タンパク質の変性の"遷移状態(transient)"のコンフォメーション変化の速度と関連づけることができる．このようなコンフォメーション変化においては，通常は隠れていて反応しない保護されている官能基が，短時間溶媒に曝されて同位体交換が起こりうる．

　タンパク質(そして他の生体高分子)はきわめて動的で，柔軟性をもった分子であることに注意してほしい．どんな化学平衡でもそうであるように，平衡状態にあっても熱運動は決して止まることはないので，この平衡は動的である．二状態過程では，交換の過程は以下のように記述できる．

$$N(H) \underset{k_{-1}}{\overset{k_1}{\rightleftarrows}} U(H) \xrightarrow{k_{int}} U(D) \underset{D_2O}{\rightleftarrows} N(D)$$

ここで N は天然状態，すなわち折りたたまれた状態のタンパク質，U は変性状態，k_1 と k_{-1} はそれぞれ変性過程の正方向および逆方向の速度定数，k_{int} は完全に溶媒に露出した官能基の水素-重水素交換の固有速度定数である．カッコ内の H および D は，タンパク質の官能基にそれぞれ水素が結合しているか，重水素が結合しているかを表す．

　いま

$$U \rightleftarrows N$$

が速いと仮定すると(普通は速い)，折りたたまれたタンパク質の同位体交換の速度は

$$-\frac{d[N(H)]}{dt} = \frac{d[N(D)]}{dt} = k_{int}[U(H)]$$

定常状態では

$$(k_{-1} + k_{int})[U(H)] = k_1[N(H)]$$

である．したがって

$$-\frac{d[N(H)]}{dt} = \frac{d[N(D)]}{dt} = k_{int}\frac{k_1[N(H)]}{k_{-1} + k_{int}}$$

であり，測定される同位体交換の速度定数は

$$k_{ex} = k_{int}\frac{k_1}{k_{-1} + k_{int}}$$

となる．

　タンパク質がいったん(一時的にであれ)変性すると，同位体交換は，もう一度

折りたたまれるよりずっと速く起こる($k_{int} \gg k_{-1}$)ので $k_{ex} \approx k_1$ となる．この条件下では，折りたたまれているタンパク質の同位体交換の測定は，実際に起こるコンフォメーション変化についての情報を与えることができる．

もちろん，もしこの単純な二状態モデルが全体として正しければ，タンパク質のある領域の交換可能な官能基は同じ交換速度を示すはずである．実験的にはこれは常に正しいとは限らず，タンパク質のより狭い領域だけで起こる変性に基づく，これほど極端ではないゆらぎを含む他の多くの交換経路がある．

6.5 表面プラズモン共鳴法

表面プラズモン共鳴法(SPR)は，金属薄膜の異常な物理的性質を利用した比較的新しい方法である．金属表面で光が反射するとき，電磁波のごく一部が金属に浸透し，それが伝導電子と相互作用する．金属薄膜中ではこれが電子の協同的な運動(プラズモン)を引き起こし，反射など，フィルムの分光学的性質を変化させることができる(図 6.5)．これらの光学的効果の大きさは，フィルムの反対側の面に直接接する媒質の屈折率に敏感である．これはプラズモン振動から生じる減衰する電場(エバネッセント波)が短い距離(普通 300 nm 程度)だけ媒質に染みだすからである．

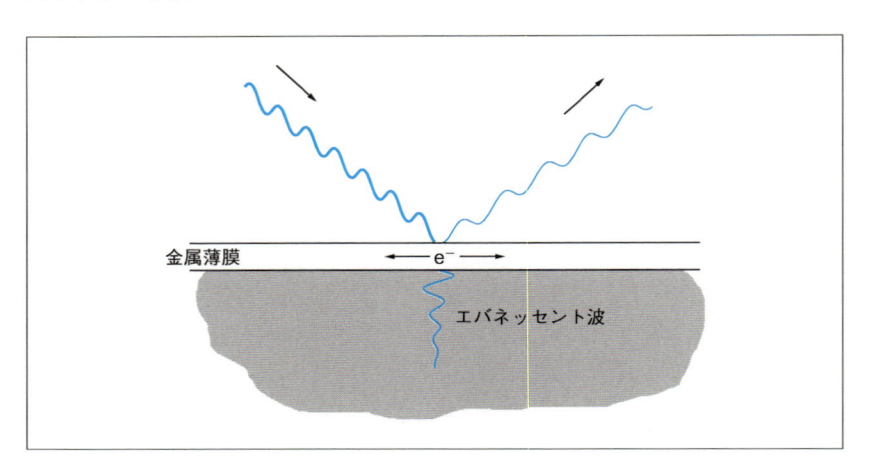

図 6.5 電磁波と金属薄膜との相互作用．

入射波の振動数が，ある角度でプラズモンの振動数と一致すると共鳴が起こる．その結果，反射波の強度が減少する．この効果の大きさは，エバネッセント波が染みだす物質の屈折率に依存する．

これが，生体分子の結合の速度を測定する SPR バイオセンサーチップの原理である．このバイオセンサーは金属の薄膜で(通常はスライドガラスに蒸着された金)，そこに抗体のようなタンパク質や他の高分子が結合する(図 6.6)．

結合する分子を含む緩衝液を通常 $1 \sim 100\ \mu dm^3\ min^{-1}$ の一定の速度で，この金属薄膜の表面に連続的に流す．溶液中の分子が金の薄膜上の固定化した分子に

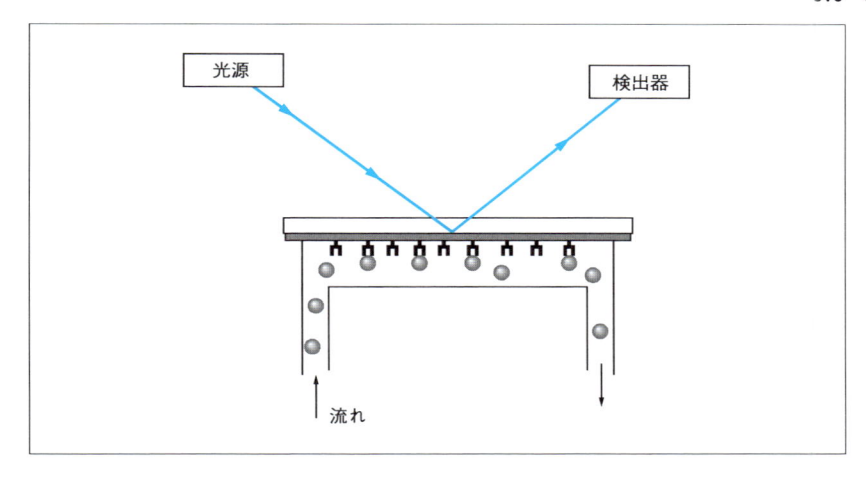

図 6.6 固定化した受容体への溶質分子(グレーの丸で表す)の結合を測定する典型的な SPR の実験配置.

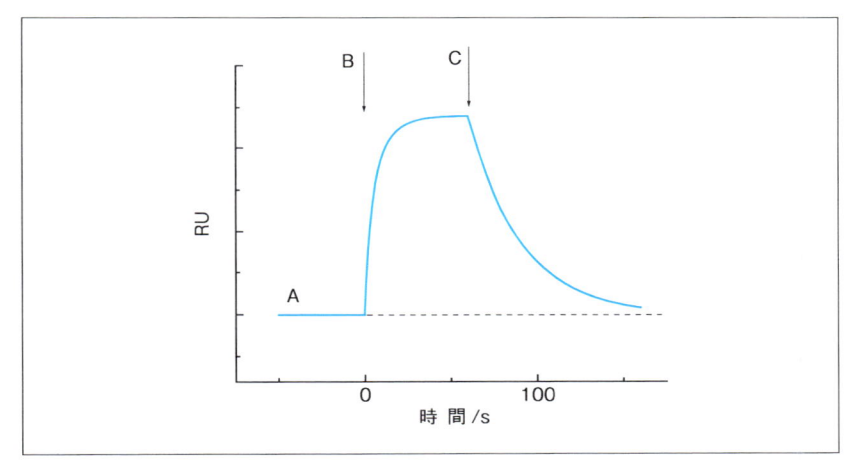

図 6.7 RU を時間の関数として記録した典型的なセンサーグラム.基本的な過程を示してある.

結合すると,それがその境界面における屈折率の変化をもたらす(図 6.7).この変化は通常,任意のレスポンスユニット(RU)で測定され,チップの単位面積当りに結合した物質の質量との関連でキャリブレーションすることができる.

まずセンサーチップ上に緩衝液を流して,ベースライン A をしっかりと定める.次に流れを切り替えて,調べる分子を含む同じ緩衝液を流す(B).分子は表面に結合するので,センサーグラムの応答は平衡に達するまで増加する.この結合または会合の過程の形は解析され,遊離の分子と固定化した分子の結合の速度(k_{on})を与える[†].次に流れを元の緩衝液に切り替え(C),結合分子を(可逆的に)洗い流す.この過程の形は,解離の速度 k_{off} を与える.単純な可逆的な結合では,k_{on} と k_{off} の比は結合反応の平衡定数

$$K = \frac{k_{on}}{k_{off}}$$

を与え,通常のかたちで熱力学的性質と関連する.

[†] 訳者注 結合または会合の過程を表す曲線(図 6.7 参照)の形は

$$R_0[1 - \exp\{-(k_{on}[A] + k_{off})t\}]$$

で与えられる.結合の速度 k_{on} だけで決まるのではなく,解離の速度 k_{off} からの寄与もあることに注意する.

高分子または他のリガンドを直接，または他のリンカー分子を挟んでセンサーチップの金の表面に結合させるにはさまざまな方法がある．SPR の利点は，これが高感度であって，測定にはほんの少量の物質で足りることである．また注意深く実験すれば，速度論と平衡論の両方のパラメータが得られることである．不利な点は，一方の分子を固定化することが結合やその他の性質に影響を与える可能性があることであり，データは注意深く解釈されなくてはならない．

6.6 酵素の反応速度論

　酵素は高度な特異性と効率で生化学反応を触媒するタンパク質である．酵素の反応過程はきわめて複雑な場合もあるが，すべての場合における基本的な過程は，酵素 E と基質 S の結合がかかわる一つまたは複数のステップと，それに続く触媒，および生成物 P の解離である（図 6.8）．このことは速度式が，通常のより単純な非触媒反応とはやや異なることを意味している．

　いま次のような過程を考える．

$$E + S \underset{k_{-1}}{\overset{k_1}{\rightleftharpoons}} ES \xrightarrow{k_2} E + P$$

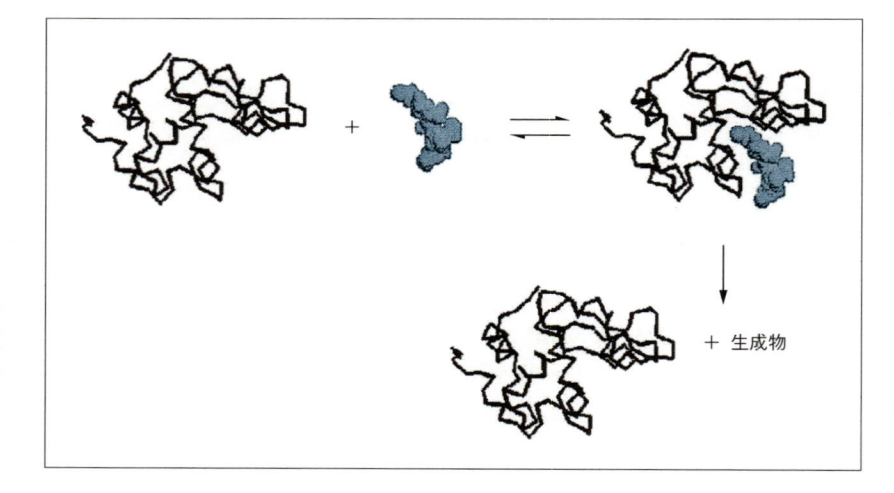

図 6.8 ミカエリス-メンテンモデルの概念図．基質分子（青色）が酵素の活性部位に結合して平衡複合体を形成する．活性部位における触媒作用により生成物が形成され，解離する．

ミカエリス（Leonor Michaelis．ドイツ系アメリカ人の生化学者．1875〜1949）とメンテン（Maud Leonora Menten．カナダ人の医師，生化学者．1879〜1960）は 1912 年ごろ，ベルリンで一緒に研究をしていたときにこのモデルを考案した．メンテンはカナダ最初の女性博士の一人である．

これが酵素触媒反応の古典的なミカエリス-メンテンのモデルで，これから単純な定常状態の速度式が導かれる．

　生成物形成の反応速度 v は酵素-基質複合体 ES の濃度に依存する．

$$v = k_2[ES]$$

[ES] は，通常の定常状態の仮定を用いて次のように書き直すことができる．

$$\frac{d[\text{ES}]}{dt} = k_1[\text{E}][\text{S}] - (k_{-1} + k_2)[\text{ES}] = 0 \quad (\text{定常状態のとき})$$

ここで全酵素濃度を

$$c_\text{E} = [\text{E}] + [\text{ES}]$$

と定義すると

$$[\text{ES}] = \frac{c_\text{E}}{1 + K_\text{M}/[\text{S}]}$$

となる．ここで

$$K_\text{M} = \frac{k_{-1} + k_2}{k_1}$$

はミカエリス定数として知られる．

したがって酵素に触媒された反応の速度は，基質濃度とともに

$$v = k_2[\text{ES}] = \frac{k_2 c_\text{E}}{1 + K_\text{M}/[\text{S}]} = \frac{v_\text{max}}{1 + K_\text{M}/[\text{S}]}$$

と変化する．ここで

$$v_\text{max} = k_2 c_\text{E}$$

は，すべての酵素の活性部位が基質を結合しているとき（$[\text{ES}] = c_\text{E}$）の最大の反応速度である．

このモデルは，酵素に触媒された反応の速度を基質の濃度に対してプロットすると，直角双曲線的に増加することが期待されるということを説明できる（図 6.9）．酵素は必ずしもこの機構に従うわけではないが，全体的な描像としては有益である．

酵素はたいへん低い濃度で使用されるので，遊離の基質濃度 $[\text{S}]$ は全基質濃度に等しいと見なしてよい．

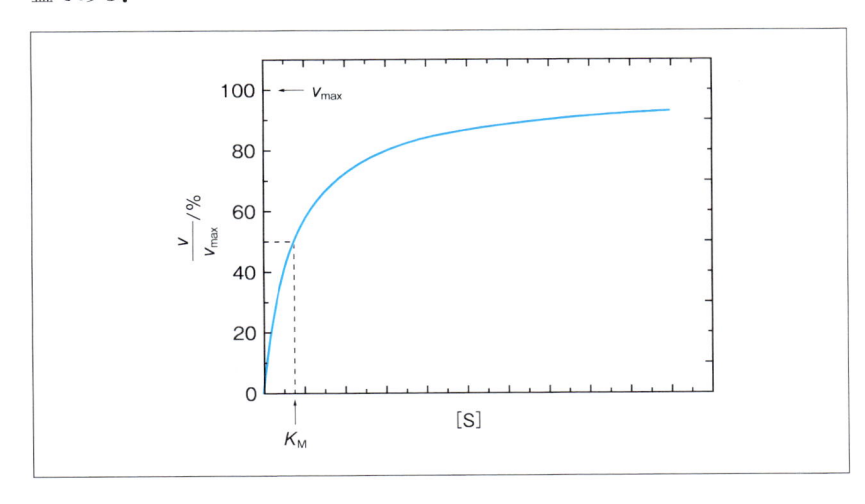

図 6.9 基質濃度 $[\text{S}]$ を増加させたときの典型的なミカエリス-メンテン反応の速度変化を示すグラフ．

K_M は有用なパラメータで，酵素と基質の両方が関係しており，さらにもっと一般的な条件，すなわち温度，pH，イオン強度などにも依存する．その値は，最大の反応速度の 50% の速度をもつ基質濃度として簡便に思い描くことができる．また基質の酵素への結合親和性とも関連づけられる．酵素-基質複合体形成の解離定数は次式で与えられる．

$$K_{\text{diss}} = \frac{[\text{E}][\text{S}]}{[\text{ES}]} = \frac{k_{-1}}{k_1}$$

したがって

$$K_M = K_{\text{diss}}\left(1 + \frac{k_2}{k_{-1}}\right)$$

また $k_2 \ll k_{-1}$ なら

$$K_M \approx K_{\text{diss}}$$

となる．

基質濃度が低ければ，反応速度は [S] に関して擬 1 次となる．

$$v \approx \frac{v_{\max}[\text{S}]}{K_M} \quad ([\text{S}] \ll K_M \text{ の場合})$$

それに対して，基質濃度が十分高ければ [S] は不変なので，反応速度は [S] に関して 0 次となる．

$$v = v_{\max} = k_2 c_E \quad ([\text{S}] \gg K_M \text{ の場合})$$

また酵素の比活性(k_{cat} と書かれることが多い)は

$$k_2 = \frac{v_{\max}}{c_E} = k_{\text{cat}}$$

であり，触媒効率は比 k_{cat}/K_M で示される．

一般的にいって触媒効率は，最初に基質がより強く結合し(すなわち K_M がより小さく)，続いて酵素-基質複合体のより速い反応が起こる(k_2 がより大きい)ときに大きくなる．

6.6.1 拮抗阻害

多くの天然および合成化合物(たとえば薬)は酵素の活性部位への結合を基質 S と競い合い，これが酵素の効率を阻害する．阻害剤 I との単純な拮抗阻害では，酵素は I を結合するか(EI)，S を結合するか(ES)のいずれかであって，両者を同時に結合することはない．すなわち

$$E + I \rightleftharpoons EI$$

で

$$K_I = \frac{[E][I]}{[EI]}$$

か，または

$$E + S \rightleftharpoons ES \longrightarrow E + P$$

である．

同じ定常状態法に従って，ただし

$$c_E = [E] + [ES] + [EI]$$

を考慮して次式を得る．

$$v = \frac{k_2 c_E}{1 + K_M^I/[S]}$$

ここで

$$K_M^I = K_M\left(1 + \frac{[I]}{K_I}\right)$$

である．

このように反応溶液に拮抗阻害剤を加えると，酵素の基質に対する見かけの結合親和性を下げることになる（$K_M^I > K_M$）．しかし v_{max} は影響を受けない．

6.6.2 他の種類の阻害と活性化，協同性またはアロステリー

　酵素の基本的な触媒機能は，他の分子によっていろいろなかたちで影響を受ける．実際，酵素の活性を制御できることは，少なくとも触媒活性自体と同じくらい重要である．

　いちばん単純な非拮抗阻害は，阻害剤の結合が基質の結合親和性（K_M）ではなく，反応速度 v_{max} に影響を与える場合である．これは，たとえば阻害剤分子がタンパク質の他のある部位に結合し，活性部位に影響を与えて，触媒活性に影響を与える場合である．しかし，より一般的には，阻害剤は K_M と v_{max} の両方に影響を与える．

　ある条件下で，酵素反応がよく起こるようにすることも同じように重要であり，多くのアクチベーターや補因子がこのとき働く．複数のサブユニットからなる酵素複合体では，これらの効果はしばしば協同的あるいはアロステリックであるといわれ，エフェクターや阻害剤の一つのサブユニットへの結合が他のサブユニットの結合や触媒活性に影響を与えることがある．このような過程の数式表現

最速のＦ１レーシングカーもスピードや方向がコントロールできなければ勝つことはできない．

はとても複雑になるが(ここでは扱わない)，そのような場合には単純なミカエリス-メンテンの式はあてはまらない．このような協同的またはアロステリックな効果の有利な点は，結合や触媒過程をより精密に制御できる点にある．

6.6.3 両逆数プロット

現在ではコンピュータを使って，データをミカエリス-メンテンの式や他の式にフィットさせるのは容易だが，単純なグラフを用いることも場合によっては有用である．このうち最も便利なのは(必ずしも正確なわけではないが)両逆数プロットで，双曲線型のグラフを単純な直線型のプロットに変換する．

ミカエリス-メンテンの式の逆数をとると

$$\frac{1}{v} = \frac{1 + K_M/[S]}{v_{max}}$$

これを変形して

$$\frac{1}{v} = \frac{1}{v_{max}} + \frac{K_M}{v_{max}[S]}$$

となる．この式から $1/v$ を $1/[S]$ に対してプロットすると直線になり，その y 切片から $1/v_{max}$ が，傾きから K_M/v_{max} が得られる．拮抗阻害剤存在下での同様なプロットも直線になり，y 切片からは同じ定数が得られるが，傾きはより大きくなる(図 6.10 および 6.11)．

直線からのずれは普通，ミカエリス-メンテンの機構があてはまらないためと解釈される．両逆数プロットがカーブする場合には，酵素の協同的またはアロステリックな効果の存在を示しているかも知れない．

歴史的な理由から，この両逆数プロットはこれを初めて用いた 2 人の研究者の名前をとって，しばしばラインウィーバー-バークプロットと呼ばれる．

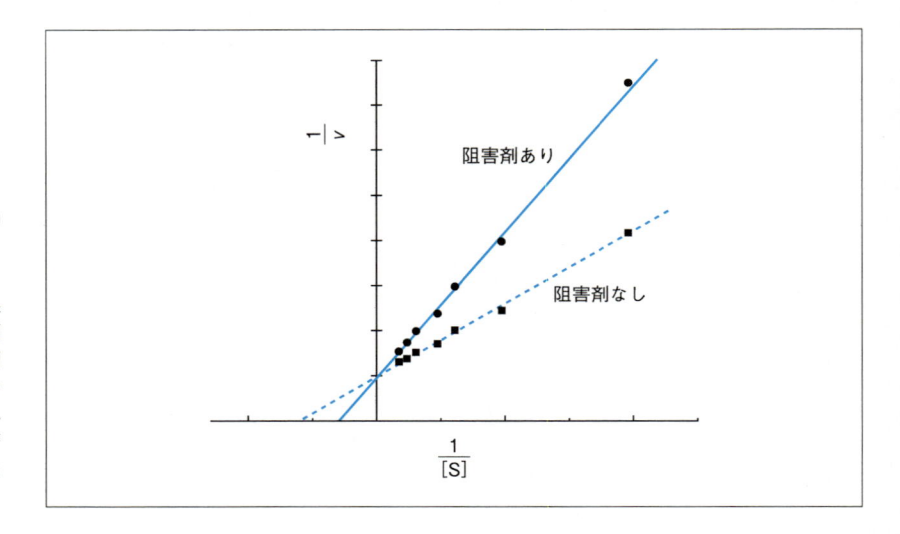

図 6.10 単純な拮抗阻害の両逆数プロット[†]．

[†] 訳者注 本文でも述べたように両直線とも y 切片は $1/v_{max}$ であるが，直線の傾きは阻害剤なしの場合が K_M/v_{max}，阻害剤ありの場合が K_M^I/v_{max} となる．また x 切片はそれぞれ $-1/K_M$，$-1/K_M^I$ である．K_M^I については 143 ページを参照のこと．

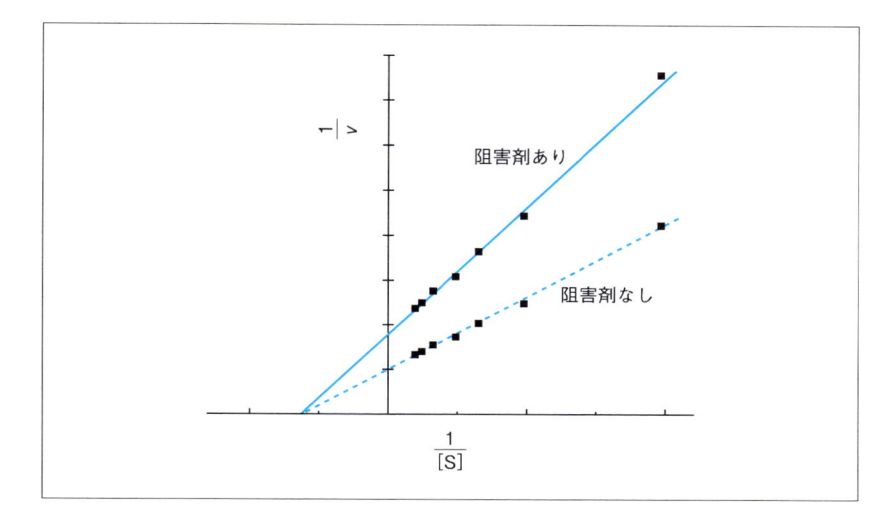

図 6.11 単純な非拮抗阻害の両逆数プロット†.

† 訳者注　両直線とも x 切片は $-1/K_M$ であるが，直線の傾きは阻害剤なしの場合が K_M/v_{max}，阻害剤ありの場合が K_M/v_{max}^I となる．また y 切片はそれぞれ $1/v_{max}$, $1/v_{max}^I$ である．図 6.10 と異なり，反応速度 v_{max} が影響を受けていることに注意．143 ページも参照のこと．

キーポイントのまとめ

1. 生体分子反応は，他の化学の分野と同じ規則に従う．
2. 高速反応を追跡する実験法には急速混合，緩和，光化学効果に基づくものがある．
3. 同位体交換やプラズモン共鳴に基づく技術が，タンパク質の動力学や結合の速度論の解析に用いられる．
4. 単純な酵素の触媒反応や阻害反応の速度論はミカエリス-メンテンモデルを用いて解析できる．

章末問題

6.1 水中における小さな球状タンパク質の並進拡散係数 D は，室温でおよそ $10^{-10}\,\mathrm{m^2\,s^{-1}}$ である．そのようなタンパク質が膜受容体または DNA 上の標的部位と距離 1 nm で相対しているときの拡散律速の衝突傾度について $A_{\text{diffusion}}$ を求めよ．

6.2 タンパク質濃度が $1\,\mu\mathrm{M}\,(1\times10^{-6}\,\mathrm{mol\,dm^{-3}})$ のとき，上の過程の反応速度と $t_{1/2}$ を求めよ．

6.3 反応速度定数が拡散律速の理論値よりも大きいことがある．考えられる理由を述べよ．

6.4 視覚にかかわる光受容体タンパク質ロドプシンに含まれるレチナールの光活性化異性化反応の最初の段階は 6 ps 以下で起こる．光はこの時間内にどれだけ進むか？

6.5 （溶液中の）ペプチドが，固定化した受容体タンパク質に結合する反応速度を，表面プラズモン共鳴法で測定した結果，以下の表のデータが得られた．

[ペプチド]/nmol dm^{-3}	結合速度/s^{-1}
1.2	0.023
3.6	0.068
4.8	0.091

(a) この会合反応はペプチド濃度に関して1次の反応と考えてよいことを示せ．
(b) この会合反応の速度定数 k_{on} はいくらか？
(c) リガンド溶液を緩衝液に切り替えたところ，結合ペプチドの解離反応の半減期は 7.2 s であった．この解離反応の速度定数 k_{off} を求めよ．
(d) このペプチド-タンパク質複合体の結合定数を求めよ．

参考文献

1) Discussion Meeting Issue "Quantum catalysis in enzymes —— beyond the transition state theory paradigm" organized by Leslie Dutton, Nigel Scrutton, Mike Sutcliffe and Andrew Munro, *Phil. Trans. R. Soc. B*., 2006, **361**, 1293-1455.
2) J. A. Dantzig, H. Higuchi and Y. E. Goldman, Studies of molecular motors using caged compounds, *Methods Enzymol*., 1998, **291**, 307-334.

さらに学習するための参考書

A. Fersht, "Structure and Mechanism in Protein Science : A Guide to Enzyme Catalysis and Protein Folding", Freeman, New York, 1999.
N. C. Price, R. A. Dwek, R. G. Ratcliffe and M. R. Wormald, "Physical Chemistry for Biochemists", Oxford University Press, Oxford, 3rd edn, 2001, 第9章から第11章.
I. Tinoco, K. Sauer, J. C. Wang and J. D. Puglisi, "Physical Chemistry : Principles and Applications in Biological Sciences", Prentice Hall, Upper Saddle River, NJ, 4th edn, 2002, 第7章から第8章.

第7章 クロマトグラフィーと電気泳動

　クロマトグラフィーと電気泳動は分子の大きさや電荷，また他の性質に基づいて分子を特徴づけたり，精製したりする一般的な方法である．これらは研究や産業において，生体分子を分析したり調製したりする際に広く用いられている．

この章の目的

　読者は分析化学などで，ペーパークロマトグラフィーや薄層クロマトグラフィー(TLC)について親しみがあることだろう．ここでは，おもに生体分子の分析法としてのクロマトグラフィーと電気泳動について述べる．この章を読み終えるまでに，以下のことができるようになる．

- クロマトグラフィーと電気泳動の基本原理を説明する．
- これらの技術が生体分子の特徴づけにどのように利用できるかを説明する．
- そのいくつかの応用について述べる．
- 分子の大きさ，電荷または他の物理化学的性質に基づいて分子を単離するときに合理的な方法選択ができる．

7.1 クロマトグラフィー

　IUPACはクロマトグラフィーを以下のように定義している(1993)．
　　クロマトグラフィーは物理的な分離の方法で，分離すべき成分が二つの相に分配され，その一方の相は固定相で，もう一方の相は決められた方向に移動するものである．
その結果，すべてのクロマトグラフィーによる分離は図7.1のようになる．
　この一般的なスキームのなかで，使用される固定相と移動相には大きなヴァリエーションがあるが，分離の基本的な原理は変わらない．固定相の上を流れる移

IUPAC は International Union of Pure and Applied Chemistry(国際純正および応用化学連合)の略である．

図7.1 クロマトグラフィーによる分離は支持された固定相と，その上を流れる移動相からなる．溶質分子は固定相と移動相の間を行ったり来たりする．

chromatography(クロマトグラフィー)という単語は，ギリシャ語の *chroma*(色)と *graphein*(書く)に由来している．この言葉はロシアの植物学者ツヴェット(Mikhail Semyonovich Tsvett, 1872〜1919)によって初めて用いられ，その論文は植物の色素を，細かく砕いた炭酸カルシウムを固めたカラムを用いて分離したことを報告したものだった．

1948年のノーベル化学賞は"電気泳動と吸着分析についての研究，とくに血清タンパク質の複合性に関する発見"の功績に対してスウェーデンの科学者ティセリウス(Arne Wilhelm Kaurin Tiselius)へ与えられた．

この状況は読者がベルトコンベヤーに乗ったり降りたりしながら進んでいくようなものである．つまり実際の進行速度は，動いているベルト上で過ごす時間の割合に依存する．

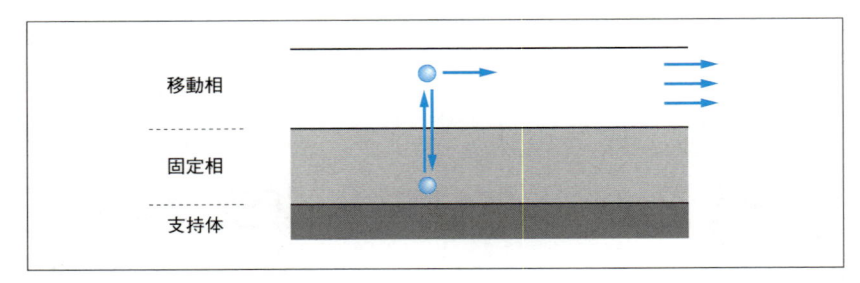

動相に溶解している分子を考えよう．溶媒(移動相)がある速度 v_s で移動しているとすると，溶質分子は同じ速度で運ばれる．しかし，もし溶質分子が固定相に分配されるか結合すると，一部の時間を固定相で過ごすことになり，その間，溶質は固定相にとどまる．分子は二つの相の間を行ったり来たりするので，分子の流れの速度は，どの程度固定相にとどまるかによってその分だけ遅くなる．

この現象は相平衡の考えを用いて，合成化学で用いられる溶媒抽出や相分離と同じように定量化できる．分配係数 K は次式で定義される．

$$K = \frac{(移動相の溶質の濃度)}{(固定相の溶質の濃度)}$$

このような動的な平衡においては，分子が移動相で過ごす時間の割合は $K/(1+K)$ となる．その結果，実際の溶質分子の流速は

$$v = \frac{v_s K}{1+K}$$

となる．したがって親和性や分配係数が異なる分子は，溶媒の前面に対して異なる速度で移動する．これが分離の基礎である．

ペーパークロマトグラフィーや薄層クロマトグラフィーのように，クロマトグラフィーは薄いシート上で行うことができ，その場合，シートはしばしば分離した化合物の相対的位置を示すために染色される．もう一つの方法は，今日では生体分子に対してより広汎に使用されているもので，これはクロマトグラフィーの媒体がカラムに充填され，そこを通って移動相が流れ，分離された分子はカラムから出てくる(溶出する)順に検出されるというものである．

ペーパークロマトグラフィーや薄層クロマトグラフィーでは，ろ紙または微細に砕かれたシリカ層が支持体と固定相の役割を果たし，バルクの溶媒が通過する際に毛管現象で溶媒を固定相にトラップする役割も果たしている．ガスクロマトグラフィー(GC)では固定相は長いキャピラリーの内側表面の薄いオイルの層であり，そこを通って揮発性の試料分子を含む不活性なキャリアーガス(移動相)がポンプで添加される．

以下の節では，生体(高)分子の分離と解析に適した種々の液体クロマトグラフィーについて述べる．このような系ではしばしば高圧，高速の流れを用い，一般

に高速液体クロマトグラフィー(HPLC)や中高圧液体クロマトグラフィー(FPLC)などと呼ばれる．

7.1.1 ゲルろ過クロマトグラフィー

ゲルろ過クロマトグラフィー(サイズ排除クロマトグラフィーの一つ)では，溶液中の分子を大きさによって分離する(図7.2)．カラムにはゲル，または不溶性の架橋した多糖類(一般にセルロース，アガロースまたはデキストラン)粒子のスラリー(粉末状の固体粒子と液体の混合物)を充填する．これらの粒子は注意深く調製され，内部には種々の大きさの細孔や空洞が複雑に入り組んでいる．この場合，固定相は空洞内にトラップされた溶媒緩衝液である．空洞の大きさの範囲は，ある高分子までは入れるが，それ以上大きなものは排除されるというようなものである．その結果，高分子溶液がポンプでカラム内に送り込まれると，小さな分子はマトリックス内の長く，くねくね曲がった経路を通るのに対し，大きな分子はより速くカラムを通り抜ける．

用いられるカラムについては，既知の大きさの標準タンパク質(または他の高分子)の溶出体積を測定することによってキャリブレーションする(検量線を作成する)ことができる．これを用いて未知の試料の大きさを見積ることができる．このことはとくに多くの場合に，溶液中でそのタンパク質が二量体として存在するのか，あるいはより大きなオリゴマーとして存在するのかを決定するのに役立つ．

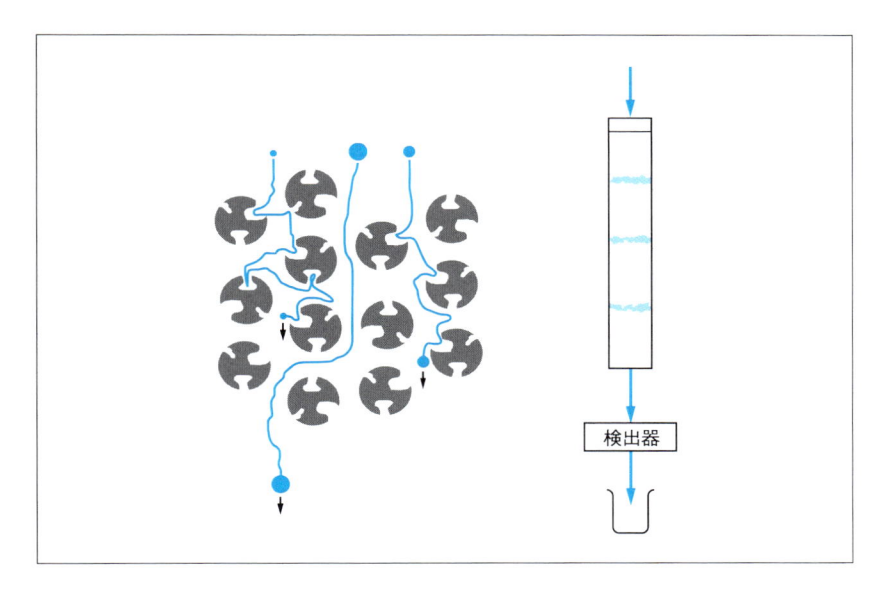

図7.2 ゲルろ過クロマトグラフィー．大きさの異なる分子はマトリックス内の異なる経路を通って流れる．大きな分子ほど短い経路を通り，そのため速く溶出する．

単量体の大きさが(アミノ酸配列またはDNA塩基配列から)既知であるとしても，それからは三次構造や四次構造について何もいえないので，ゲルろ過のような実験法は必要である．またこの方法は，異種分子が溶液中で結合するかどうか

を調べる手段ともなりうる．相互作用がある場合は大きさが異なっていても，カラムの中でともに移動すると考えられるからである．

7.1.2 イオン交換クロマトグラフィー

イオン交換クロマトグラフィーは，分子を電荷に基づいて分離する．イオン交換クロマトグラフィーでは，固定相は化学架橋した多糖類のマトリックス，または電荷の総和が正(陰イオン交換体の場合)あるいは負(陽イオン交換体の場合)の樹脂である．付随する対イオン(たとえば Cl^- または Na^+)は溶液中で遊離の状態で存在し，移動相の溶出緩衝液の相の一部になっている(図7.3)．

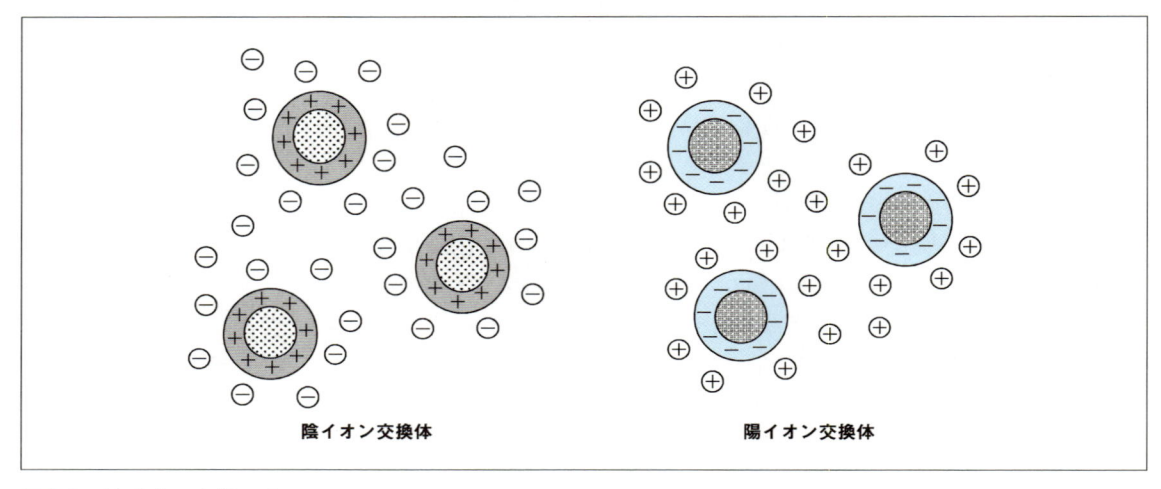

図7.3 対イオンを伴ったイオン交換ビーズ．

電荷をもつ高分子溶液がそのようなカラムを通過すると，高分子イオンは小さな対イオンと取って代わり(それゆえ"イオン交換"と呼ばれる)，静電相互作用でカラムマトリックスに吸着する．多くの場合に結合はたいへん強く，高分子はカラム物質にしっかりと結合し，試料を回収するために溶出には高いイオン強度の緩衝液(イオンの遮蔽によって静電引力を弱める)かpH変化(タンパク質の電荷を変化させる)が必要である．緩衝液のpHや濃度を注意深く最適化する(塩濃度勾配やpH勾配による溶出も含める)ことによって，非常に複雑な混合物を分離することが可能である．

陰イオン交換カラムを用いるか，陽イオン交換カラムを用いるかの決定は，分離すべき分子の電荷に依存する．とくにタンパク質の場合には，同様にpH，アミノ酸組成やタンパク質の構造に依存する．

第1章(1.8節)で，等電点はタンパク質のもつ電荷の総和がゼロになる(正電荷の数と負電荷の数が等しくなる)pHと定義された．このpHでは，溶質はイオン交換体に対して比較的弱い引力しかもたない．より高いpH(pH > pI)では H^+ が解離し，タンパク質はより負に帯電する．そうすると陰イオン交換体により強く結合する．逆に低いpH(pH < pI)ではタンパク質の総電荷は正になり，

陽イオン交換カラムにより強く結合する．

7.1.3 アフィニティークロマトグラフィー

アフィニティークロマトグラフィーは高分子の特異的な結合の性質を利用し，高分子を特定の官能基やリガンドに結合させることによって分離を行う(図7.4)．一つの例は抗体アフィニティーカラムで，これは分離したい分子に特異的な固定化抗体を含むアフィニティーカラムである．もう一つのアプローチは特異的な酵素または他のタンパク質の基質あるいは受容体に似た小さな官能基を固定化したものである．

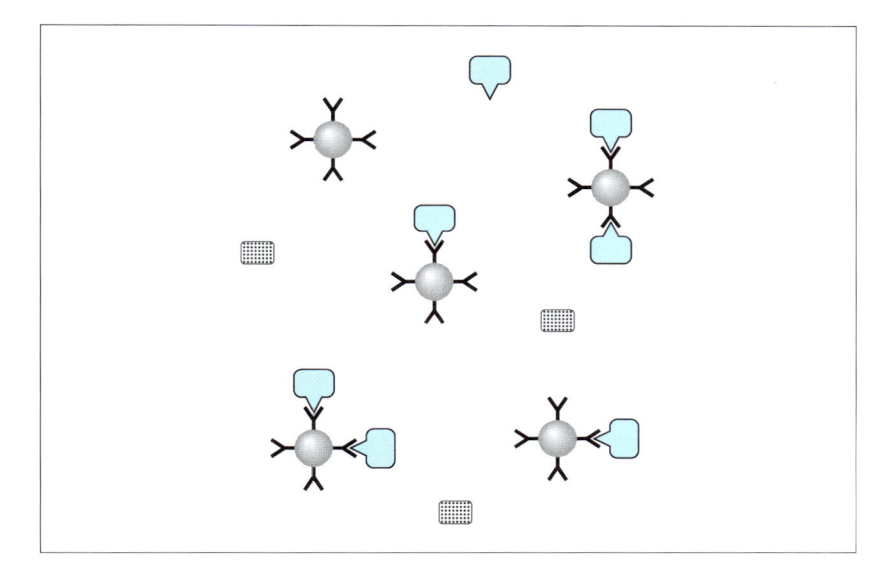

図7.4 アフィニティークロマトグラフィーのマトリックス．固定相上の官能基または受容体は，目的タンパク質の天然の標的分子を似せたものである．この結合部位をもたないタンパク質は，妨害されることなくマトリックスを通過する．

多くのタンパク質は現在では組換えDNA法によって産生される．しばしばこれらのタンパク質は融合タンパク質としてデザインされ，アフィニティークロマトグラフィーによる精製の助けとなっている．これらの方法で用いられる一つの共通なアプローチはヒスチジンタグを用いるもので，たいてい6〜10個のヒスチジンがポリペプチドの末端に連結される．ほとんどの場合にはヒスチジンタグを連結してもタンパク質は正しく折れたたみ，同時にヒスチジン配列を特異的に認識するアフィニティークロマトグラフィーによってそのタンパク質を単離することができる．ヒスチジンのイミダゾール基は金属イオン，とくにニッケルに対する親和性が強い．不活性な樹脂に結合したニッケルイオンを固定相に含むニッケルキレートカラムは，混合物の中からヒスチジンタグを連結したタンパク質を結合する．混合物中の他のタンパク質や成分はカラムから洗い流され，目的のタンパク質はpHを変化させる(つまり金属イオン結合親和性を変化させる)か，移動相中の遊離のヒスチジンまたはイミダゾールと置換することによって回収される．

アフィニティー技術を用いた多くの技術が開発されている．

7.1.4 逆相クロマトグラフィー

逆相クロマトグラフィーは，分子を疎水性または極性に基づいて分離する．

この場合，固定相は不活性な支持体(通常はシリカ)からなり，そこに長鎖の炭化水素($8～18$個の —CH_2— からなる)が結合している．（水中の）疎水性分子はこの非極性の固定相に選択的に結合し，混合物は疎水性に従って分離される(図7.5)．溶出のために，しばしば非極性の溶媒混合物と溶媒の勾配(たとえばアセトニトリル–水)が用いられる．

"逆相"という言葉は，普通のクロマトグラフィーでは固定相がより極性をもつことから使われている．

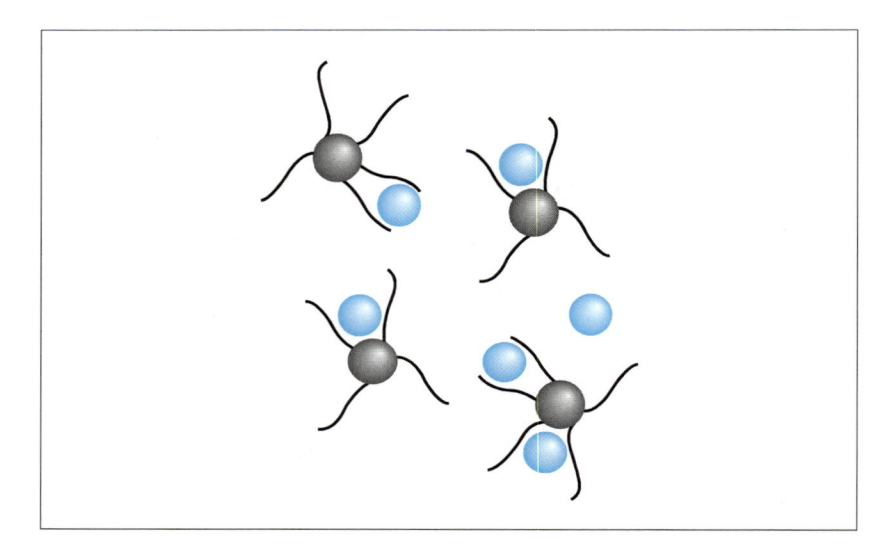

図7.5 逆相クロマトグラフィーのマトリックス．溶液中の疎水性分子(色を付けてある)は固定相に結合した非極性炭化水素と結合する傾向がある．

逆相クロマトグラフィーは普通，ペプチドや他の低分子量の生体分子の解析に用いられる．多糖支持体をより弱い疎水基(フェニル基，あるいはより短い炭化水素)で修飾した他の種類の疎水性相互作用カラムは，タンパク質の分離に用いられる．

7.2 電気泳動

電荷をもつ分子は電場中に置かれると，分子の電荷によって正または負の電極に向かって移動する(図7.6)．溶液中の分子は周りから，この運動に抗する摩擦力を受け，結果として生じる易動度は分子の総電荷と大きさ，および形に依存する．これが電気泳動の原理である．

沈降速度について述べた(4.4節)ときに導入したのと同じ考えで，定常状態では，電場 E の中の電荷 $+q$ の粒子に対して，この粒子に及ぼされる静電力は粘性による摩擦力と正確に釣り合っている．したがって

"電気泳動"という言葉は，大ざっぱには "電荷の移動" と言い換えられる．electrophoresis(電気泳動)という語は，ギリシャ語の *elektron*(琥珀)と *phoresis*(運搬)に由来する．琥珀は天然に産する絶縁物質で，太古の樹木の化石化した樹液や樹脂からでき，擦ると簡単に電荷(electric charge)を帯びることが知られていた．

7.2 電気泳動

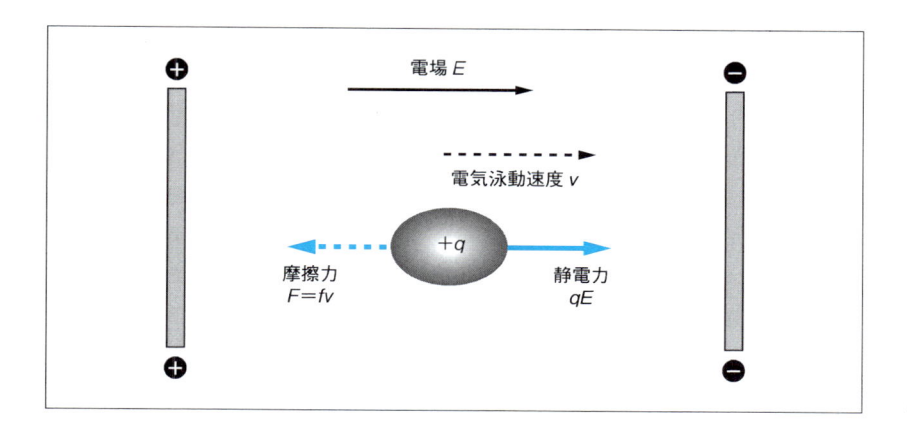

図7.6 電場における荷電粒子の運動.

$$fv = qE$$

であり，粒子の電気泳動の速度は

$$v = \frac{qE}{f}$$

となる．ここで f は以前(4.4節)に定義した摩擦係数である．実際には，事情は対イオンや他の電解質の移動のためにもう少し複雑である．しかし以上の説明は，より大きな電荷やより小さな粒子(より小さい f)が，電気泳動でより速く移動するという正しい結論に導く．

7.2.1 ゲル電気泳動

実際の目的には，生体分子のほとんどの電気泳動は単なる溶液ではなく，ゲル内で行われる．ゲルは，液体においてシャープな分離を妨げる拡散と対流を抑える．また染色が簡単にでき，実験の最後に試料を検出することもしやすくなる(図7.7)．

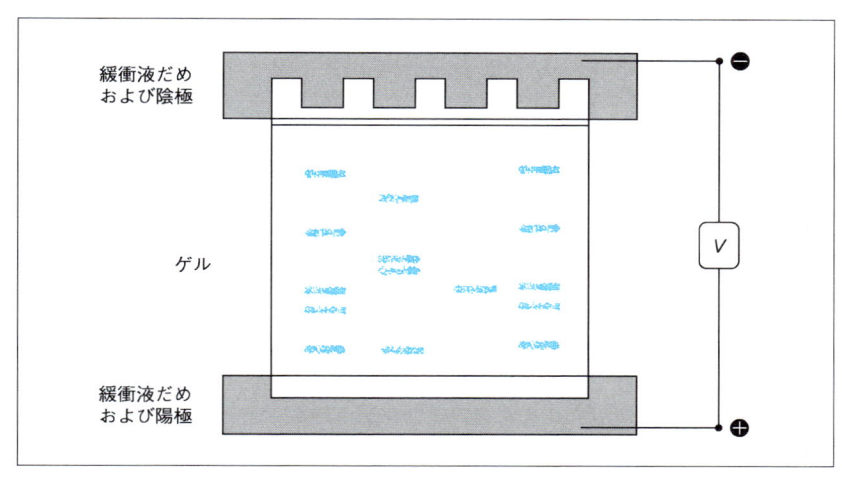

図7.7 スラブゲル電気泳動．ゲルの両端は緩衝液に浸されており，それが電極として作用し，ゲルの縦方向(この図では上端から下端まで)に大きな電圧 V をかけることができる．小容量の試料がゲル上端の四角いウェルに注入される．電圧が加えられると，(この場合)負の電荷をもった分子は電気泳動易動度に従って，異なる"バンド"となって下方に泳動される．いくつか(この図では四つ)の試料の"レーン"があり，何種類かの試料や標準試料を直接比較できるようになっている．

場合によってはキャピラリー電気泳動を使うこともできる．その場合，試料は非常に細いキャピラリーに挿入され，対流や拡散は普通は問題とならず，したがってゲルマトリックスは不要となる．

　四角いスラブゲルは普通，厚さが数 mm で，ポリアクリルアミドのような架橋したポリマーやアガロースが用いられる．ゲルはほとんどが水（緩衝液）で，ほんの数%（5〜15%）のポリマー材料を含む．このことによって，実験後に試料を保持できる比較的硬い（無理に曲げると折れるような）ゲル（すなわち硬く，曲がったり伸びたりしないゼリー）になるが，ゲルマトリックスは高分子（および緩衝液）を比較的自由に通すことができる．

　試料のバンドは（固有の色か蛍光をもっているのでなければ）電気泳動の間は普通見えないが，実験後，ゲルを特異的な染色液に浸すことによって可視化される．DNA 試料にはエチジウムブロマイド（2.4節）のようなインターカレートする蛍光色素が用いられるが，タンパク質の場合はクマシーブルーのような組織染色剤または，より高感度な銀染色によって可視化される．

　タンパク質の形や大きさはさまざまで，電荷（正も負もあり，大きさもさまざま）はタンパク質や用いる pH によって変わる．その結果，このような電気泳動では特定のタンパク質がどこに現れるかを予測することはできない（しかしSDS-PAGE では異なる．7.2.2項を見よ）．

DNA 断片のゲル電気泳動は遺伝子の塩基配列を決定する主要な方法である．1980年にサンガー（Frederick Sanger）に授与された（2回目の）ノーベル化学賞と，それに続くヒトゲノムや他のゲノムの塩基配列の決定はこれに基づくものである．

　核酸は若干単純である．DNA 分子は一般に棒状であり，（主鎖のリン酸による）負の電荷をもっており，総電荷は鎖の長さにのみ依存している．その結果，DNA の電気泳動易動度は，鎖の長さに比例することが見いだされている．DNA 断片はたった1塩基の違いで，隣り合ったバンドとして分離が可能であり，これが DNA 塩基配列の決定に利用されている．この単純な易動度と鎖長の関係を乱すもの（たとえばコンフォメーションや他の分子の結合）は，通常のバンド位置のシフトとして現れる．この事実は，DNA-タンパク質相互作用を電気泳動で測定するバンドシフトアッセイを開発するのに利用された．

7.2.2 SDS-PAGE

SDS とは sodium dodecyl sulfate の略でラウリル硫酸ナトリウムとも呼ばれ，化学式は $Me(CH_2)_{10}CH_2OSO_3^-Na^+$ である．一般的な家庭用洗剤，シャンプーの成分である．一方，PAGE とは polyacrylamide gel electrophoresis の略で，ポリアクリルアミドゲル電気泳動のことである．

　（前項で述べた）通常の（非変性状態の）電気泳動ではタンパク質の大きさに関する情報が得られないが，その点はタンパク質を強い変性剤溶液中で変性させることによって克服される．ドデシル硫酸ナトリウム（SDS）は強い変性剤で，溶液中のタンパク質の天然の構造を壊し，変性したタンパク質を包むミセルを形成する（図7.8）．

　このミセルは通常，質量比にして 1.4：1 の SDS とタンパク質を含み，大まかにはペプチド結合1個当り 0.5 個の界面活性剤分子を含む．その結果，これらのミセル粒子の大きさと（負の）電荷はおよそ元のタンパク質分子の大きさに比例し，そのため電気泳動において，タンパク質は大きさに従って（摩擦係数に依存して）移動するようになる．

　SDS-PAGE のための SDS によるタンパク質の変性は通常，タンパク質のジスルフィド結合を切断するために還元剤存在下で行う．続いて行う電気泳動は前項で述べた方法で行うが，泳動緩衝液には SDS を加える（図7.7）．

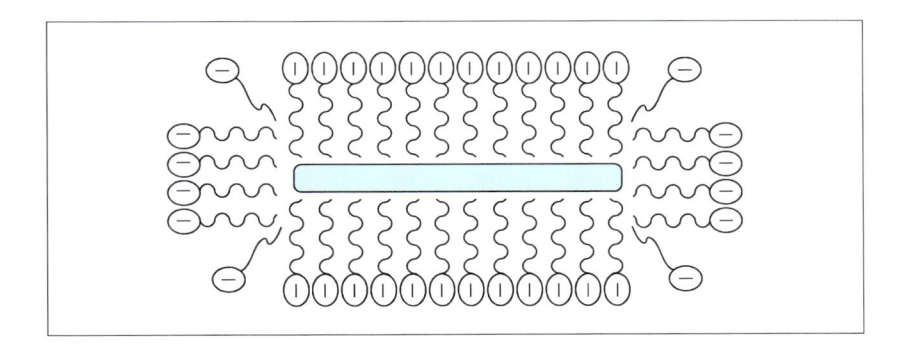

図7.8 変性タンパク質（色を付けてある）の周りに結合するSDS分子のクラスターを理想化した像．

　電気泳動易動度は，これらの条件下では大まかに分子量の対数に依存して直線的に変化する（図7.9）．これは未知試料の見かけの分子量を見積るのに利用できる[1]．しかし，これは一般的にポリペプチド鎖の分子量の粗い見積りであって，SDSの結合に関する過程に依存している．とくに著しい化学修飾，架橋，グリコシル化などを受けているいろいろなタンパク質ファミリーは，この単純な挙動からは大きくずれることがある．

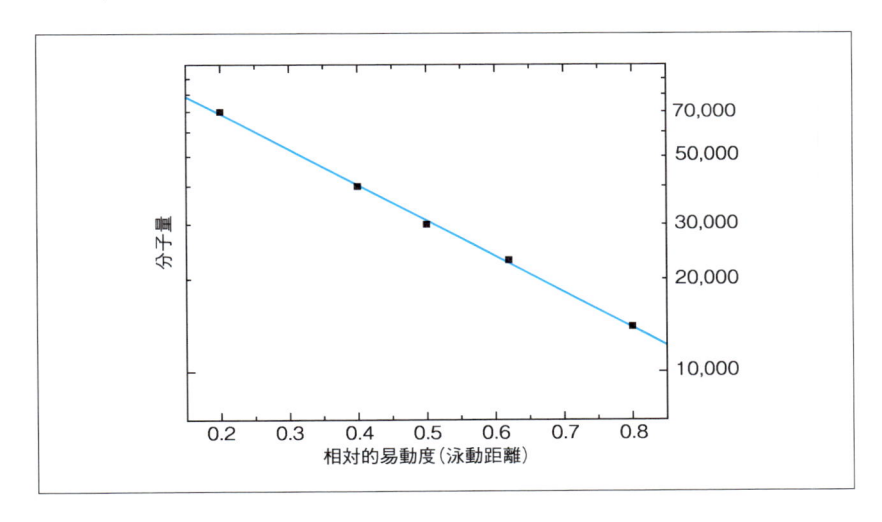

図7.9 SDS-PAGEにおける異なった大きさのタンパク質の相対的易動度．

7.2.3 等電点電気泳動

　等電点電気泳動（IEF）はpH勾配を用いた電気泳動である．タンパク質（および他の分子）は総電荷がゼロでないときのみ移動する．この電荷は，pHがpI（等電点）であるとゼロになる．等電点電気泳動中のタンパク質分子はpH勾配中を，pHが自身のpIに達するまで移動する．pIに至ると，タンパク質の電荷はゼロになり，それ以上移動しない（図7.10）．

　ゲル中のpH勾配は企業秘密で，成分は不明の，高い緩衝能をもつ低分子の両性電解質（アンフォライト）の混合物によってつくられる．

　電気泳動中に両性電解質はそれ自体がゲル中の自身のpIに等しい位置まで移

アンフォライトは酸または塩基として機能する物質である．たとえば酸性基（—COOH）と塩基性基（—NH$_2$）の両方をもっているアミノ酸はアンフォライト（両性電解質）である．pIの値の範囲は，短いポリマー中の酸性基と塩基性基の比を変えることによって得られる．

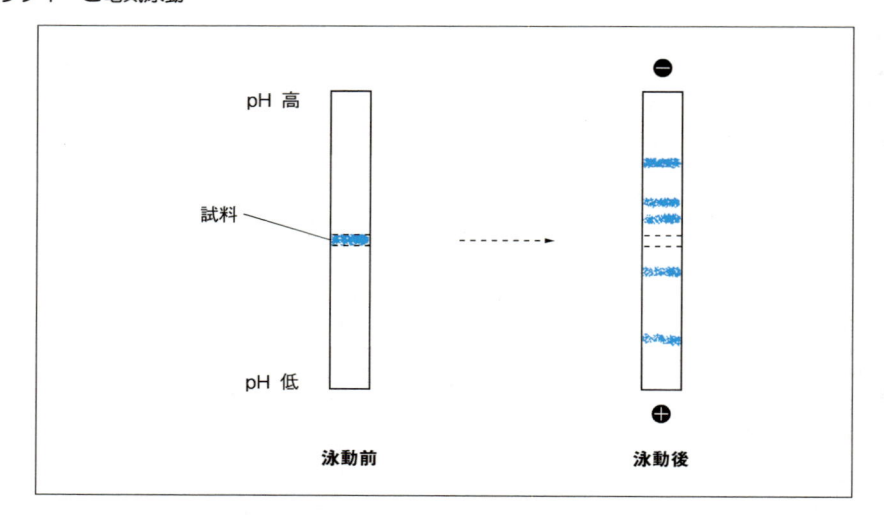

図7.10 pH 勾配中の電気泳動．異なる pI をもつタンパク質の混合物に対する等電点電気泳動．

動し，緩衝能のゆえに pH 勾配を形成する．別のやり方では，両性電解質の官能基がゲルマトリックスに結合または固定化され，ゲルが固まる前に，勾配をつけた成分の混合物を注意深く注ぎ込んで勾配がつくられる．

7.2.4 二次元電気泳動

異なる電気泳動の方法を組み合わせることによって，複雑なタンパク質の混合物をずっと高い分解能で分離することができる．たとえば1個の細胞中の異なるタンパク質はバクテリアで5,000，ヒトで50,000と見積られている．これらの多くのものが似た大きさ，電荷または等電点をもっており，一つのゲルではそれほど多数のバンドは分離が不可能である．二次元(2D)電気泳動では SDS-PAGE と等電点電気泳動(IEF)の二つの方法を組み合わせることによって，より高い分解能が得られる(図7.11)．

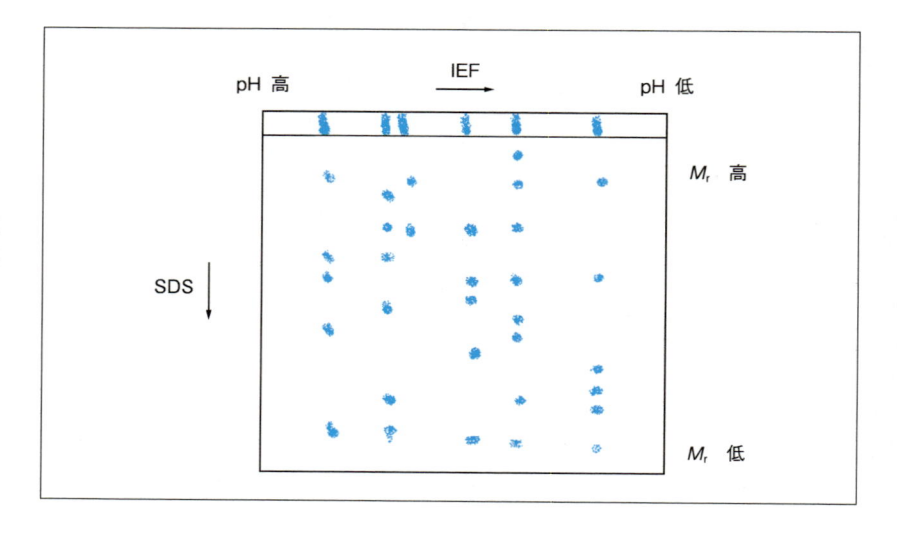

図7.11 いろいろなタンパク質の複雑な混合物の二次元電気泳動．この仮想的な例では，6個の異なるバンドだけが一次元目(IEF)で見える．しかし二次元目(SDS)で大きさによって分離すると，より多くの異なるタンパク質のバンドが現れる．

タンパク質の混合物はまず，IEF によって分離される（一次元目）．その後，このゲルは長方形の SDS スラブゲルの上部の１辺に置かれ，一次元目と直角の方向に泳動される．したがってタンパク質は，見かけの大きさ（SDS-PAGE）と pI（IEF）の両方に基づいて二次元に分離される．何千もの異なったタンパク質が，しばしばこの方法で分離される[†]．

２Ｄゲル電気泳動が現在のプロテオミクスの主要なツールである．プロテオミクスは生物のすべてのタンパク質をマップしようとするものである．第３章を参照のこと．

[†] 訳者注　分離された各スポットはさらに，ゲル内限定加水分解や質量分析によって同定される．なお，これに関連する優れた和書として平野久ほか編著，『翻訳後修飾のプロテオミクス ― 質量分析装置を中心とした分析法の原理 ―』，講談社 (2011) がある．

キーポイントのまとめ

1. クロマトグラフィーは分子を固定相と移動相の間で分配することによって分離するものである．
2. クロマトグラフィーにはさまざまな種類があり，それぞれ分子を大きさ，電荷，極性，結合親和性，またはこれらの組合せによって分離する．
3. 電場における分子の移動（電気泳動）は，移動する粒子の電荷，大きさ，形に依存する．

章末問題

7.1 ある研究チームは遺伝子組換え法を用いて，ある寄生虫から変わったタンパク質をクローニングして発現した．このタンパク質は N 末端に複数のヒスチジン残基の配列をもち，研究室の目的からバクテリアによって産生された．このタンパク質は，バクテリアの発現系からもたらされる他のタンパク質の混合物からどうやって単離できるか？

7.2 DNA およびアミノ酸配列から，問題 7.1 のタンパク質のポリペプチド鎖の分子量は 15,000 と計算され，また天然の状態では二量体として存在すると考えられた．これはクロマトグラフィーを用いて，どのように確認できるか？

7.3 上の問題（問題 7.2）は電気泳動を用いて解決できるか？

7.4 寄生虫の天然のタンパク質（問題 7.1）は長鎖脂肪酸を結合していることが知られているが，研究室で得られた組換えタンパク質は当初期待されたよりも低い結合親和性しか示さなかった．一つの可能性として単離された組換えタンパク質の結合部位には，すでにバクテリアの細胞の脂肪酸が結合しているのではないかと思われた．このような混入物はどうやって除去できるか？

参考文献

1) K. Weber, J. R. Pringle and M. Osborn, Measurement of molecular weights by

electrophoresis on SDS-acrylamide gel, *Methods Enzymol.*, 1972, **26**, 3-27.

さらに学習するための参考書

D. Sheehan, "Physical Biochemistry: Principles and Applications", Wiley, New York, 2nd edn, 2009, 第2章および第5章.

I. Tinoco, K. Sauer, J. C. Wang and J. D. Puglisi, "Physical Chemistry: Principles and Applications in Biological Sciences", Prentice Hall, Upper Saddle River, NJ, 4th edn, 2002, 第6章.

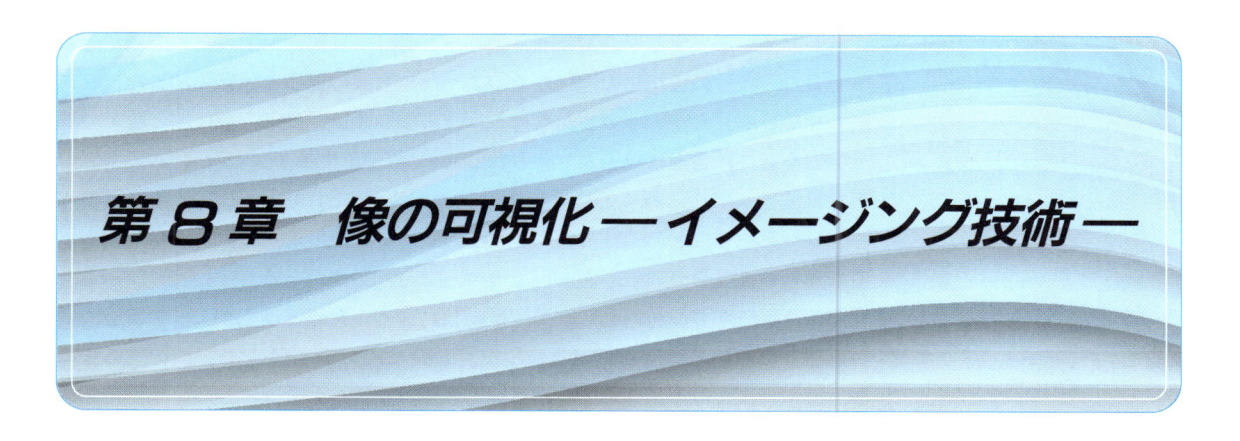

第8章　像の可視化 ―イメージング技術―

　原子や分子がどのようなものかを実際に見ることができたら，科学はもっとずっとやさしいものになるだろう．それができないのはなぜだろうか．この章（および次章）ではミクロの世界，およびそれを越えた世界の構造を視覚化する方法について述べる．

この章の目的

　ここでは電磁波と粒子線を使って，ミクロな物体の像を手に入れるための種々の可能な方法を調べる．これは非常に大きな課題であり，ほんの表面を瞥見するだけになるが，この章を読み終えたときには，読者は以下のことができるようになっている．

- 散乱波から像を再構成するために振幅と位相の両方の情報がどのように必要であるかを理解する．
- 回折の効果が，光学機器の分解能の限界にどのように影響を与えるかに気づく．
- X線散乱と結晶構造決定の基礎について説明する．
- タンパク質結晶学と位相問題の要点を述べる．
- 像の可視化（イメージング）に中性子と電子がどのように利用できるかを理解する．

8.1　波と粒子

　私たちのほとんどは幸いなことに〝自分の目で〟見る能力をもっており，心に描かれた像との関連で，自分の周囲のものや世界を解釈する．しかし，この過程のなかで，実際には何が起こっているのだろうか？　そして，それはもっとずっと小さなものにも当てはまるのだろうか？

第8章 像の可視化 — イメージング技術 —

波と粒子の二重性はド・ブロイ (Louis de Broglie) により

$$\lambda = \frac{h}{mv}$$

として初めて定量的に表現された．この式は，粒子の波の挙動を運動量と結びつけたもので，λ は波長，h はプランク定数，m は粒子の静止質量，v は粒子の速度（すなわち mv が運動量）である．

速度 c，波長 λ および振動数 f は次の基本的な関係をもつ．

$$c = f\lambda$$

振幅と位相は独立な変数である．

何かの像を形成する場合には通常，電磁波（光）の散乱，反射または透過が起こっており，多くの可視化の過程はそのような放射波の性質に依存し，またそれに制約を受ける．もう一つ気づかなければならないのは，量子力学の波と粒子の二重性のゆえに，普通は粒子と考えられるもの（電子，中性子など）が，ある条件の下では波として振る舞うということである．以下では，このことが像の可視化（イメージング）にどのように利用されているかについて述べる．しかし最初に，波の運動の性質について，ある程度復習しておく必要がある．

どんな媒質中の波の運動も波長，振動数，速度，振幅と位相によって特徴づけられる．いろいろな波の相対的な位相がどのように像を形成するかを決めるので，位相の概念はこの章でとくに重要である．図 8.1 のように二つの波の位相の差は，一方の波（実線）が時間的または空間的に他方の波（破線）よりどれだけ遅れているかを示す量であると見ることができる．波は山または谷が一致するとき〝位相が揃っている〟といわれる．また二つの波を考えたとき，一方の波の山が他方の波の谷と一致するとき〝位相が不一致である（反対である）〟といわれる．

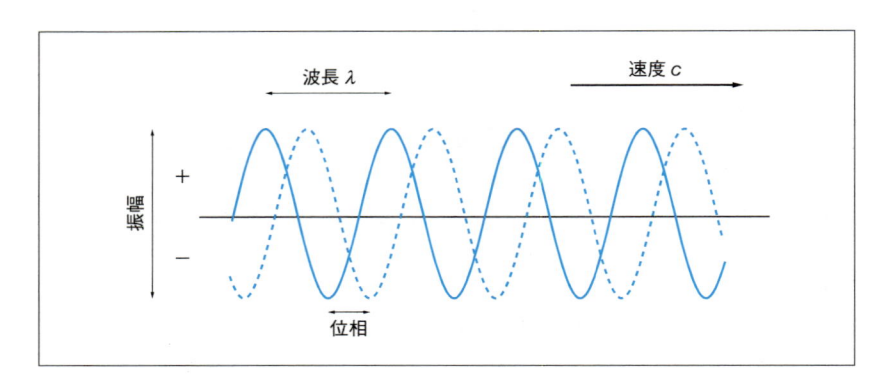

図 8.1 波は波長，速度，振幅および位相で特徴づけられる．

波が同一の振動数（または波長）をもつとき，単色（一つの色）であるといわれる．

図 8.2 強め合い干渉と弱め合い干渉．

波は一つの点からすべての方向に広がっていく（たとえば池の波紋）．別のある点から散乱された波が組み合わさったり重ね合わさったりするとき，回折や干渉が起こる．回折パターン，干渉縞，薄いフィルムで見られる色など，これらよく見られる現象は散乱光の相対的な位相に依存している．

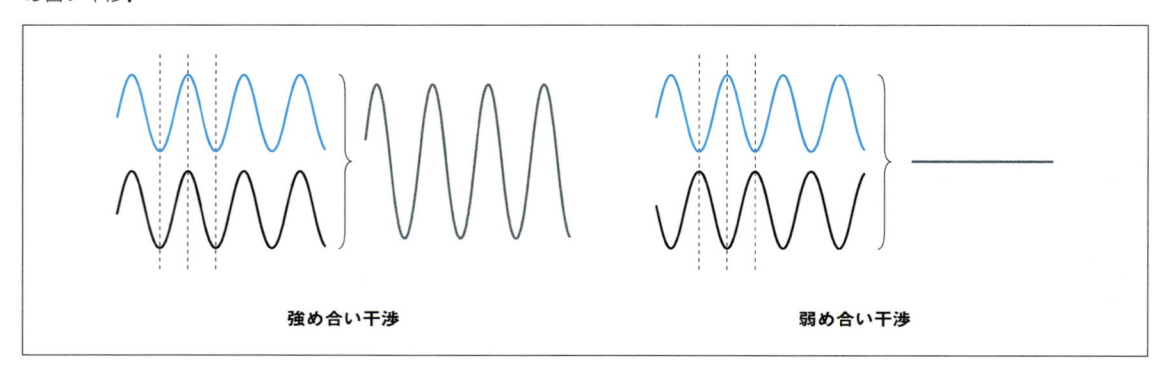

（同じ振動数の）二つの波が位相を揃えて出会うと，両者は重なり合って，振幅は両者の振幅の和になる．これが強め合い干渉として知られるものである（図8.2）．逆に，二つの波の位相が不一致である（反対である）場合には，一方の波の山は他方の波の谷と打ち消し合う．これが弱め合い干渉である．

8.2 レンズありか？ レンズなしか？ — 像の再構成 —

電磁波（光）を用いて任意の物体の像を形成するためには，散乱された光（の一部）を位相を揃えて（すなわち同じ位相で）集光しなければならない．これがレンズやミラーの機能で，可視や紫外，あるいは赤外の領域の光を用いて焦点の合った像をつくる．

光学における重要な概念はフェルマーの最小時間の原理である．これは，光は二つの点を結ぶ経路のうちで時間が最小になるような経路をとる，というものである．この原理はあらゆる種類の光学機器をつくる際に用いられる．単純なガラスのレンズを用いて像を形成する場合（図8.3），ガラスは空気よりも屈折率が高いため，物体Aによって散乱された光は，レンズを通る際に減速される．レンズにはその形のゆえに，Aから像点Bに達する多くの異なる最小時間の経路が存在する．さらに，これら異なる経路を進むのには同じ（最小）時間がかかるため，B点ではすべての波が同じ位相をもち，強め合うように重なり合って像を形成する．

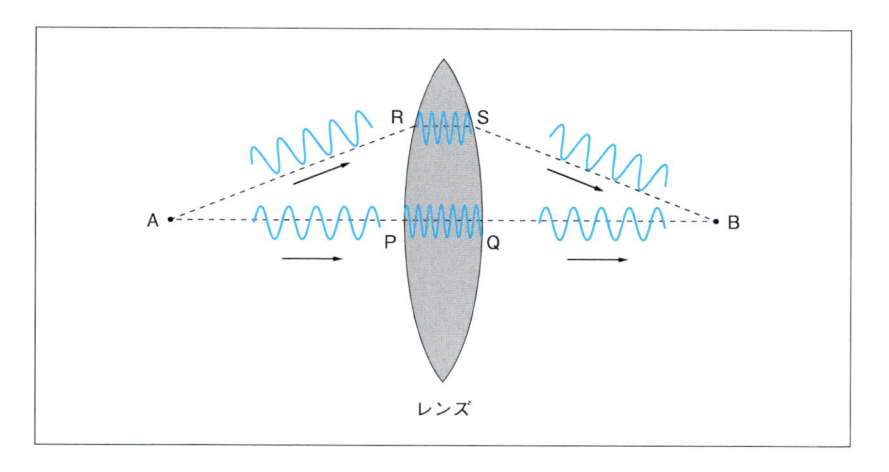

光の速度は波長にかかわらず真空中では一定（$c = 3 \times 10^8$ m s^{-1}）であるが，光（電磁波）は透明な物質を通過するときには物質の種類に応じて速度が遅くなる．その結果，屈折が生じる．すなわち光は一つの透明な媒質から別の媒質に移る際に曲がる．屈折率 n は，その速度の比として定義される．

$$n = \frac{（真空中での光の速度）}{（媒質中での光の速度）}$$

可視光での典型的な値は空気1.0003，水1.33，ガラス1.4〜1.8（種類による），眼のレンズ1.4である．

実際問題として，1枚のレンズで完全なものはない．実際のレンズはいろいろな収差が避けられない．というのは正確にフェルマーの原理を満たすような，とくにある波長領域で（屈折率は波長によって変化する）これを満たすようなレンズを設計することは困難だからである．

図8.3 レンズの仕組み．完全なレンズの形というのは，屈折率を考慮に入れ，物体Aから像点Bまでのどのような経路を通る光線も，そのかかる時間が同じになるというようなものである．たとえば経路ARSBはAPQBよりも長いが，光は速度の遅い部分（すなわちレンズ内）で短い時間しかかからず，このためすべての波はB点で同じ位相に戻る．

8.2.1 回折と分解能の限界

光学顕微鏡では強力なレンズの組合せによって拡大され，試料のぐっと近寄った像が得られる．しかし拡大の限界はどこにあるのだろうか？ より多くのレンズを組み合わせるだけでは，なぜさらに高い倍率，分子レベルまでの分解能は得られないのだろうか？ 問題は，典型的な分子の大きさ（0.5〜5 nm）が可視光

の波長(およそ500 nm)よりもずっと小さいことである．これは顕微鏡の究極的な分解能を決定する回折限界よりずっと小さい．目に見える像は散乱光を使って形成される．しかし波には回折や干渉の効果があり，物体の大きさが光の波長と同じくらいか，それより小さくなると，これらの効果が無視できなくなる．回折限界より小さくなると，普通の光学系では各物体を識別することができなくなってしまう．

二つのほんの少しだけ離れたドット(点)を顕微鏡で見てみよう．焦点に形成された像は完全ではなく，ドットのぼやけた回折像である．このぼやけた像が重なりすぎると，離れた二つのドットには見えない．これは光の波長と系の絞りに依存し，顕微鏡の分解能の限界を規定している．

レイリーの基準は，一方の物体の回折パターンの中心の極大値が，他方の物体の回折パターンの最初の極小値と一致する距離である．これが分解能の見積りを与える．

$$\phi \approx \frac{1.22\lambda}{d}$$

ここで ϕ は二つの物体の見込み角，λ は波長，d は光学絞りの直径である．

ヒトの眼について昼間の瞳孔径を約2.5 mm，日中の光を可視光の真ん中の波長領域(550 nm)とすると，明視の距離でこの分解能は0.1 mmの距離に相当する．換言すれば，目が良くて十分に明るければ，このページ上の0.1〜0.2 mmだけ離れた二つのドットを二つのドットとして区別できることになる．これは実験によって支持される．光学顕微鏡は同じ限界をもつが，像を実質的に目に近づけるので，もっと接近した2点を2点として区別できる．良い顕微鏡で高拡大率(約600倍)で見ると，理論的に区別できる距離は光の波長に近づくが，レンズの収差と絞りのサイズ，そして試料の照明により，実際の限界は理論値よりも悪くなる．

それではなぜ，もっと短い波長の光を使って解像度を上げ，普通の顕微鏡でもっと小さいものを見えるようにしないのだろうか？ 問題は実際上のことである．ガラスや，もっと特定すると石英は紫外領域(おそらく150 nmくらいまで)のレンズとして使えるが，ほとんどの物質は短い波長領域の光を吸収してしまうので，適当なレンズができないのである．別のアプローチが必要である．

8.2.2 共焦点顕微鏡および他の顕微鏡

像を構築するもう一つの方法は，光のビームで物体をスキャンし，各点で散乱された(または透過した)光の量を測定することである．これが共焦点顕微鏡および関連する顕微鏡技術の基礎であり，試料全体に光を当てて顕微鏡のレンズを通して結像する通常の顕微鏡との違いである．典型的な装置では，正確に焦点を合わせたレーザービームを用いて試料全体にわたってシステマティックにスキャン

イメージしてみよう —— 海の波は島のような大きな物体には遮られるが，小石のような小さなものに対しては，あたかも小石などなかったかのように通り過ぎる．

現在開発されつつある新しい，光学顕微鏡の回折限界を超えるかもしれない技術については文献1)〜3)に記述されている．

し，各点からの散乱光強度を測定する．スキャンビームの焦点の位置(または試料位置)を変えることによって，試料内の異なる層を選択することができ，そこで得られる強度を電気的に組み合わせることによって二次元または三次元の物体の像を得ることができる．共焦点顕微鏡の決定的に重要な構成要素は，光検出器前方の焦点と等価な点に設置されたピンホール絞りで(図8.4)，これが試料の他の深さのところから来る焦点の合っていない光を遮断する．

"共焦点"という言葉は，ピンホール絞りがこの光学配置で，レンズの焦点と対になっているところから来ている．

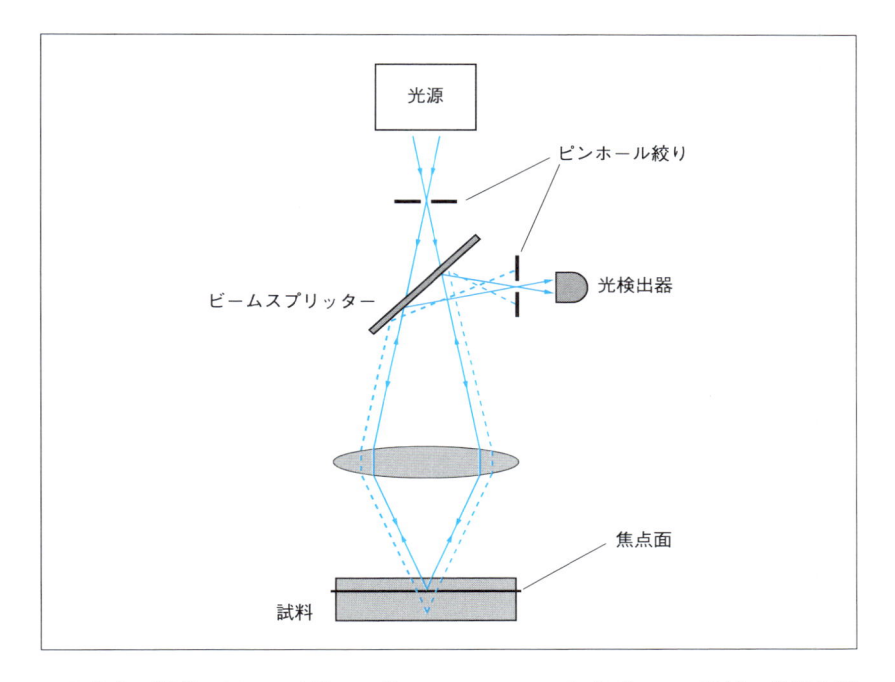

図8.4 共焦点顕微鏡の光学配置．焦点の合っていない光(破線)が検出器前のピンホール絞りでブロックされていることに注意．

共焦点顕微鏡を用いた実験では像のコントラストを上げ，その試料の特質を際だたせるために，特異的な蛍光色素で染色した試料が最もよく用いられる(2.4.5項)．これはしばしば二光子励起と対にして行われる(2.4.10項)．

共焦点顕微鏡およびそれと同様の光学配置の分解能は最終的にはスキャンに用いるスポットの大きさによって決まり，それは通常の光学顕微鏡の回折限界と同じ限界を与える(8.2.1項)．無限にシャープな光の点をつくることは不可能で，大きさが光の波長に近づくと，回折によってスポットはいつでもぼやけたものになる．

8.3 X線回折とタンパク質結晶学

回折と干渉はすべての光学機器の分解能の限界に影響し，使用する光の波長よりも小さな物体の詳細を見ることは通常できない(8.2.1項)．したがって原子レベルまたは分子レベルの詳細を見るためには，原子または分子の大きさの波長を用いる必要がある．すなわち0.1 nm (1 Å)のオーダーである．電磁波では，この

ことは X 線を意味している．しかし X 線の焦点を十分に合わせることのできるレンズやミラーはないので，別のアプローチが必要である．幸いなことに，光学顕微鏡では厄介者だった回折がここでは助けになる．本節では回折法の基礎について，とくにタンパク質や他の生体高分子の結晶構造を決定するために用いられる方法について述べる．

原理は比較的単純である．単色の X 線ビームを試料すなわち，いまの場合は結晶に当てる．X 線はこの結晶に回折され，結晶の対称性と結晶格子内の分子の構造に依存した強度と位置をもったスポットのパターンを生じる．この情報は結晶中の電子密度分布（すなわち分子構造）を計算するために利用される．そして，楽しいことが始まる……

> タンパク質の結晶作成法は 5.8.4 項に記述されている．

8.3.1 X 線の発生

歴史的には，X 線は高エネルギーの電子を金属標的に当てる実験で最初に観測され，これがそのまま実験室や医学的な応用のための最も一般的な方法となった．X 線管の中で加熱されたフィラメントから出た電子は，真空中で高電圧（40,000〜60,000 V）によって加速され，銅の標的に焦点を合わせられる．急激な減速，種々の衝突過程によって，標的原子の電子遷移に対応する特定の波長のより強い X 線とともに，ブロードな X 線スペクトルが生じる．

今日ではシンクロトロン放射光が生体分子の高分解能構造決定に一般的に用いられている．高エネルギー加速器（シンクロトロン）中を光速に近い速度で粒子（通常は電子）が円形に運動すると，赤外から X 線領域をカバーする電磁波の高い強度のビームが生じる．

> 同様な原理が旧式の陰極線管やテレビのブラウン管で用いられており，電子は蛍光体に衝突して光のスポットを生じる．

> 銅では，最も強度の高い X 線放射は 0.15418 nm（1.5418 Å）の $K\alpha$ と 0.13922 nm（1.3922 Å）の $K\beta$ として知られる．特定の波長は，異なる金属の薄片のフィルターを用いるか，X 線管で異なる金属標的を用いることによって得られる．

> シンクロトロン放射光は，当初は高エネルギー核物理学の副産物であったが，現在では生体分子構造や材料化学の研究において重要な位置を占めており，国内外，たとえばイギリスではダイヤモンドライトソース（Diamond Light Source）などの施設が建設されている．

8.3.2 X 線の検出

回折または散乱実験において，特定方向の散乱 X 線の強度を測定する必要がある．歴史的には，X 線には写真フィルムまたは写真乾板が用いられ，長年にわたって使用されてきた．しかしフィルムは化学プロセスに時間がかかり，現像されたフィルムにおける黒化度は，限定された領域においてのみ回折 X 線強度と比例関係にある．今日ではフィルムはほとんど使われなくなり，デジタルカメラで用いられているものに似た電荷結合素子（CCD．2.2.1 項参照）に置き換えられている．これらはずっと広いダイナミックレンジをもち，任意の方向に散乱した X 線の強度の二次元マップを得ることができる．

8.3.3 X 線の散乱

ここで興味の対象となる領域の X 線（0.5〜1.5 Å）は主として試料中の電子によって散乱されるもので，散乱強度は試料中の電子密度に依存している．

ここで取り上げる散乱は，X 線のエネルギー変化を伴わないもので弾性散乱（トムソン散乱）と呼ばれる．試料中の電子は，入射 X 線の振動する電場に反応

> これが X 線を医用画像へ応用する際の基礎である．水や生体の"ソフト"な組織は比較的電子密度が低い．すなわち一般に 90% 以上の X 線が変化を受けずに通り抜ける．硬い組織，すなわち歯や骨はカルシウムや他の重元素を含んでいるため，より影が出やすい．

して振動する．これはごく小さなラジオのアンテナ(2.1節)のように振る舞い，同じ振動数の電磁波を再放射するが，元の入射光と同じ方向ではない．このような散乱は通常はコヒーレント(可干渉性)で，すなわち入射光と位相が揃っている．このことは回折に決定的に重要である．

原子のX線散乱能は原子のもつ電子数と散乱の方向 θ に依存し，原子散乱因子 f によって決定される．これは前方($\theta=0$)で最も大きく，散乱角が大きくなるにつれて減少する(図8.5参照)．f は $\theta=0$ において電子の数に等しいことに注意する．

トムソン散乱は量子力学的には，禁制状態への仮想的な遷移によって生じると見ることもできる．

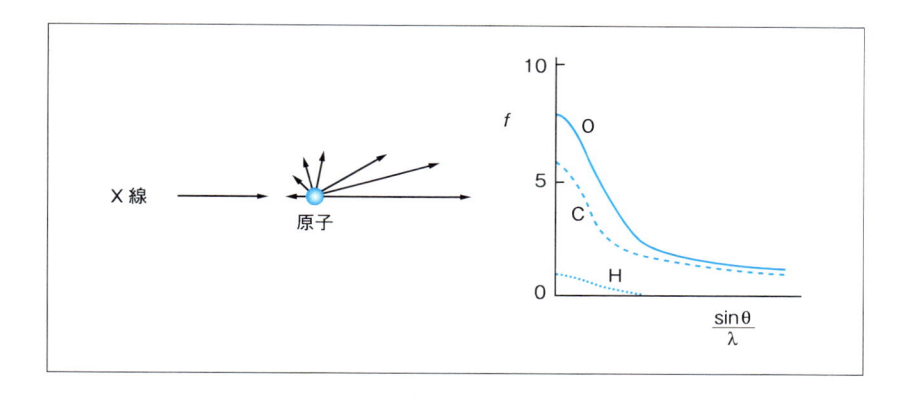

図8.5 原子散乱因子の角度依存性．X線は左側の図の矢印で示されるように，また右側の図で散乱角(θ)依存性をグラフによって示したように，異なる方向に異なる強度で散乱される(とくに前方 $\theta=0$ への散乱が大きい)．

X線は非弾性的な散乱も行う．すなわちエネルギーの損失を伴うことがある．コンプトン散乱は外殻電子との相互作用を含み，十分なエネルギーが電子に伝わって，電子は原子軌道または分子軌道からはじき出される．散乱されたX線はインコヒーレント(不可干渉性．位相が合っていない)で，低いエネルギー(長い波長)をもつ．内殻電子との相互作用は光電子吸収をもたらし，この場合も電子をはじき出すが余分なエネルギーは普通，熱として発散する．これらの過程はX線照射時に試料に，大きな損傷を与える可能性がある．

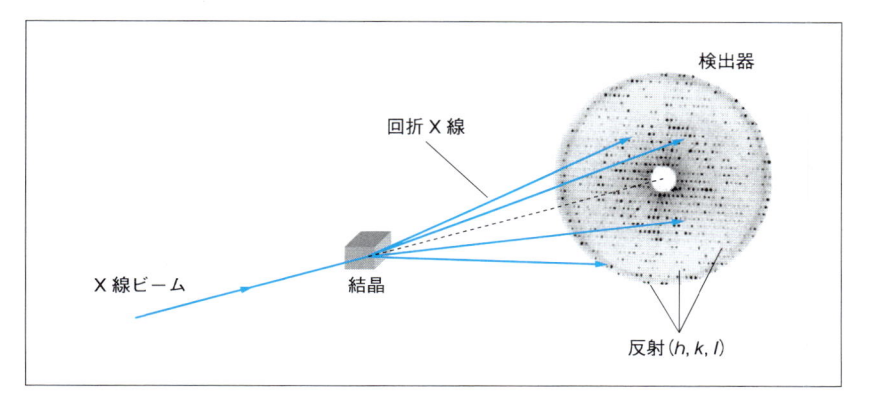

図8.6 単結晶からのX線回折．

8.3.4 回折実験

X線のビームを結晶に照射すると，ある特定の方向にX線の一部が散乱され，特徴的なスポット（あるいは反射）のパターンが検出器上に得られる（図8.6）．これらのスポットは異なる結晶格子面からの回折によるもので，結晶を回転させることによって，結晶中の電子密度を求めるための完全な回折パターンが得られる．

Box 8.1 ブラッグの法則

回折パターンの各スポットは結晶格子面に存在する原子（または分子）から反射したX線が強め合い干渉を行った結果と考えることができる．距離 d だけ離れた隣り合う平面について強め合い干渉は，反射波の間の位相差（図8.7の距離ABC）が波長の整数倍になるような角度 θ のときだけ起こる．すなわち

$$(距離\ ABC) = 2d\sin\theta = n\lambda$$

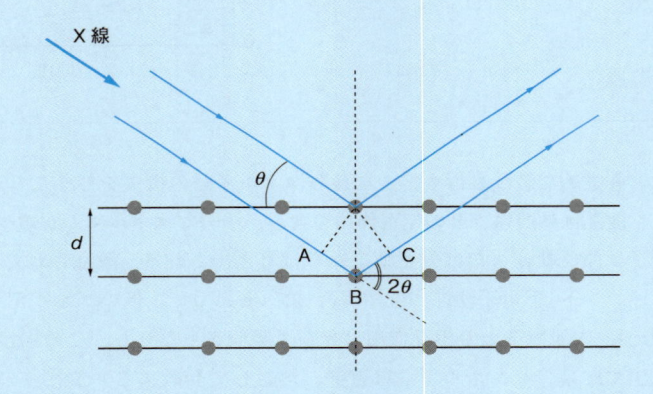

図8.7 単純な結晶からのブラッグの法則に従う回折．ビームは角 2θ で反射することに注意．

これがブラッグの法則で，1912年にこれを提案したW. L. ブラッグ（William Lawrence Bragg）にちなんで名づけられた．

各平面は $n=1$（1次），$n=2$（2次）などといった複数の反射を与えることに注意してほしい．ただし強度は高次になるほど弱くなる．格子間隔が小さい（小さな d）ほど大きな回折角 2θ を与え，その逆も成り立つことに注意する．これは高分解能の情報を得るためには，大きな回折角までデータを収集する必要があることを意味している．

W. H. ブラッグ（William Henry Bragg）とW. L. ブラッグ（William Lawrence Bragg）の父子は1915年，結晶からのX線回折に関する業績に対して一緒にノーベル賞を受賞した．

回折スポットの間隔と回折パターンの対称性は格子間隔，結晶の単位格子の大きさと対称性に依存する．各反射は，結晶面の特定のひと組（セット）からの強め合い干渉に対応し，ミラー指数と呼ばれる三つの数（整数）hkl を用いて標識（つまり指数づけ）される．

ここで，読者がどこかで学んだ対称性と結晶格子についての知識を新たにしておくことは有益である．章末の"さらに学習するための参考書"を参照のこと．

回折パターン中のスポットの対称性や間隔から，結晶の対称性や単位格子の大きさや形についての情報が得られる．しかし，これらの情報には私たちが知りたい単位格子中の構造情報は何も含まれていない．

結晶中の原子や分子に関する情報は，回折スポットの強度によって与えられる．ここで重要な量は，構造因子と呼ばれるものである．これは Box 8.2 に数学的に定義されているが，原子散乱因子(8.3.3項)とのアナロジーから，これは単位格子中の原子の組合せによって散乱される波を記述していると見ることができる．任意の反射の強度 $I(h, k, l)$ は，構造因子 $F(h, k, l)$ の振幅の2乗に次式で関係づけられる．

$$I(h, k, l) = a|F(h, k, l)|^2$$

ここで a は幾何学的因子や吸収による補正を考慮した定数であり，$|F(h, k, l)|$ は構造因子の絶対値，すなわち振幅である．

> **Box 8.2 構造因子，電子密度およびフーリエ変換**
>
> 任意の反射 (h, k, l) に対して構造因子 $F(h, k, l)$ は，単位格子中の原子のすべての原子散乱因子を単位格子中の原子の相対的な位置を考慮した位相因子によって補正したものの単位格子内の総和として与えられる．
>
> $$F(h, k, l) = \sum f(j) \exp[2\pi i\{hx(j) + ky(j) + lz(j)\}] \quad (8.1)$$
>
> ここで $f(j)$ は座標 $(x(j), y(j), z(j))$ をもつ原子 j の散乱因子で，和 $\sum$ は単位格子中のすべての原子についてとる．
>
> 電子密度 $\rho(x, y, z)$ は構造因子と次式で関係づけられる．
>
> $$\rho(x, y, z) = \frac{1}{V} \sum\sum\sum F(h, k, l) \exp\{-2\pi i(hx + ky + lz)\} \quad (8.2)$$
>
> ここで V は単位格子の体積，(三重)和 $\sum\sum\sum$ は h, k, l のすべての可能な組合せについてとる．
>
> 式(8.1)と(8.2)は，数学ではフーリエ変換として知られる．電子密度は構造因子の逆フーリエ変換であり，その逆も成り立つ．

$I(h, k, l)$ は私たちが実験によって測定する量であり，これによって各反射について $|F(h, k, l)|$ が求まる．構造因子は電子密度のフーリエ変換なので(Box 8.2)，数学的操作によって，理想的には直接に構造(電子密度)が求まるはずである．しかし残念なことに $F(h, k, l)$ は複素数で，振幅だけでなく位相をもっている波のような量(wavelike quantity)なので，計算を遂行するためには各反射の位相 $\phi(h, k, l)$ が必要である．

任意の結晶において，結晶格子の異なる方向に数多くの平面を描くことが可能である．ミラー指数 *hkl* は各平面を一意に記述する方法である．これは19世紀初頭にこの分類法を導入したイギリスの鉱物学者ミラー(William Hallowes Miller)にちなんで名づけられたものである．ミラー指数は逆格子の概念と密接に関係している．結晶格子中のひと組の面は逆格子中の点 (h, k, l) に対応している．

フーリエ変換はフランスの数学者フーリエ(Jean Baptiste Joseph Fourier)の名にちなんで名づけられているが，広汎な応用のある非常に有用な数学的ツールである．一般に任意の物体の回折パターンは，フーリエ変換によって記述される．

8.3.5 位相問題，そしてこれをどう解くか？

単結晶の回折データから電子密度(分布)を求めるには，逆フーリエ変換によって $F(h, k, l)$ を $\rho(x, y, z)$ に変換するために，各反射について振幅 $|F(h, k, l)|$ と位相 $\phi(h, k, l)$ の両者が必要である．各回折スポットの強度から振幅がわかるが，検出器は散乱X線の強度だけが測定でき，位相は測定できず，位相情報は測定で失われてしまう．その結果，別の実験が必要で，いくつかの方法がタンパク質や他の生体高分子のために開発されてきた．

初期に開発された方法の一つは重原子誘導体を作成する方法で，低分子結晶構造解析のために開発された同型(isomorphous)置換法を拡張したものである．水銀のような重原子は適切な塩溶液に結晶を浸すことによって，特異的なタンパク質の結合部位に結合させることができる．電子密度の高い重原子はずっと強いX線散乱を生じ，各構造因子(式8.1)に測定可能な変化を与え，位相や振幅に微妙な変化をもたらす．重原子誘導体の回折データを元の結晶の回折データと比べ，金属の結合がタンパク質の構造に大きな変化を与えないと仮定すれば，結晶内の重原子の位置を決定することができる．ここから各構造因子の位相角が求められる．実際には，一つの誘導体からの回折データの解析からは，可能な対になった位相 $\phi(h, k, l)$ が各反射に与えられるので通常，あいまいさをなくすには二つまたはそれ以上の誘導体を使う必要がある．しかし重原子は波長特異的にX線を吸収し，散乱波の振幅と位相の両方を変化させるので，この異常分散によって位相のあいまいさを解消することができる．

最近になって組換えDNA法により，非標準的なアミノ酸を取り込ませたタンパク質を発現，精製できるようになってきた．一つのアプローチでは，培地に通常のメチオニンの代わりにセレノメチオニンを入れてバクテリアに取り込ませる．この方法によって，発現したタンパク質(この場合，メチオニンのSの代わりにSeをもつ)の特異的な位置に重原子を導入することができるようになった．この置換は普通，タンパク質の構造にはほとんど影響を与えない．こうして得られたタンパク質は結晶化され，前と同様に回折データが収集される．しかしシンクロトロンからのX線の波長を正確に変化させることができるようになって，異常分散を位相問題を解くために駆使することができるようになった．多波長異常分散(MAD)法では同じ結晶から正確なデータを収集できることが求められるが，このとき重原子の吸収端のピークと変曲点に対応する異なるX線の波長を用い，同時に吸収端から離れた波長でのデータもさらに必要である．得られるデータは重原子の位置を推定し，それによって位相問題をあいまいさなく解決できる．この方法が現在，新しいタンパク質の構造を解く選択肢になっている．

類似の分子構造がすでに解かれている(または計算されている)場合には分子置換法を用いて位相計算の初期値を得ることができる．類似のタンパク質(と考えられるタンパク質)のすでに決定された原子座標を用い，回転・並進操作によっ

---

isomorphous(同型)という言葉はギリシャ語の "同じ形" という意味の語から派生している．化学結晶学における位相問題を解決するための重原子法と同型置換法はロバートソン(John Monteath Robertson．1942年から1970年までグラスゴー大学化学科教授をつとめた)によって最初に開発された．1939年，彼はインシュリンの構造がこの方法で解けることを予言したが，この構造は最終的にホジキン(Dorothy Mary Crowfoot Hodgkin)と彼女のオックスフォードのグループによって1969年に決定された．

セレノメチオニン(2-アミノ-4-メチルセラニル-ブタノン酸)は側鎖に，メチオニンの場合の $-CH_2-CH_2-S-CH_3$ に換えて $-CH_2-CH_2-Se-CH_3$ をもつ．

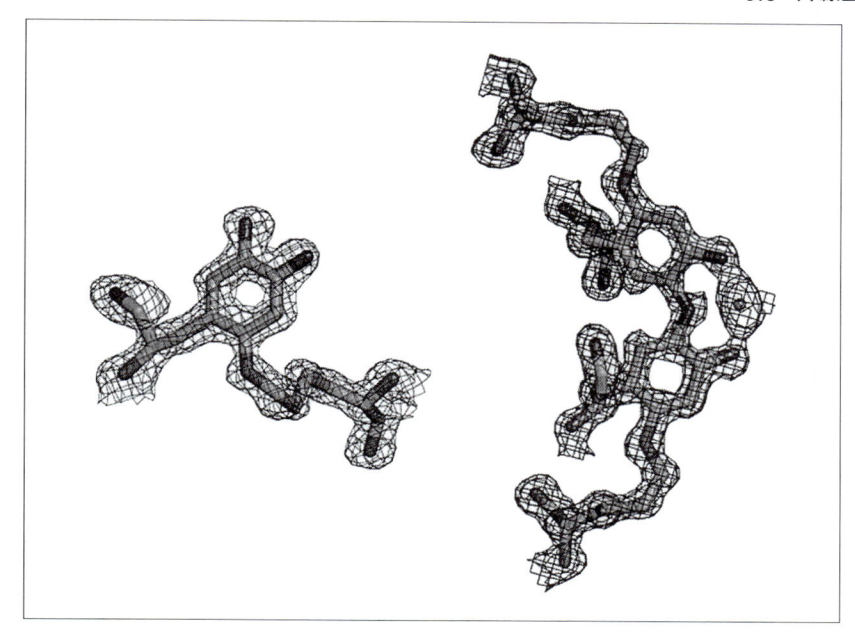

図 8.8 タンパク質結晶の高分解能 X 線回折から得られた電子密度マップの一部. 金網状のグリッドは分子モデルにフィットする実験データ(電子密度の等高線)を示している.

て新しいデータのフィッティングを行い,位相を求める.さらに分子モデルと X 線データの一致を改善するために,コンピュータによる反復法を用いることができる.

8.3.6 構造の組立て

X 線回折実験が成功すると,最後に電子密度マップが得られる.これは通常,二次元または三次元の等高線のひと組(セット)として表示され,結晶単位格子内の電子密度を表す(たとえば図 8.8 参照).このマップ中に見える詳細の程度(すなわち分解能)は元の回折データの質に依存し,この段階で,あいまいさを除き,結晶単位格子内の合理的な分子の構造モデルを構築するために化学的な直感や経験がしばしば必要とされる.このモデルは注目する高分子だけでなく,結晶成長のための培地に含まれる水,塩その他の成分を含む可能性があることを記憶しておく必要がある.水分子や緩衝液のイオンは時折見えるが,一般的には必ずしも特異的な位置に結合するわけではなく,電子密度中のバックグラウンドノイズとなる.ほとんどの場合(少なくともタンパク質では)アミノ酸配列が既知であり,普通はポリペプチド鎖の電子密度を定め,トレースするのに,この情報を用いることができる.側鎖はさらに見えにくいことが多い.

この段階で,構造モデルの立体化学が満足のいくものであり,また電子密度のデータと一致することを確認するために,構造精密化のプログラムがよく用いられる.

この段階でコンピュータグラフィックスによる生体分子の印象的な画像に魅惑されるのはたやすいことである.しかし常に頭に入れておかなければならないのは,これらは(普通)静止したマンガであって,その画像はもともとの実験データ程度にしか良いものでないということである.

8.4 繊維回折と小角散乱

結晶ほど秩序が高くない試料でも回折効果のある場合があり，有益な構造情報を与えることがある．たとえば繊維中の分子の二次元の規則性は側方の間隔と，繊維の長さ方向の分子の規則性についての情報を含む回折パターンを与える．

このような回折の有名な例は湿った(moist)DNA 繊維の X 線回折パターンで，最初に 1953 年，ロザリンド・フランクリン(Rosalind Franklin)と共同研究者のゴスリン(Raymond Gosling)によって行われたものである[4]．この回折パターンは 3.4 Å の塩基のスタッキング距離と一致するブラッグ反射を示し，また(同時に発表された論文[5]の)ワトソン-クリックの二重らせんモデルと一致する 34 Å の周期性に対応した，より低角の回折を示していた．低角の繊維回折は，より大きなスケールの分子のパッキングに関する情報を与える．

> 低角の回折がより大きな周期性(より大きな格子間隔)に対応し，そしてその逆も成り立つというブラッグの法則(Box 8.1)を思い出すこと．

例題 8.1

Q 結合組織(皮膚，骨，腱など)はコラーゲン繊維からなり，トロポコラーゲン分子が側面で接して集合している．各トロポコラーゲン分子は長く細い 3 本鎖ヘリックス分子で，長さ 3,000 Å，直径 15 Å である．波長 1.5418 Å の X 線を用いて，配向したコラーゲン繊維からの回折実験を行ったところ繊維軸に沿った 0.1381° の低角の回折が得られた．これは格子間隔がいくらであることを示しているか？

A ブラッグの法則(Box 8.1)

$$2d \sin \theta = n\lambda$$

を用いる．散乱角について $2\theta = 0.138°$ だから

$$\theta = 0.069°$$

よって格子間隔は

$$d = \frac{n\lambda}{2\sin\theta} = \frac{1.5418}{2\sin 0.069°} = 640\,\text{Å} = 64\,\text{nm}$$

ただしここで 1 次を仮定し $n = 1$ とした．

この間隔は，この分子の直径(15 Å)とも長さ(3,000 Å)とも明らかな関係はないことに注意する．この値は実際には，繊維中のトロポコラーゲン分子が側面で，規則性をもってずれながら会合する周期性を表している．分子は側面でちょうど重なるように並んでいるのではなく，長軸方向に 640 Å ずつずれて会合している．この周期性は，結合組織の電子顕微鏡像でもはっきりと見ることができる．

溶液中の高分子の小角散乱は分子の大きさや形について低分解能の情報を与える．しかし各分子の詳細な回折パターンは，溶液中の分子の不規則な動きや回転

のゆえに不鮮明で，そこから位相情報を得る方法はない．通常の実験的アプローチは，実験で得られたX線散乱のデータ（散乱強度を散乱角に対してプロットする）と，いくつかの異なる形や大きさのモデルについての理論計算の結果とを比較することである．

8.5　中性子回折と中性子散乱

　回折と散乱の効果は，適切な運動エネルギーの中性子ビームを用いて観測できる．室温で熱運動と同等の運動エネルギー(5.1節)をもった熱中性子は平均 $2,700 \mathrm{~m~s^{-1}}$ の速度をもち，$0.15 \mathrm{~nm}(1.5 \mathrm{~Å})$ のドブロイ波長をもつ．これは中性子が原子・分子レベルで波のように振る舞い，X線と同じように回折や散乱実験から構造情報を得ることができることを意味している．

　原子の周りの電子雲と相互作用するX線と異なり，中性子の散乱は主として原子核との相互作用に由来している．中性子は（電荷をもたない）中性粒子であり，運動の経路は静電的な効果をあまり受けないが，原子核の近くに達すると大きな核力の影響を受ける．異なる原子核は異なる中性子散乱の性質をもつ．

　たとえば水素の原子核との相互作用は，とくに強い．これはX線散乱では，電子密度が低いために水素を見ることが困難であることと対照的である．これは中性子回折実験が，X線では通常は間接的にしか見えない水素原子の位置について，より詳細な情報を得るために利用できることを意味している．

　中性子散乱はまた同位体効果にも非常に感度が高い．たとえば重水素核(1個の陽子と1個の中性子からなる)の中性子散乱は，水素原子核(1個の陽子)の散乱とは大きく異なる．その結果，水素-重水素交換実験(6.4節)では，X線では見えなかったものが中性子によって大きな効果として現れる．通常の水 H_2O と重水 D_2O を種々の割合で混合することによって，中性子ビームに対して実効的に透明であるような緩衝液を調製することが可能で，これを用いると試料分子だけが現れて見える．このコントラストマッチング法はとくに中性子小角散乱実験に有用で，異なる試料の特性が溶媒のバックグラウンドに対して増強されて浮き出てくる．

8.6　電子顕微鏡

　ものの像を形成するもう一つの方法は，光（または粒子）のビームを当ててスクリーンでその影を見ることである．影は物体の不透明な部分の外形について二次元の表示を与える．もし照らすビームがすえひろがりであれば，影の像は拡大される．

　粒子は波のように振る舞うことができ，電子のビームは電磁場によって焦点を合わせることができる．これが電子顕微鏡の基礎であり，（真空中の）電子ビーム

研究目的の中性子ビームは通常，原子炉内でのウラン原子の分裂によって，または陽子の高エネルギービームが金属標的に打ち込まれるときに生成する．家ではどちらも試さないで下さい！

を使って小さな物体の焦点の合った像をつくる．

> ### 例題 8.2
>
> **Q** 100 keV の電子のドブロイ波長はいくらか？
>
> **A** 速度 v で飛行する質量 m の粒子のドブロイ波長は次のように計算できる．
>
> $$\lambda = \frac{h}{mv}$$
>
> ここで h はプランク定数で 6.626×10^{-34} J s である．
>
> 一方，運動エネルギーは
>
> $$E = \frac{1}{2}mv^2 = \frac{(mv)^2}{2m}$$
>
> で，したがって運動量は次のように書ける．
>
> $$mv = (2mE)^{1/2}$$
>
> よってドブロイ波長は
>
> $$\lambda = \frac{h}{(2mE)^{1/2}}$$
>
> となる．
>
> 1 eV の運動エネルギーは 1.6×10^{-19} J に相当する．したがって，いまの場合
>
> $$E = 100 \text{ keV} = 1.6 \times 10^{-14} \text{ J}$$
>
> で，1 電子当り $m = 9.1 \times 10^{-31}$ kg だから
>
> $$\lambda = \frac{6.626 \times 10^{-34}}{\{2 \times (9.1 \times 10^{-31}) \times (1.6 \times 10^{-14})\}^{1/2}}$$
>
> $$= 3.9 \times 10^{-12} \text{ m}$$
>
> $$= 3.9 \text{ pm}$$
>
> $$= 0.0039 \text{ nm}$$
>
> これは典型的な分子よりずっと小さいので，このような電子ビームはフォーカシングのための適切なレンズさえあれば像の可視化（イメージング）に利用することができる．

電子銃と電磁フォーカシングレンズは昔ながらのテレビのブラウン管で見られるものと原理的によく似ている．

透過型電子顕微鏡（TEM）はスライドや映画のプロジェクターに似ているが，光でなく，電子を用いている（図 8.9）．電子ビームは試料（スライド）の位置で焦点を合わせ，大きなスクリーンに投射されて 100,000 倍程度，あるいはそれ以上の拡大率が得られる．試料はごく薄いことが必要で，少なくとも電子がある程度は透過しなくてはならず，すべては高真空中に置かれる．そうしないと，電子ビームが空気によって散乱されてしまう．得られた像は，試料の異なる部位の電子

8.6 電子顕微鏡　173

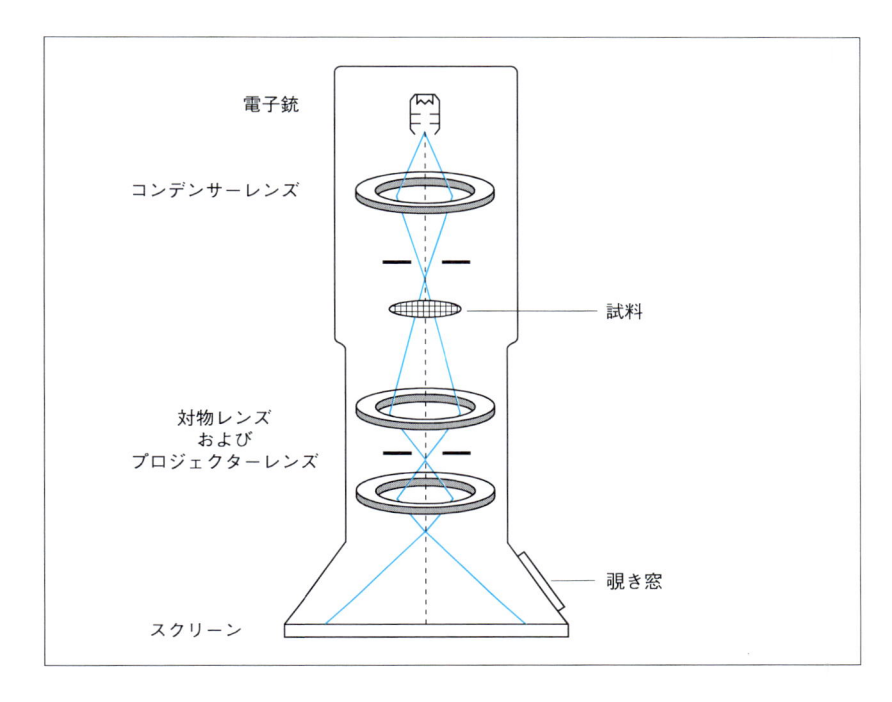

図 8.9 透過型電子顕微鏡の基本的なレイアウト．電子銃から出る単色の電子は電磁コンデンサーレンズによって焦点を合わせ，試料に照射される．試料を透過した電子は集められ，電磁対物レンズとプロジェクターレンズによってスクリーン上に像を形成する．像は写真乾板，または電子デバイスによって記録される．

散乱能を表している．

1個の(高)分子を見るために電子顕微鏡を用いることの主要な欠点はコントラストと，ビームによる試料の損傷である．試料分子の電子密度は通常，担体または試料が置かれる支持フィルムと非常に近いので，背景に対して見えるようにすることが難しい．コントラストは(高い電子密度をもった)重原子で染色して増強されるが，同時にこれが像の分解能を下げることになる．電子ビームへの試料の露出は，高エネルギーの電子の吸収による損傷も与える．これは試料ステージを冷却することによって(クライオ電子顕微鏡)，また弱いビームで短時間だけ露出することによって軽減できる．このような注意を行っても単一分子の鮮明な像が得られることはまれで，最も成功している方法は，別べつの観察で得られた多くの像を重ね合わせて1枚の分子の像を得ることである．

より厚い試料の表面構造は走査型電子顕微鏡(SEM)によって調べることができる．これは電子の細いビームで試料表面をスキャンし，試料表面から散乱する二次電子を電気的に検出するものである．二次電子は金属表面の伝導電子との電子衝突で最も生成する(光電効果とのアナロジーによる)ので，SEMの試料には通常，より見えるようにするために金の薄膜を蒸着する．これは詳細な構造の観察を制限することにもなる．

SEM(走査型電子顕微鏡)とSTM(走査型トンネル顕微鏡．9.3節参照)とを混同しないように注意．

キーポイントのまとめ

1. 散乱光からの像の形成には，波が位相を揃えて再結合されることが必要である．
2. 光学顕微鏡ではこれは自動的に行われ，数百ナノメートルの大きさのものまでは見ることができる．しかし回折限界があり，また適切なレンズがないことにより，それ以下の大きさのものを見ることはできない．
3. 位相が既知であれば，結晶からのより短い波長（X線）での回折により，散乱波を数学的に再結合できる．これがタンパク質の結晶構造決定法の基礎である．
4. 同様の方法で中性子の波の性質を利用し（中性子回折と中性子散乱），また高エネルギーの電子ビームのもっとずっと短い波長のドブロイ波を利用する（電子顕微鏡）ことができる．

章末問題

8.1 ヘモグロビンとミオグロビンは酸素の結合，輸送，交換に重要なタンパク質で，X線回折法によって1950年代および1960年代に最初に結晶構造が決定されたタンパク質の一つである．ペルツ（Max Ferdinand Perutz）はこの研究によってノーベル賞を共同受賞した科学者の一人で，しばしばこのタンパク質構造において酸素分子が結合部位に入り，出て行く経路が不明であることを指摘していた．これは構造が間違っていることを意味するのだろうか？　考察せよ．

8.2 ロザリンド・フランクリンの湿った（moist）DNA 繊維のX線回折実験（1952年ごろ）のデータでは 26.2°に1次のブラッグ反射が観測された．用いたX線の波長は 1.5418 Å であった．これは格子間隔がいくらであることに対応するか？　また，これからDNA分子の構造に関して何がわかるか？

8.3 20℃における熱中性子の平均速度とドブロイ波長を計算せよ．ただし中性子の質量を 1.67×10^{-27} kg とせよ．

参考文献

1) E. H. K. Stelzer, Light microscopy: Beyond the diffraction limit?, *Nature*, 2002, **417**, 806-807.
2) S. W. Hell, Far-field optical nanoscopy, *Science*, 2007, **316**, 1153-1158.
3) P. J. Walla, "Modern Biophysical Chemistry: Detection and Analysis of Biomolecules", Wiley-VCH, Weinheim, 2009, 第7章.

4) R. Franklin and R. G. Gosling, Molecular configuration in sodium thymonucleate, *Nature*, 1953, **171**, 740-741.
5) J. D. Watson and F. H. Crick, Molecular structure of nucleic acids : a structure for deoxyribose nucleic acid, *Nature*, 1953, **171**, 737-738.

さらに学習するための参考書

J. P. Glusker and K. N. Trueblood, "Crystal Structure Analysis : A Primer", Oxford University Press, Oxford, 2nd edn, 1985.

第9章 1分子

　個々の分子がどう振る舞うかを見る機会はほとんどない．ほとんどの場合，測定される量は多くの分子の平均の効果である．結晶学的に，またはNMRによって決定された分子構造は非常に多数の分子の時間平均と数平均である．しかし生きている細胞の挙動は，たった1個の分子の結果かも知れない．たとえばDNA上の一つの部位へのたった1個のリプレッサーの結合が細胞全体の挙動に影響を与えることはありえる．これをどうやって研究できるだろうか？　分子は常に動いており，個々の分子に注目して調べることは非常に難しい．本章では現在，この問題に取り組むために開発されつつあるいくつかの方法について述べる．

この章の目的

この章を読み終えたとき，読者は次のことができるようになる．
- いろいろな環境に存在する分子の数を推定する．
- 1個の分子のゆらぎの性質を理解する．
- 1分子を研究する方法のいくつかをあげられる．
- 原子間力顕微鏡と光ピンセットの基本的な原理を述べる．
- 単一分子の蛍光について述べる．

9.1　1本の針の先端に何個の分子を乗せられるか？

　神学者はかつて針の頭の上に何人の天使が立つことができるかと議論した．しかし天使を見たことのある人はほとんどいないので，この問題を解くのは難しかった．1個の分子を見たことのある人もほとんどいない．これを数えることはできるだろうか？　以下の例題は，これをどうやって考えたらよいかを気づかせてくれるはずである．

例題 9.1

Q $1\,\text{mg cm}^{-3}$ の高分子溶液 $1\,\text{cm}^3$ 中には分子量 50,000 の分子が何個あるか？

A 溶液中には $1\,\text{mg}$ の分子があって，これは

$$\frac{1 \times 10^{-3}}{50{,}000} = 2 \times 10^{-8}\,\text{mol}$$

個数に直すと

$$(2 \times 10^{-8}) \times (6 \times 10^{23}) = 1.2 \times 10^{16}\,\text{個}$$

例題 9.2

Q 同じ溶液 $1\,\mu\text{m}^3$ 中には何個の分子があるか？

A まず μm^3 を cm^3 に直すと

$$1\,\mu\text{m}^3 = (1 \times 10^{-4})^3\,\text{cm}^3 = 1 \times 10^{-12}\,\text{cm}^3$$

よって上の例題の結果から

$$(1.2 \times 10^{16}) \times (1 \times 10^{-12}) = 12{,}000\,\text{個}$$

例題 9.3

Q 直径約 1 ミクロン ($1\,\mu\text{m}$) の典型的な小さなバクテリアを考える．この 1 匹の細胞の中にある 1 個の分子があったとすると，この分子の有効モル濃度はいくらか？

A 細胞のおよその（細胞の詳細な形はわからないので）体積は直径の 3 乗として

$$1 \times 10^{-18}\,\text{m}^3 = 1 \times 10^{-15}\,\text{dm}^3$$

である．ここで $1\,\text{m}^3 = 1{,}000\,\text{dm}^3$ の関係を用いた．1 個の分子が $1 \times 10^{-15}\,\text{dm}^3$ 中にあることがわかったので，これは $1\,\text{dm}^3$ 中に 1×10^{15} 個の分子があることになる．個数をモル数に直せば

$$\frac{1 \times 10^{15}}{N_\text{A}} = \frac{1 \times 10^{15}}{6 \times 10^{23}} = 1.7 \times 10^{-9}\,\text{mol dm}^{-3} = 1.7\,\text{nmol dm}^{-3}$$

1辺が d の立方体の体積は d^3 である．直径が d の球の体積については

$$\frac{4}{3}\pi r^3 = \frac{\pi}{6}d^3 \approx \frac{1}{2}d^3$$

が成り立つ．

例題 9.4

Q 典型的な小さな球状タンパク質は直径が約 $2\,\text{nm}$ である．これらの分子を隣り合うように

(a) 1 辺 $1\,\text{cm}$ の四角い切手の上

(b) 直径 1 mm の針の頭の上

(c) 非常に鋭い直径 10 nm の針の先端

に並べるとすると，いくつ並べられるか？

A 正方形の二次元の配列を仮定すると，各分子が占める面積は

$$2 \times 2 = 4\,\text{nm}^2 = 4 \times 10^{-14}\,\text{cm}^2$$

したがって

(a) 切手の上には $1/(4 \times 10^{-14}) = 2.5 \times 10^{13}$ 個だけ置ける．

(b) 針の頭の上には $(0.1 \times 0.1)/(4 \times 10^{-14}) = 2.5 \times 10^{11}$ 個だけ置ける．

(c) 針の先端には $\{(1 \times 10^{-6}) \times (1 \times 10^{-6})\}/(4 \times 10^{-14}) = 25$ 個だけ置ける．

例題 9.5

Q 第1章で見たように，ヒトゲノムを構成する約 3×10^9 の塩基対は端から端を引っ張って伸ばすと 1 m に達する．これをできる限り硬く巻き上げて一つのボールにすると，直径はいくらになるか？

A ごく粗く，各 DNA 塩基の分子量が 600 とすると，ゲノム全体の分子量は

$$600 \times (3 \times 10^9) = 18 \times 10^{11}$$

で，したがって1個の分子は約 3×10^{-12} g である．

核酸の密度は約 $1.4\,\text{g cm}^{-3}$ (水は $1.0\,\text{g cm}^{-3}$) なので，ゲノム1分子は $10^{-12}\,\text{cm}^3$ くらいである (ここではおよその丸めた数値にしてある)．これは立方体にすると1辺が $10^{-4}\,\text{cm}$ (1ミクロン) になる．

典型的な動物の細胞は 10～100 ミクロンである．細胞核（ゲノム DNA を含んでいる）は細胞の状況によるが，直径 5～20 ミクロンである．

9.2 熱力学的ゆらぎとエルゴード仮説

原子や分子は（絶対零度を例外として）決して静止しない．すべてのものは分子レベルでは熱運動の影響下で常に動き，回転し，振動し，隣の分子と衝突している．これが熱と呼ぶものである．普通の日常で出会う物体では，こうした激しい運動を感じることはできない．熱さ，冷たさ，圧力などはこれら分子の運動の結果であって，分子一つひとつの動き（ゆらぎ）を感じることはない．それは，この現象に関与する莫大な数の分子の作用が平均化して，差し引きゼロになってしまうからである．では1分子のレベルではどうなのだろうか？

もちろん 0 K では量子力学的なゼロ点エネルギーがあるが，これは古典力学的な意味での運動があるということではない．

例題 9.6

Q 任意の物体の平均熱運動エネルギーは $(3/2)kT$ である．分子量 25,000 の高分子の並進運動の根2乗平均速度は 37 °C でいくらか？

A 平均運動エネルギーを考えると

$$\frac{1}{2}m\langle v^2 \rangle = \frac{3}{2}kT$$

したがって根2乗平均速度は

$$\langle v^2 \rangle^{1/2} = \left(\frac{3kT}{m}\right)^{1/2}$$

となる．一方，高分子1個については，その質量は

$$m = \frac{25,000}{N_A} = \frac{25,000}{6 \times 10^{23}} = 4.2 \times 10^{-20}\,\text{g} = 4.2 \times 10^{-23}\,\text{kg}$$

また

$$T = 273 + 37 = 310\,\text{K}$$

ゆえに

$$\langle v^2 \rangle^{1/2} = \left\{\frac{3 \times (1.38 \times 10^{-23}) \times 310}{4.2 \times 10^{-23}}\right\}^{1/2} = 17.5\,\text{m s}^{-1}$$

を得る．

もちろん溶液中では，分子は他の(溶媒)分子に衝突せず，また速度や方向を変えずに，この速度でずっと遠くまで動いていくものではない．

°CをKに直すことを忘れないように！

例題9.7

Q 回転している物体の回転運動エネルギーは $I\omega^2/2$ である．ここで ω は回転の角速度，I は慣性モーメントである．分子量25,000, 半径1.0 nmの球状タンパク質の，37°Cにおける熱運動による回転の角速度の根2乗平均はいくらか？

A 平均回転運動エネルギーを考えると

$$\frac{1}{2}I\langle \omega^2 \rangle = \frac{3}{2}kT$$

したがって回転の角速度の根2乗平均は

$$\langle \omega^2 \rangle^{1/2} = \left(\frac{3kT}{I}\right)^{1/2}$$

となる．一方，質量 m，半径 r の一様な密度の球の慣性モーメントは

$$I = \frac{2mr^2}{5}$$

だから，このタンパク質分子1個について

$$I = \frac{2 \times (4.2 \times 10^{-23}) \times (1 \times 10^{-9})^2}{5} = 1.7 \times 10^{-41}\,\text{kg m}^2$$

よって

$$\langle \omega^2 \rangle^{1/2} = \left\{ \frac{3 \times (1.38 \times 10^{-23}) \times 310}{1.7 \times 10^{-41}} \right\}^{1/2} = 2.7 \times 10^{10} \text{ rad s}^{-1}$$

を得る．これはおよそ毎秒 4×10^9 回転以上程度である．

ここでも，溶液中では運動はとてもギクシャクで，周りの溶媒分子との衝突で運動は激しく弱められる（4.5節の回転拡散を参照のこと）．しかしこうした運動が頻繁に起こることは，質量分析で使われるような真空中の高分子では典型的である．

この種の熱による並進運動と回転運動は，ミクロな粒子で観察されるランダムで無秩序なブラウン運動の要因である．

もっと一般的にいえば，周りを取り巻く分子との絶え間ない衝突は，熱力学的なゆらぎを生じる．たとえば，任意の物体が周囲と熱エネルギーを交換するときの，その物体のエネルギーゆらぎの 2 乗平均は次式によって与えられる．

$$\langle \delta E^2 \rangle = kT^2 C$$

ここで C は物体の熱容量である．このエネルギーのゆらぎは球状タンパク質の折りたたみの自由エネルギーと同程度である[1]．

ほとんどの場合，私たちはこの分子レベルで起こる熱的無秩序（カオス）を直接見ることはない．普通の実験試料のように膨大な分子数を扱う場合には，これらのゆらぎは全体としては打ち消し合う傾向がある．

しかし，疑問が生じる．すなわち実際には，ある瞬間には1個の分子しか仕事をしていないのに，膨大な分子数を扱って研究した結果というのにどれだけの妥当性があるのだろうかということである．これは統計熱力学の理論における古典的なジレンマであり，エルゴード仮説をもってこれを回避することが行われてきた．エルゴード仮説（または原理）によれば，十分長い時間の1分子の平均の挙動は，任意の瞬間における十分大きな数の分子の平均の挙動と同じである．これは実際に証明することは難しいが，たいへん便利な仮説である．これが正しいとすると，本当に1分子を研究する必要があるのだろうか？ ひょっとすると，ないかも知れない．しかし，これを調べてみることはとにかくおもしろい．

9.3　原子間力顕微鏡

目を閉じて，何かの表面に指を滑らせてみよう．目を閉じていても物体の大きさ，形，肌触りが表面からわかる．これが，原子間力顕微鏡（AFM）が分子レベルでやろうとしていることである（図9.1）．

ここで"指"は非常にシャープなチップで，柔軟性のあるカンチレバー〔通常，シリコンまたはシリコンナイトライド（窒化ケイ素）製〕の端に取りつけてある．

熱力学的なゆらぎやブラウン運動は酵素や生体"分子機械"がどのように機能するかを理解する試みを難しくする．たとえば現在では，生体高分子を通して情報が伝達する（アロステリーすなわち協同性）とき，単純なコンフォメーション変化とともに動的なゆらぎの変化も起こることが理解されている[1,2]．

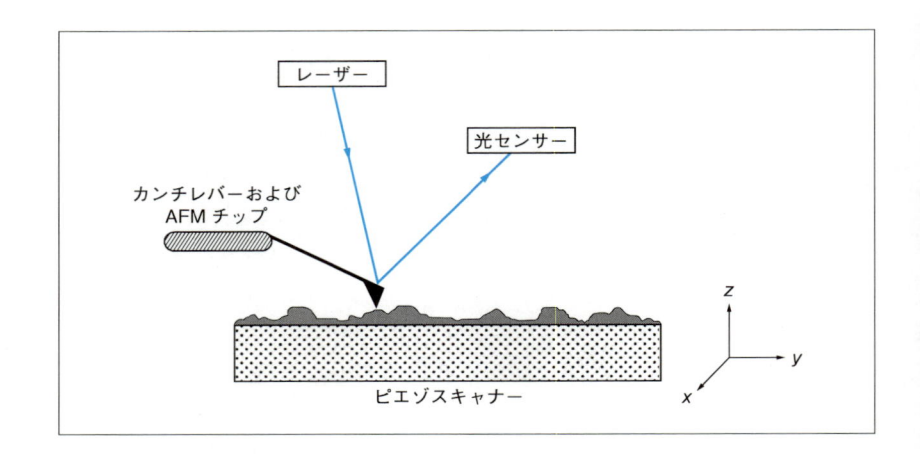

図 9.1 原子間力顕微鏡．

初期の AFM プローブはダイヤモンドの小さな断片を金の薄膜に貼りつけたものだった．現在ではコンピュータのシリコンチップをつくるのと同じマイクロリソグラフィーによって大量につくられる．典型的な市販の AFM チップは柔軟なシリコンナイトライド製のカンチレバーの端，すなわち長さ 100 μm，幅 10 μm，厚さ約 1 μm のアームの端に取りつけてある．チップ自体はピラミッド型またはコーン型で，チップの先の曲率半径は約 30 nm である．さらに小さく（半径 2〜10 nm），より頑丈な AFM チップはカーボンナノチューブを用いてつくられる．

チップは試料表面に接しながら動くとき，試料の高さ z に従って上下するが，このチップの位置はフォトダイオードに入ってくる反射光によって測定される．試料の x-y 平面内をスキャンすることによって，試料表面の等高線図ができる．同時に，柔軟なカンチレバーのたわみを利用して，チップと表面との相互作用の力の大きさを測定することができる．

AFM チップの試料に対する (x, y, z) 方向の相対的な動きはピエゾ効果を利用し制御される．圧電材料（ピエゾ効果をもつ物質）は，電圧を掛けたときに大きさが変わる物質（通常，結晶またはセラミックス）である．試料またはカンチレバーのアームを圧電素子に取りつけ，チップか試料支持台のいずれか（あるいは両者）が 0.1 nm，あるいはある場合にはそれ以下といったほんの短い距離だけ動くようにする．そうすることで，非常に細かい原子または分子表面の詳細を探ることができる．すべてはコンピュータによって注意深く制御され，調べようとしている繊細な表面をチップが不用意に強く押しすぎて，損傷を与えたりすることのないようにしている．

単純な像の可視化（イメージング）への応用では，AFM チップは上述のように表面に接しながら動く（コンタクトモードまたは静的モード）か，共鳴振動数に近い振動数で上下に（z 方向に）振動させる（アコースティックモードまたはタッピングモード）かする．タッピングモードはスキャンしている物質の弾性的または他の力学的性質に関する情報を与える．

十分にシャープな AFM チップを用いると，少なくとも原理的にはほとんど原子レベルの分解能が得られ，これは表面に吸着させたタンパク質や核酸の形を決定するために用いられてきた．主要な利点の一つは，この方法が水中でも利用可能であり，生理的条件に近い条件で観察できることである．

より高度な実験では AFM チップを，基板に結合した分子の一部をつかんで引き離そうとしたときに，分子がどのように応答するかを調べるのに用いることができる．別の実験では AFM チップと，表面に吸着した分子の間で働く力を測定

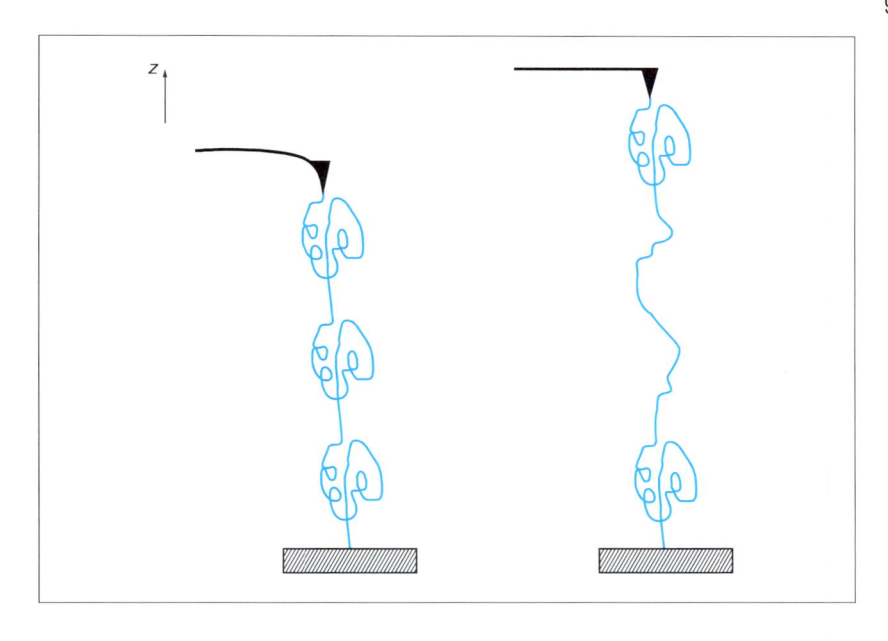

図 9.2 基板に結合した分子を力学的に伸ばす(変性させる)様子の模式図.

することができる．たとえばこれはタンパク質を力学的に伸ばす(変性させる)ときの力，抗原-抗体間や他のタンパク質の間の相互作用の力，あるいは DNA の相補鎖が結合するときの力を測定するために用いられる(図 9.2)．

例題 9.8

Q 1個の球状タンパク質を力学的に伸ばす(変性させる)典型的な AFM 実験において，ポリペプチド鎖をほどくのに，カンチレバーのアームを平均して 150 pN の力で 25 nm だけ動かした．この過程でどれだけの仕事がなされたか？ その値を変性のギブス自由エネルギーと比べよ．

A 仕事は力と距離の積で与えられるから

$$(150 \times 10^{-12}) \times (25 \times 10^{-9}) = 3.75 \times 10^{-18} \text{ J}$$

ただし，これは分子 1 個当りの値だから，1 mol 当りに直すと

$$N_A \times (3.75 \times 10^{-18}) = 2,250 \text{ kJ mol}^{-1}$$

となる．

理想的で熱力学的に可逆な条件下で，この力学的仕事は，この過程(変性)のギブス自由エネルギー変化 ΔG に等しい．しかし，ここで得られた値はそのまま直接，溶液中の分子について熱力学的方法で得られた値(第 5 章)と比べることはできない．それはここで考えた力学的変性では，基板に結合した分子の端を引っ張って伸ばすための力が加えられているからである．溶液中での変性では，そのような力は働かない．

走査型トンネル顕微鏡(STM)は AFM とよく似た仕組みで機能する．STM では，試料とチップの間に電圧をかけ，両者の間をごく近づけたときに，試料とチップの間を(電子のトンネル効果によって)流れる微弱な電流を測定することによって表面を調べる．AFM と異なり，STM での観察は水中では行えない．

9.4　光ピンセット

1分子実験の大きな問題の一つは，分子を測定可能な時間だけどうやって動かないようにできるかということと，その分子を扱うために分子のいろいろな場所をどうやって掴むかという問題である．AFM や同様の技術では，分子を巨視的な表面に吸着または結合させて固定化する．もう一つ方法があり，それは精密に焦点を合わせたレーザービームを光ピンセットとして使い，溶液中に懸濁させた微小な粒子を操る方法である．

屈折率が周りの媒質よりも大きな誘電材料でできている粒子の懸濁液中へレーザーの焦点を合わせると，粒子はこのビームの焦点の位置に集まってくる傾向がある．これは放射圧から生じた効果で，粒子から散乱されるフォトンの運動量変化が，粒子の通常の拡散やブラウン運動に打ち勝つだけの小さな力を生じさせた結果である．光が物体の異なる点を異なる強度で照らしたとすると，物体は(おそらく直感に反して)強度が最も高いところへ動こうとする．その理由は以下のように理解される．

液体中に懸濁された球状の粒子を考える(典型的な例としては，水中の直径数 μm のラテックスまたはポリスチレンビーズ)．粒子の屈折率は(普通)それを囲む媒質よりも高いので，その物体を通る光のビームは図 9.3 に示すように屈折する．運動量は保存されなければいけないから，光のビーム(すなわちフォトンの流れ)が方向を変えるところでは，同じ大きさで逆方向の運動量が粒子に移動することになる．これは図 9.3 に示すように，光の入口と出口の両方の位置で起こ

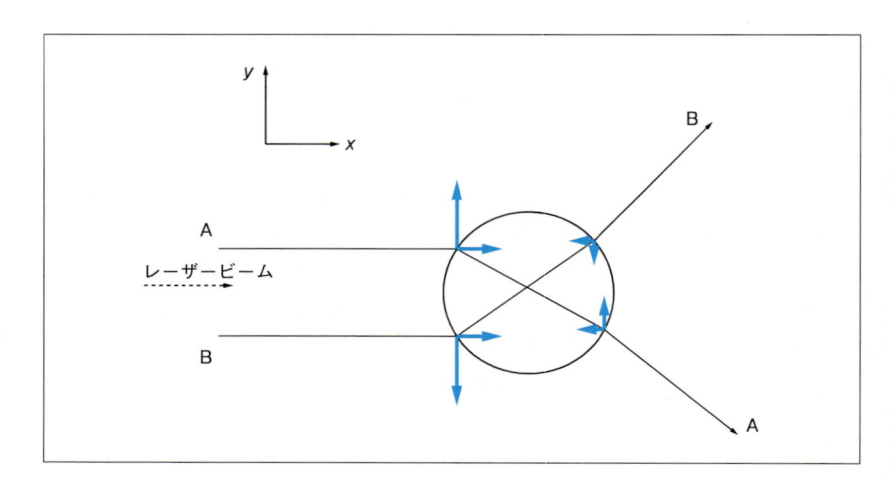

図 9.3　光のビームが透明な球を透過する場合の経路．光学的な境界面で発生する力の y 軸成分と x 軸成分を矢印で表す．

り，その結果，ビームの方向（x軸）とそれに直角の方向（y軸）に力（放射圧）が働く．

ビーム A と B を考える．もしビームの強度がビーム断面内で一様ならば，y軸方向の放射圧は打ち消し合い，全体として力は粒子に働かない（x軸方向には動こうとするが）．しかし A の光の強度が B よりも高いとすると，y軸方向の力は打ち消されず，その結果，粒子はより強度の高い領域に向かって y軸方向に動く．それは通常，レーザービームの中心である．さらにレーザービームが鋭く焦点を合わせられていて，光の強度が x軸方向でも変化するならば，同様な力の差がビームの方向にも作用して，最も光が強い焦点のほうに粒子を動かすことになる．

このようにして，小さな粒子の位置をごく短い距離にわたって高い精度で操ることができる．

この効果は，溶液中の大きなウイルスの位置を定め，操作するのに用いられる．他の生物物理学的研究では，各高分子は一つあるいは複数のラテックスまたはプラスティックビーズに端を結びつけられ，光ピンセットで操作される．また他の方法では同様なアプローチについて，小さな磁気ビーズを用いる．

このような光ピンセット技術は気相中の原子の"雲"をトラップしたり，あるいはボーズ-アインシュタイン凝縮や奇妙な量子効果が現れるようになるまで原子の動きをゆっくりにさせたり — つまり実際には極低温まで冷却したり — するのにも用いられる．

9.5 １分子蛍光

いったん分子を捕まえたなら，それがどうなっているかを観察する方法が必要である．光電子増倍管と CCD（第 2 章参照）を用いると，個々の蛍光基から発する 1 個のフォトンを検出できるので，蛍光に基づく方法が最も感度が良い．さらにタンパク質の固有蛍光（内部蛍光）や他の蛍光プローブはコンフォメーション変化に非常に感度が高く，バルクの試料についてはこれらはよく理解されている．

しかし 1 分子の場合，蛍光の放射はとても弱く，どのように励起しても（せいぜい）1 個のフォトンが出てくるのみである．

> ### 例題 9.9
> **Q** 量子効率 ϕ が 10% である蛍光分子を，高輝度レーザーパルスを用いて 1 s 間隔で励起した．これらのパルスのどれだけの割合が測定可能な放射されるフォトンを生じさせるか？
> **A** 10 回に 1 回である．励起パルスの強度がどんなに高く，分子を毎回励起できたとしても，電子励起状態の 10% だけが放射的に緩和する．残りの時間（90%）は放射が起こらず，エネルギーは熱として散逸する（蛍光の寿命はきわめて短く，次のパルスが届く前に基底状態に戻っている）．

ここで問題が起こる —— そうすると，あるフォトンが 1 分子からやってきた

ものであって，他のバックグラウンドの光に由来するものでないことはどうしてわかるのだろうか？ 一つのアプローチ(すでに一般的な試料のために開発され，採用されている)は時間分解検出法を用いることである．レーザーパルスのほとんどの迷光は溶媒や周囲からの弾性(レイリー)散乱か非弾性(ラマン)散乱であり，この強度は(1個の)テスト分子から放射される光を大きく上まわる可能性がある．しかし，そのような散乱光はずっと長い(ミリ秒)タイムスケールの蛍光と比べると，実質的には瞬間的に生じる．その結果，パルスによる励起が完了したあと，フォトンの測定を遅らせれば，見たいものだけが見えるはずである．これが多くの時間分解法の基礎で，単純な場合の模式図を図9.4に示した．

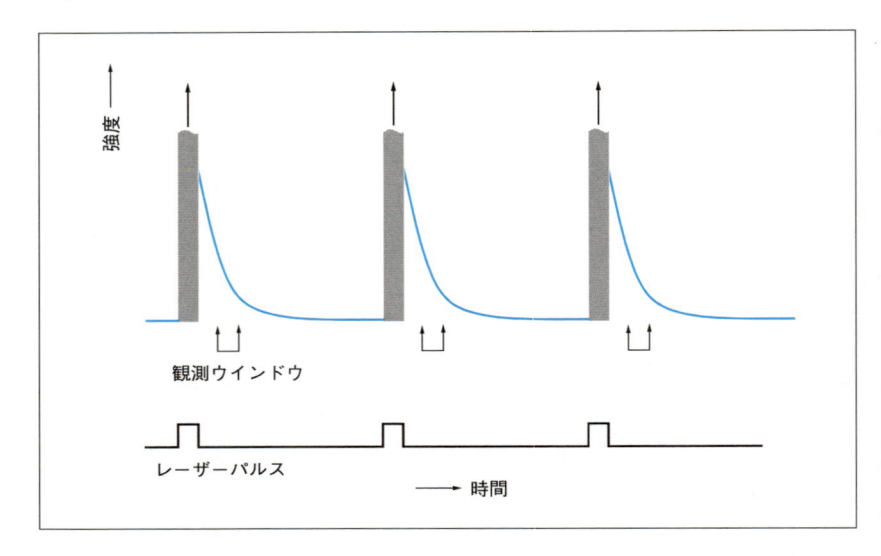

図9.4 時間分解蛍光測定のためのパルスシーケンス．

図9.4は，短い励起パルスのシーケンス後の時間の関数として(蛍光と散乱光を合わせた)光の強度をプロットしたものである．励起パルスの不感時間(グレーで示してある)の間，強い迷光が蛍光を覆い隠してしまっている．しかし(電子回路を使って)観測を遅らせれば，迷光の混入なしに蛍光を観測することができると考えられる．さらに観測ウインドウのタイミングを変えることによって励起状態の寿命を測定することができるという有利な点もある．1分子の研究では，多くのパルスからのデータが積算される．

蛍光相関分光法はもう一つの別の方法で，レーザー誘起蛍光法の高い感度を利用し，小容量の溶液中の1分子の拡散と相互作用を観測する．この方法は原理的には動的光散乱法(4.6節)と類似しており，鋭く焦点を合わせた連続波レーザーのビームからの蛍光強度のゆらぎを利用する．レーザービームの焦点で照射を受ける溶液の容量は10^{-15} dm^3 程度の小さいものである．各(蛍光)分子は拡散によりこの素体積に出たり入ったりするので蛍光強度はゆらぎ，このゆらぎの周波数スペクトル(自己相関)の解析は，分子の大きさや拡散の動力学についての情報を与える．

例題 9.10

Q 1 nmol dm^{-3} の溶液 10^{-15} dm^3 中には何個の分子が存在するか？

A 以下のとおり．

$$(1 \times 10^{-9}\,\mathrm{mol\,dm^{-3}}) \times 10^{-15}\,\mathrm{dm^3} \times N_\mathrm{A} = 0.6$$

すなわち，素体積中にほぼ 1 個の分子が存在する．

この方法の利点は（たとえば AFM のように）1 分子をどこかに繋ぐ必要がなく，溶液中で 1 分子が自由である点である．1 分子間の相互作用やコンフォメーション変化（たとえば変性）は，拡散の動力学の変化によって検出できる可能性がある．

キーポイントのまとめ

1. 1 分子は非常に動きやすく，止めておくのは難しい．
2. 原子間力顕微鏡や光ピンセットは 1 高分子を操作するのに利用できる．
3. 原子間力顕微鏡は 1 高分子の低分解能像を得るために使うことができる．
4. 蛍光は 1 分子を検出するためのより感度の高い方法の一つである．

章末問題

9.1 1 個の分子を次の内部に含む溶液の有効モル濃度はいくらか．

(a) 1 辺 10 μm の箱．
(b) 正 20 面体のウイルスキャプシド（内径およそ 30 nm）．
(c) C_{60} フラーレン（内径およそ 0.7 nm）．
(d) 鋭く焦点を合わせたレーザービームの焦点の体積（およそ 10^{-15} dm^3）．

9.2 分子量 25,000 のタンパク質分子の室温におけるエネルギーゆらぎの根 2 乗平均はいくらか？ ただしタンパク質の比熱は典型的な有機物質の値として約 3 J K^{-1} g^{-1} とする．

9.3 このエネルギーゆらぎは温度ゆらぎを使うと，いくらに対応するか？

9.4 AFM が原子レベルの解像度をもつなら，なぜタンパク質や核酸の三次元構造を決定するのに利用できないのか？

9.5 1 分子の蛍光の性質を測定するために，なぜ繰返しのパルスシーケンスが必要なのか？

参考文献

1) A. Cooper, Protein fluctuations and the thermodynamic uncertainty principle, *Prog. Biophys. Mol. Biol.*, 1984, **44**, 181-214.
2) A. Cooper and D. T. F. Dryden, Allostery without conformation change, *Eur. Biophys. J.*, 1984, **11**, 103-109.

さらに学習するための参考書

A. Ashkin, Optical trapping and manipulation of neutral particles using lasers, *Proc. Natl. Acad. Sci. U. S. A.*, 1997, **94**, 4853-4860.

C. Bustamente, S. B. Smith, J. Liphardt and D. Smith, Single-molecule studies of DNA mechanics, *Curr. Opin. Struct. Biol.*, 2000, **10**, 279-285.

C. Bustamente, Z. Bryant and S. B. Smith, Ten years of tension: single-molecule DNA mechanics, *Nature*, 2003, **421**, 423-427.

J. N. Forkey, M. E. Quinlan and Y. E. Goldman, Protein structural dynamics by single-molecule fluorescence polarization, *Prog. Biophys. Mol. Biol.*, 2000, **74**, 1-35.

M. S. Z. Kellermayer, S. B. Smith, H. L. Granzier and C. Bustamente, Folding-unfolding transitions in single titin molecules characterized with laser tweezers, *Science*, 1997, **276**, 1112-1116.

J. M. Sneddon and J. D. Gale, "Thermodynamics and Statistical Mechanics", RSC Tutorial Chemistry Text, Royal Society of Chemistry, Cambridge, 2001, 第9章.

P. J. Walla, "Modern Biophysical Chemistry: Detection and Analysis of Biomolecules", Wiley-VCH, Weinheim, 2009.

J. Zlatanova, S. M. Lindsay and S. H. Leuba, Single molecule force spectroscopy in biology using the atomic force microscope, *Prog. Biophys. Mol. Biol.*, 2000, **74**, 37-61.

章末問題の解答

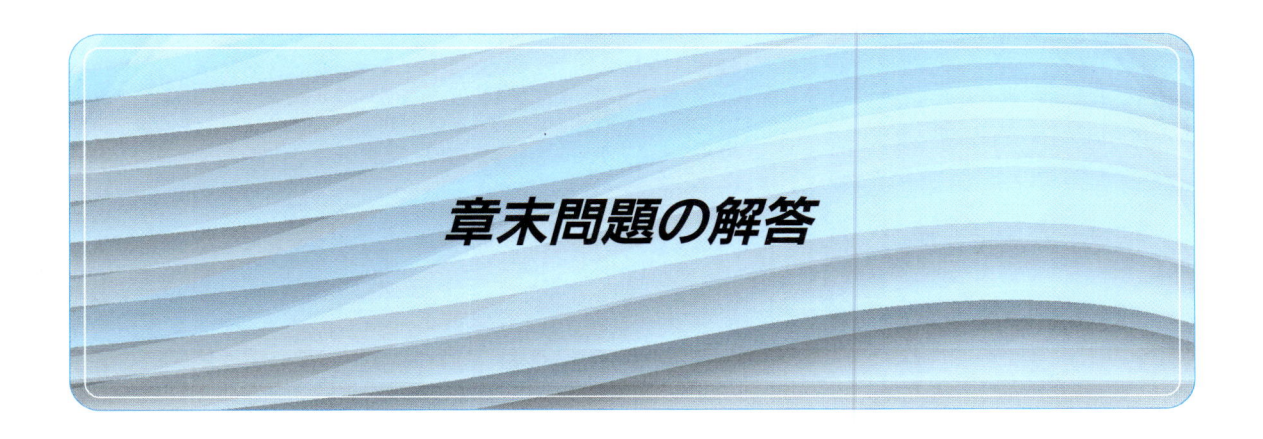

第1章

1.1 1 cm³ 中のタンパク質の分子数は
$$\frac{45 \times 10^{-3}}{65,000} \times N_A = 4.2 \times 10^{17} \text{ 個}$$
よって分子1個当りの体積は
$$\frac{1}{4.2 \times 10^{17}} = 2.4 \times 10^{-18} \text{ cm}^3$$
ゆえに分子間の平均距離は
$$(2.4 \times 10^{-18})^{1/3} = 1.3 \times 10^{-6} \text{ cm} = 13 \text{ nm}$$
である。また分子1個の質量は
$$\frac{65,000}{6 \times 10^{23}} = 1.1 \times 10^{-19} \text{ g}$$
で、これはタンパク質の密度が水とほぼ同じとすると、分子1個の体積が 1.1×10^{-19} cm³ であることに相当する。これは1辺が約 4.8 nm の立方体に対応する(球を仮定した場合には体積は $4\pi r^3/3$ なので、直径は約 6 nm となる)。したがって 45 mg cm⁻³ の溶液では、分子は平均 2〜3 個(の直径)分だけ離れている。

1.2 (a) 立体化学的制約から ϕ と ψ はそれぞれ三つの角(120°離れている)をとることが可能と仮定すると、統計的には各ペプチド結合は $3 \times 3 = 9$ 通りのコンフォメーションが可能である。よって100個のペプチド結合の可能な全コンフォメーションの数は $9^{100} = 2.7 \times 10^{95}$ である。〔注意:読者の計算機は 9^{100} を計算しようとすると、エラーメッセージを出すかも知れない。そうなったらいくつかのステップに分けて、たとえば $9^{50} \times 9^{50}$ のようにするとよい。〕

(b) 1 fs $= 1 \times 10^{-15}$ s だから、かかる時間は
(コンフォメーションの数) × (コンフォメーション当りの時間)
$= (2.7 \times 10^{95}) \times (1 \times 10^{-15})$
$= 2.7 \times 10^{80}$ s
$\approx 9 \times 10^{72}$ 年

である。ただし1年 $= 30 \times 10^6$ s とした。なお比較のためにいえば、宇宙の推定年齢は約 15×10^9 年 $(1.5 \times 10^{10}$ 年) である。(以上は"レヴィンタールのパラドックス"の表現の一つで、タンパク質の折りたたみの計算問題として知られる。)

1.3 重力ポテンシャルエネルギー $\Delta E = mgh$ より
$$h = \frac{\Delta E}{mg} = \frac{\Delta E}{70 \times 9.81} = \frac{\Delta E}{686.7}$$
の関係がある。

(a) $\Delta E = 10\,\text{g} \times 17\,\text{kJ}\,\text{g}^{-1} = 170{,}000\,\text{J}$. よって $h = 250\,\text{m}$.
(b) $\Delta E = 10\,\text{g} \times 39\,\text{kJ}\,\text{g}^{-1} = 390{,}000\,\text{J}$. よって $h = 570\,\text{m}$.
　　上の計算では，すべての代謝エネルギーが体重 70 kg の重力ポテンシャルエネルギーに対して利用されると仮定している．実際の壁登り(あるいはジャンプ)は力学的にそれほど効率は良くない．

1.4　$7{,}000/39 = 180\,\text{g/日}$.

1.5　液体の水は 4 ℃ で最も密度が高く，底に沈む．氷も水も 4 ℃ 以外では密度はそれより低く，浮き上がるから．

1.6　(a) 融点や沸点が比較的高い．融解に伴って密度が増加する(氷は浮く)．4 ℃ で密度が最大である．液体の比熱が大きい．誘電率が高い，など．
(b) 水における水素結合は氷の，低密度ですき間の多い四面体構造を形づくる．これがなければ氷山は浮かないで沈む(したがって船に対して危害を加える可能性はない)．さらに水素結合で形成された固体はたいへん頑丈で，船体を損傷させたり，穴を開けたりするほど強い．

1.7　(a) $q_{\text{Na}^+} = -q_{\text{Cl}^-} = 1.6 \times 10^{-19}\,\text{C}$，$\varepsilon_r = 1$(真空中)，$r = 5\,\text{Å} = 0.5\,\text{nm} = 5 \times 10^{-10}\,\text{m}$ だから

$$V_{qq} = \frac{q_1 q_2}{4\pi\varepsilon_0\varepsilon_r r}$$
$$= -\frac{(1.6 \times 10^{-19})^2}{4\pi \times (8.85 \times 10^{-12}) \times 1 \times (5 \times 10^{-10})}$$
$$= -4.6 \times 10^{-19}\,\text{J}$$

引力であることを表す負の符号に注意すること．またこれは 1 イオン対当りだから 1 mol 当りに直すために N_A を掛けて $-277\,\text{kJ}\,\text{mol}^{-1}$ となる．
(b) 水中では $\varepsilon_r \approx 80$ だから $-3.5\,\text{kJ}\,\text{mol}^{-1}$ となる．これは熱エネルギー(分子 1 個当り kT で 1 mol 当りだと $RT \approx 2.5\,\text{kJ}\,\text{mol}^{-1}$)のオーダーである．食塩が水に容易に溶けるのはこのためである．

1.8　(a) 熱運動が増加すると，電場中の双極子をもつ分子は再配向しにくくなり，そのため高温では ε_r が減少する．
(b) 水中で反対の符号の電荷をもつ原子団間の静電引力は，温度が上昇するにつれて強くなる(ε_r は静電ポテンシャルの分母にあるので，ε_r が小さくなると V_{qq} は大きくなる)．
(c) 吸熱的である(ΔH は正)．静電ポテンシャルは二つの電荷を無限大の距離から近づけてきたときになされる仕事または自由エネルギー変化である．ルシャトリエの原理を適用して，温度を上げたときにより強くなる相互作用は吸熱的である．これは直感に反するが，二つの電荷が近づいてきたときにそれぞれの周りの水和水が(吸熱的に)解放されると考えることによって分子レベルで理解される．これら水和水の〝解放〟はエントロピー的に有利(ΔS が正)なので，全体としての自由エネルギー変化は反応に有利である($\Delta G = \Delta H - T\Delta S$ は負)．

1.9　いろいろな答えが可能である ……
(i) 一般の新聞は計算が正しくできない．(ii) 例題 1.4 では平均の塩基対の距離に 2 本鎖 DNA の距離を用いているが，この距離は変性した 1 本鎖 DNA ではもっと長い．(iii) 30 億の塩基対は 1 本鎖にすると 60 億塩基である．

第 2 章

2.1　(a) 原子や分子の熱振動，黒体輻射．
(b) 気体の電子遷移，管に塗られた物質からの蛍光．
(c) 空洞中の自由電子の振動(マグネトロン)．

(d) 高エネルギー電子の金属標的への衝突によって誘起される内殻電子の電子遷移.
(e) 原子または分子における誘導電子遷移.
(f) 円形の軌道を走る高速な電子ビーム(または他の荷電粒子)の加速.
(g) 電子回路中のラジオ波振動.

2.2 (a) 0.1(10%), (b) 0.01(1%), (c) 10^{-5}(0.001%), (d) 1(100%). ($T = 10^{-A}$ を用いる.)

2.3 (a) 2, 1.3, 0.6, 0.3, 0.046, 0. (b) 0.63, 0.32, 0.1, 0.03, 1×10^{-10}.

2.4 0.996, 1.96, 2.7. 計算は次のようになる. まず実際の試料の透過率はそれぞれ

$$T(\%) = 100 \times 10^{-A} = 10.0, \ 1.0, \ 0.1\%$$

である. しかし "迷光0.1%" は, さらに0.1%の光が検出器に到達することを意味している. したがって見かけの透過率 T は 10.1, 1.1, 0.2% で, よって見かけの(測定される)吸光度は

$$A = -\log_{10}\frac{T(\%)}{100} = 0.996, \ 1.96, \ 2.7$$

となる.

2.5 吸光度の高い試料は光をほんの少ししか通さない. 迷光は, 吸光度が高いほど検出器での光の強度に対する寄与が大きくなるからである.

2.6 (a) Phe の 280 nm での吸収は無視できるから

$$\varepsilon_{280} = (n_{\text{Trp}} \times 5{,}690) + (n_{\text{Tyr}} \times 1{,}280) + (n_{\text{Cys}}(\text{半シスチンのみ}) \times 60)$$

となる. よってリゾチームは

$$\varepsilon_{280} = (6 \times 5{,}690) + (3 \times 1{,}280) = 37{,}980 (\text{Trp の寄与が圧倒的に大きい})$$

インスリンは

$$\varepsilon_{280} = (0 \times 5{,}690) + (4 \times 1{,}280) = 5{,}120 (\text{Tyr のみの寄与})$$

リボヌクレアーゼは

$$\varepsilon_{280} = (0 \times 5{,}690) + (6 \times 1{,}280) = 7{,}680 (\text{Tyr のみの寄与})$$

アルブミンは

$$\varepsilon_{280} = (1 \times 5{,}690) + (18 \times 1{,}280) = 28{,}730 (\text{主として Tyr の寄与})$$

(b) 上の(a)に合わせて示した.

2.7 以下のようないくつかの可能性がある. (i) 正しく折りたたまれていないタンパク質がある. (ii) 粗標品である. つまりなんらかの他の紫外吸収のある不純物を含んでいる(たとえば他のタンパク質やDNAの混入). (iii) クローニングの際に誤った配列がある. (iv) 必要な補因子の欠失.

2.8 染色剤の結合, 完全に加水分解した後のアミノ酸分析, 窒素含量の測定(ただしこれらの方法のどれも, タンパク質が正しく折りたたまれているかどうかはわからない).

2.9 図2.21と比べることによって, ABA-1は非常に α ヘリックスに富んでおり, RSは主として β シートからできていると考えられる.

2.10 アミノ酸(グリシンを除く)は不斉炭素 C_α をもち, 光学活性がある. タンパク質はほとんどL-アミノ酸からなり, (穏和な)加水分解ではラセミ化は起こらない. プリン塩基とピリミジン塩基には不斉炭素や他の不斉中心がないのでキラルでない.

2.11 合成混合物はラセミ体だから.

2.12 フランク-コンドンの原理(図2.22参照)を考える. 電子励起状態の寿命は通常は十分長く, 脱励起が起こる前に, 系は励起状態のエネルギー極小値に移る. その結果, 励起状態がどうやってできたかにはよらず, 発光は常に同じエネルギーをもった, 同じ(垂直)遷移で起こる.

2.13 吸光度 $A = -\log T$ で，光路長を 0.5 cm とすると
$$T = 10^{-A} = 10^{-0.1} = 0.79$$
となる(ここでは蛍光キュベットの中心の点に焦点を合わせている)．したがって，この吸光度では約 80% の励起光が試料溶液の真ん中に到達する(あるいは離れていく)．これは(ちょうど)許容範囲である．これより高い吸光度では有意な光の損失があり，観測されるスペクトルの形状がゆがむ．

2.14 室温で
$$kT = (1.38 \times 10^{-23}) \times 300 = 4.1 \times 10^{-21} \text{ J}$$
振動バンドのエネルギーは
$$\delta E = \frac{hc}{\lambda}$$
だから，波数で表すと以下のようになる．
$$\frac{1}{\lambda} = \frac{\delta E}{hc} = \frac{4.1 \times 10^{-21}}{(6.626 \times 10^{-34}) \times (3 \times 10^8)} \approx 21{,}000 \text{ m}^{-1} = 210 \text{ cm}^{-1}$$

2.15 285 nm $\approx 35{,}100$ cm^{-1}，318 nm $\approx 31{,}400$ cm^{-1}．したがって $\Delta\nu = 3{,}700$ cm^{-1}(—OH の倍音領域)．

第3章

3.1 隣のピークは(普通)，酸性残基および塩基性残基の異なるプロトン化の状態($\pm 1 \text{H}^+$)に対応している．

3.2 式(3.5)から
$$v = \left(\frac{2zeV}{m}\right)^{1/2} = \left(\frac{2eV}{1 \text{ amu}}\right)^{1/2}\left(\frac{z}{m}\right)^{1/2} = (1.96 \times 10^6) \times \left(\frac{z}{m}\right)^{1/2} \text{ (m s}^{-1}\text{)}$$
である．
(a) $z/m = 1$ より $v = 1.96 \times 10^6$ m s^{-1}．
(b) $z/m = 1/132$ より $v = 1.7 \times 10^5$ m s^{-1}．
(c) $z/m = 4/14{,}500$ より $v = 3.3 \times 10^4$ m s^{-1}．

3.3 飛行時間(TOF)は
$$\frac{(\text{距離})}{(\text{速度})} = \frac{1.5}{v}$$
で与えられる．よって (a) 0.77 µs，(b) 8.8 µs，(c) 46 µs．

3.4 式(3.4)
$$r = \left(\frac{2mV}{zeB^2}\right)^{1/2}$$
を使う．
(a) $m = 1$ amu で $z = 1$ だから
$$r = \left\{\frac{2 \times (1.66 \times 10^{-27}) \times 20{,}000}{1 \times (1.6 \times 10^{-19}) \times 4^2}\right\}^{1/2} = 5.1 \times 10^{-3} \text{ m} = 0.51 \text{ cm}$$
他のイオンは $(m/z)^{1/2}$ に比例して (b) 5.9 cm，(c) 30.7 cm．

3.5 1周は 2π rad で，距離(円周)は $2\pi r$ である．したがって速度 v で円周を運動する物体の角速度(rad s^{-1})は
$$\omega = 2\pi \times (1 \text{ s 当りの周回数}) = 2\pi \times \frac{v}{2\pi r} = \frac{v}{r}$$
ここへ式(3.2) ($r = mv/zeB$)を代入すれば
$$\omega = \frac{v}{r} = \frac{zeB}{m}$$
を得る．

3.6 質量分析(MS)を使った少なくとも二つの可能なアプローチがある．
(i) タンパク質二量体($2 \times 13{,}700 = 27{,}400$)と融合タンパク質($13{,}700 + 12{,}500 = 26{,}200$)は MS で検出可能である(たとえば MALDI-TOF)．

(ii) 別の方法としては混入物をプロテアーゼ処理後，ペプチドマスフィンガープリント法によってGSTペプチドの存否を示すことができる．

第4章

4.1 二成分系では，全体積は
$$V = \bar{v}_1 g_1 + \bar{v}_2 g_2$$
で
$$\rho = \frac{g_1 + g_2}{V} = \frac{g_1 + g_2}{\bar{v}_1 g_1 + \bar{v}_2 g_2}$$
である．したがって(式を変形して)
$$\bar{v}_2 g_2 = \frac{g_1 + g_2}{\rho} - \bar{v}_1 g_1$$
となる．
　純水(成分1)については密度が $0.99707\,\mathrm{g\,cm^{-3}}$ なので
$$\bar{v}_1 g_1 = \bar{v}_1 \times 0.99707 = 1.0000\,\mathrm{cm^{-3}}$$
あるいは水の偏比容から
$$\bar{v}_1 = \frac{1}{\rho_1} = 1.002939\,\mathrm{cm^3\,g^{-1}}$$
と求まる．
　タンパク質溶液では $\rho = 0.99748\,\mathrm{g\,cm^{-3}}$ だから
$$\bar{v}_2 g_2 = \frac{g_1 + g_2}{\rho} - \bar{v}_1 g_1 = \frac{5.0 + 0.0075}{0.99748} - (1.002939 \times 5.0) = 0.005456\,\mathrm{cm^3}$$
よって
$$\bar{v}_2 = \frac{0.005456}{0.0075} = 0.727\,\mathrm{cm^3\,g^{-1}}$$

4.2 上の問題4.1の計算を $\rho = 0.99752\,\mathrm{g\,cm^{-3}}$ として繰り返すと
$$\bar{v}_2 g_2 = \frac{5.0 + 0.0075}{0.99752} - (1.002939 \times 5.0) = 0.005254\,\mathrm{cm^3}$$
よって
$$\bar{v}_2 = \frac{0.005254}{0.0075} = 0.701\,\mathrm{cm^3\,g^{-1}}$$
となる．これは変性に伴って体積が約4%減少したことに対応する．

4.3 いくつかの理由が考えられる．
(i) 折りたたまれているタンパク質にはパッキングが完全でないために空隙(ボイド)や空洞があり，構造が崩れるとそこが溶媒の水で占められる．
(ii) 変性に伴う水和層あるいは溶媒和層の大きさと構造の変化．
〔注意：実際には，タンパク質の体積はタンパク質や実験条件の違いによって増える場合も，減る場合もある．〕

4.4 バランスのとれていないローターは，回転中に大きな振動と機械的なストレスを生じ，機械を破損する可能性があるから．

4.5 回転中のローターの回転運動エネルギーは莫大で(次の問題を見よ)，ローターが外れた場合に大けがをする可能性があるから．

4.6 $m = 2\,\mathrm{kg}$, $r = 0.15\,\mathrm{m}$ で，ω については
$$\frac{2\pi \times 40{,}000}{60} = 4{,}200\,\mathrm{rad\,s^{-1}}$$
よって回転運動エネルギーは
$$\frac{1}{2} m r^2 \omega^2 = \frac{1}{2} \times 2 \times (0.15)^2 \times (4{,}200)^2 \approx 4 \times 10^5\,\mathrm{J}$$
これはTNT火薬およそ87 gの爆発のエネルギーに相当する．

4.7 ストークス-アインシュタインの式

$$D = \frac{RT}{6\pi N_A \eta R_s}$$

を用いる．

$$D = \frac{8.314 \times 293}{6\pi \times (6 \times 10^{23}) \times (1.002 \times 10^{-3}) \times R_s} = \frac{2.15 \times 10^{-19}}{R_s} \text{ m}^2 \text{ s}^{-1}$$

(a) $R_s = 0.5$ nm として

$$D = \frac{2.15 \times 10^{-19}}{0.5 \times 10^{-9}} = 4.3 \times 10^{-10} \text{ m}^2 \text{ s}^{-1}$$

(b) $R_s = 2.5$ nm として

$$D = \frac{2.15 \times 10^{-19}}{2.5 \times 10^{-9}} = 8.6 \times 10^{-11} \text{ m}^2 \text{ s}^{-1}$$

(c) $R_s = 5$ μm として

$$D = \frac{2.15 \times 10^{-19}}{5 \times 10^{-6}} = 4.3 \times 10^{-14} \text{ m}^2 \text{ s}^{-1}$$

4.8 $\langle x^2 \rangle = 6Dt$ を用いる〔ここで $\langle x^2 \rangle$ は任意の方向への変位(距離)の2乗平均〕．$t = 300$ s だから，距離の根2乗平均は

$$x_{\text{rms}} = \langle x^2 \rangle^{1/2} = \langle 6Dt \rangle^{1/2} = (1{,}800 D)^{1/2}$$

(a) $x_{\text{rms}} = \{1{,}800 \times (4.3 \times 10^{-10})\}^{1/2} = 8.8 \times 10^{-4}$ m $= 0.88$ mm

(b) $x_{\text{rms}} = \{1{,}800 \times (8.6 \times 10^{-11})\}^{1/2} = 3.9 \times 10^{-4}$ m $= 0.39$ mm

(c) $x_{\text{rms}} = \{1{,}800 \times (4.3 \times 10^{-14})\}^{1/2} = 8.8 \times 10^{-6}$ m $= 8.8$ μm

4.9 熱運動エネルギー

$$\frac{1}{2} mv^2 \approx \frac{3}{2} kT$$

(この関係は第5章参照)から計算される速度は，周りの分子と衝突がないと仮定しているから．

第5章

5.1 以下の式

$$\frac{1}{2} m \langle v^2 \rangle = \frac{3}{2} kT$$

を使う．この式から

$$\langle v^2 \rangle = \frac{3kT}{m} = \frac{3 \times (1.381 \times 10^{-23}) \times T}{m}$$

ここで m は分子1個の質量(kg)である．

(a) O_2 の分子量は 32 で，モル質量は 32×10^{-3} kg mol^{-1} である．$T = 298$ K，$m = 32 \times 10^{-3}/N_A = 5.3 \times 10^{-26}$ kg だから

$$\langle v^2 \rangle = \frac{3kT}{m} = \frac{3 \times (1.381 \times 10^{-23}) \times 298}{5.3 \times 10^{-26}} = 2.3 \times 10^5 \text{ m}^2 \text{ s}^{-2}$$

よって根2乗平均速度は

$$\langle v^2 \rangle^{1/2} = 480 \text{ m s}^{-1}$$

(b) 水のモル質量は 18×10^{-3} kg mol^{-1} で，$T = 298$ K だから $\langle v^2 \rangle^{1/2} = 642$ m s^{-1} となる．

(c) タンパク質については

$$m = \frac{25{,}000 \times 10^{-3}(\text{kg mol}^{-1})}{N_A} = 4.2 \times 10^{-23} \text{ kg}$$

で $T = 310$ K だから $\langle v^2 \rangle^{1/2} = 17.5$ m s^{-1}．

5.2 大気圧は，私たちの周りの空気の分子が，高速で私たちに衝突している結果である．また，ブラウン運動も小さな粒子の(無秩序な)分子衝突の効果を示している．

5.3 (a) $\Delta G° = -RT \ln K = \Delta H° - T\Delta S°$ を用いて表を埋める．

$T/°C$	K	$\Delta G°/\text{kJ mol}^{-1}$	$\Delta H°/\text{kJ mol}^{-1}$	$\Delta S°/\text{J K}^{-1}\text{mol}^{-1}$
45	0.133	5.33	150.0	**454.9**
50	**0.345**	2.86	175.0	**532.9**
55	**1**	0	200.0	609.8
60	3.22	**−3.24**	225.0	**685.4**

(b) 変性の割合はそれぞれ
$$\frac{K}{1+K} = 0.26,\ 0.5,\ 0.76$$

(c) 温度の上昇とともに $\Delta H°$ が上昇すること(温度とともに $\Delta S°$ が上昇することで確認される)は正の熱容量変化(ΔC_P)を意味し,疎水性相互作用と水素結合によるネットワーク相互作用の両者に特徴的である.

5.4 (i) 分光学的方法(UV,蛍光,CD):結合に伴う発色団の環境とコンフォメーションの変化を調べる.(ii) 流体力学的方法(粘度,沈降):高分子の全体的な性質の変化を調べる.(iii) カロリメトリー(DSC,ITC):結合に伴うエネルギー変化の直接的測定を行う.(iv) 平衡透析:リガンドの結合の直接的測定を行う.

5.5 この場合には F,CDのいずれも同じ転移を示しているので,どちらを用いてもよい.

(a) $T_m = 50\ °C$(変性転移の中点).

(b) 変性したタンパク質の割合は
$$\frac{F - F_0}{F_{\text{inf}} - F_0} = \frac{58.8 - 65}{15 - 65} = 0.124$$

(c) 変性の平衡定数は
$$K = \frac{F - F_0}{F_{\text{inf}} - F} = \frac{58.8 - 65}{15 - 58.8} = 0.142$$

したがって
$$\begin{aligned}\Delta G°_{\text{unf}} &= -RT \ln K \\ &= -8.314 \times (273 + 46) \times \ln 0.142 \\ &= +5.18\ \text{kJ mol}^{-1}\end{aligned}$$

(d) 蛍光は芳香族アミノ酸残基(主としてトリプトファン)の環境の極性を検出し,トリプトファンの蛍光はタンパク質が変性する(環境が非極性から極性になる)と変化する.CD は二次構造(α ヘリックス,β シートなど)の変化を測定する.

(e) 両者は必ずしも同時に起こるとは限らない.変性は2段階(または複数の段階)で起こる可能性があり,たとえば三次構造が変化して芳香族基が露出しても二次構造は残り,そのあと,より高温で二次構造の"融解"が起こるかも知れない.

5.6 複合体の形成を式で表すと
$$P + L \rightleftharpoons PL$$
よって
$$\frac{c_P}{[\text{PL}]} = 1 + \frac{[P]}{[\text{PL}]} = 1 + \frac{K}{[L]}$$
となり,両逆数プロット($1/[\text{PL}]$ を $1/[L]$ に対してプロットしたもの)の傾きは K/c_P となる.

この式を使って解析する平衡透析(とこれに関連する方法)だけが遊離のリガンド濃度 $[L]$ を直接与えるので便利である.他のどんな方法もなんらかの近似を行うか,完全な結合の式にフィッティングしなければならない.

5.7 左側のコンパートメントについて
$$c_P = [\text{PL}] + [P] = 8.3 \times 10^{-9}\ \text{M}$$
$$c_L = [\text{PL}] + [L] = 3.9 \times 10^{-8}\ \text{M}$$
右側のコンパートメントについて,遊離のリガンド濃度は
$$[L] = 3.5 \times 10^{-8}\ \text{M}$$

したがって
$$[PL] = (3.9 \times 10^{-8}) - (3.5 \times 10^{-8}) = 4.0 \times 10^{-9}\,M$$
$$[P] = (8.3 \times 10^{-9}) - (4.0 \times 10^{-9}) = 4.3 \times 10^{-9}\,M$$
ゆえに
$$K = \frac{[PL]}{[P][L]} = 2.7 \times 10^{7}\,M^{-1}$$

第6章

6.1 次の式
$$A_{\text{diffusion}} = 4\pi N_A r_{XY}(D_X + D_Y) \times 1{,}000$$
を用いる．標的が動かない $(D_Y = 0)$ とすれば $D_X = 10^{-10}\,\text{m}^2\,\text{s}^{-1}$，$r_{XY} = 1\,\text{nm}$ より
$$A_{\text{diffusion}} = 4\pi \times (6 \times 10^{23}) \times (1 \times 10^{-9}) \times 10^{-10} \times 1{,}000$$
$$= 7.5 \times 10^{8}\,M^{-1}\,s^{-1}$$

6.2 反応速度は
$$A_{\text{diffusion}}[X] = (7.5 \times 10^{8}) \times (1 \times 10^{-6}) = 750\,s^{-1}$$
また
$$t_{1/2} = \frac{0.693}{k} = \frac{0.693}{750} = 9 \times 10^{-4}\,s = 0.9\,\text{ms}$$

6.3 (i) 反応が自由拡散律速の条件下にない，(ii) あらかじめ形成される反応複合体が存在する，(iii) 拡散が (表面上で) 二次元または (高分子に沿って) 一次元である，(iv) 分子間の引力が衝突を加速する，(v) 仮定した機構が間違っている，(vi) 予期しない触媒効果がある，など．

6.4 $(3 \times 10^{8}\,\text{m s}^{-1}) \times (6 \times 10^{-12}\,s) = 0.0018\,\text{m} = 0.18\,\text{cm}$．

6.5 (a) 観測された速度はペプチド濃度に比例している．
(b) $k_{\text{on}} = $ (結合速度)/[ペプチド] $= 1.9 \times 10^{7}\,\text{mol}^{-1}\,\text{dm}^{3}\,\text{s}^{-1}$ (すべての濃度で同様)．
(c) $t_{1/2} = 0.693/k = 7.2\,s$ より $k_{\text{off}} = 0.693/t_{1/2} = 0.096\,s^{-1}$．
(d) $K = k_{\text{on}}/k_{\text{off}} = 1.9 \times 10^{7}/0.096 = 2.0 \times 10^{8}\,\text{mol}^{-1}\,\text{dm}^{3}$．

第7章

7.1 ニッケルカラム (ヒスチジンタグを結合する) を用いたアフィニティークロマトグラフィーを行い，pH 勾配またはイミダゾールで溶出する．

7.2 分子量 10,000〜50,000 の分子量既知のタンパク質を用いてゲルろ過クロマトグラフィーを行う．もしタンパク質が二量体 (分子量 30,000) なら，期待されるよりも速く溶出されるはずである．

7.3 電気泳動はここでは少し役に立つに過ぎない．もし二量体が共有結合で維持されているとすると (たとえば非還元条件下のS—S結合)，SDS-PAGE では分子量 30,000 のタンパク質として現れるはずである．しかし非共有結合の二量体ならば SDS によって切断されるので，単量体のバンドだけが見える．

7.4 逆相クロマトグラフィーあるいは疎水性相互作用クロマトグラフィーを用いる．混入している脂肪酸はカラムの疎水基により強く結合し，タンパク質は脂肪酸をあとに残して溶出すると期待される．

第8章

8.1 ヘモグロビンとミオグロビンの機能は酸素の運搬なので，酸素分子が球状タンパク質構造の内側深くに埋もれたヘム結合部位に届くことのできることが重要で

ある．そのため初期には経路がブロックされていて，酸素分子が拡散してヘム結合部位のポケットに入ったり出たりする経路が見えないことに驚かされた．さて，いくつかの可能性が考えられる．
(i) 結晶構造が間違っているのだろうか？　その可能性はいつでもあるが，この構造は続いて，他のグループにより他の方法(たとえば中性子回折)で解かれ，結果は同じであった．このような接近のための経路が見えないことは他のタンパク質でも見いだされた．
(ii) 結晶のパッキングがタンパク質のコンフォメーションに歪みを与えたのだろうか？　溶液中の構造は結晶での構造と同じだろうか？　この点は盛んに検討されたが，結晶のパッキングが，タンパク質の構造に無視できない影響を与えることを示唆する証拠はほとんどない．タンパク質の結晶は多くの水を含み(40%あるいはそれ以上)タンパク質間の接触の数は比較的少ない．溶液中のNMRによる構造と比較して無視できない違いが見いだされることはまれである．
(iii) タンパク質の動きであろうか？　これが最も確からしい説明である．X線結晶学は(ほとんどが)静的な，平均化したタンパク質のコンフォメーションを与える．実際には，各分子では熱運動や熱的なコンフォメーションのゆらぎが起こっており，その間に低分子が通れるような一時的な経路ができたり，塞がったりしている(9.2節を参照)．
〔参考文献：M. F. Perutz, Myoglobin and haemoglobin: the role of distal residues in reaction with haem ligands, *Trends Biochem. Sci*., 1989, **14**, 42-44.〕

8.2　ブラッグの法則(Box 8.1)を用いる．すなわち
$$2d \sin \theta = n\lambda$$
において，反射角 $2\theta = 26.2°$ より $\theta = 13.1°$ だから格子間隔は
$$d = \frac{n\lambda}{2\sin\theta} = \frac{1 \times 1.5418}{2\sin 13.1°} = 3.4 \text{ Å} = 0.34 \text{ nm}$$
この繰返しは，二重らせん(2本鎖ヘリックス)のDNAの塩基対間の距離に対応する．〔注意：もし答えが違っていたら，計算機の三角関数の角度が(ラジアンではなく)度にセットしてあるかどうかを確認すること．〕

8.3　運動エネルギーについて
$$\frac{1}{2}mv^2 = \frac{3}{2}kT$$
だから(5.1節参照)
$$v = \left(\frac{3kT}{m}\right)^{1/2} = \left\{\frac{3\times(1.381\times 10^{-23})\times 293}{1.67\times 10^{-27}}\right\}^{1/2} = 2{,}696 \text{ m s}^{-1}$$
となる．一方，ドブロイ波長は
$$\lambda = \frac{h}{mv} = \frac{6.626\times 10^{-34}}{(1.67\times 10^{-27})\times 2{,}696} = 1.47\times 10^{-10} \text{ m} = 0.147 \text{ nm} = 1.47 \text{ Å}$$
ここで h はプランク定数で 6.626×10^{-34} J s とした．

第9章

9.1　体積 $V(\text{dm}^3)$ の中に1個の分子があるときのモル濃度は $1/N_A V$ で与えられるから以下のようになる(なお 1 m^3 は $1{,}000 \text{ dm}^3$ である)．
(a) $V = (10\times 10^{-6})^3\times 1{,}000 = 1\times 10^{-12} \text{ dm}^3$．よって $c = 1.7\times 10^{-12}$ mol dm^{-3}．
(b) $V = 4\pi r^3/3 \approx 1.4\times 10^{-23} \text{ m}^3 = 1.4\times 10^{-20} \text{ dm}^3$．よって $c = 1.2\times 10^{-4}$ mol dm^{-3}．
(c) $V = 4\pi r^3/3 \approx 1.8\times 10^{-28} \text{ m}^3 = 1.8\times 10^{-25} \text{ dm}^3$．よって $c = 9.3$ mol dm^{-3}．
(d) $V \approx 10^{-15} \text{ dm}^3$ だから $c = 1.7\times 10^{-9}$ mol dm^{-3}．

9.2 次の関係を用いる．
$$\langle \delta E^2 \rangle = kT^2 C$$
ここで C は1分子の熱容量である．1分子について
$$C \approx 3 \times \frac{25{,}000}{N_\text{A}} = 1.25 \times 10^{-19}\,\text{J K}^{-1}$$
したがって
$$\langle \delta E^2 \rangle = (1.38 \times 10^{-23}) \times 300^2 \times (1.25 \times 10^{-19}) = 1.55 \times 10^{-37}\,\text{J}^2$$
よって根2乗平均は1分子当り 3.9×10^{-19} J で，ゆえに 1 mol 当りではおよそ 240 kJ mol^{-1} となる．

9.3 $\delta T = \delta E / C \approx 3.9 \times 10^{-19}/(1.25 \times 10^{-19}) \approx 3\,\text{K}$

9.4 AFM は表面を探るだけで，内部のコンフォメーションについては何の情報も与えない．しかも上部の表面だけで，下側を探ることもできない．

9.5 なぜなら1分子はほんの少しの時間だけしか蛍光を発しないから．また(1個のフォトンの)放射が観測している間に起こるとは限らないし，放射されたフォトンが検出器の方向に飛んでくるとは限らないから．

索　引

欧文

α ヘリックス　α-helix　4
AFM（原子間力顕微鏡）　atomic force microscope　181, 182
AUC（超遠心分析）　analytical ultracentrifugation　88
β シート　β-sheet　4
CCD（電荷結合素子）　charge-coupled device　32, 33, 164
CD（円偏光二色性）　circular dichroism　42
CI（化学イオン化法）　chemical ionization　72, 73
DLS（動的光散乱法）　dynamic light scattering　96
DNA（デオキシリボ核酸）　deoxyribonucleic acid　7
DSC（示差走査型カロリメトリー）　differential scanning calorimetry　106
EI（電子衝撃イオン化法）　electron impact ionization　72
ESI（エレクトロスプレーイオン化法）　electrospray ionization　73
FAB（高速原子衝撃法）　fast atom bombardment　73
FID（自由誘導減衰）　free induction decay　63
FPLC　fast protein liquid chromatography　149
FRAP（光退色後蛍光回復）　fluorescence recovery after photobleaching　55
FRET（蛍光共鳴エネルギー移動）　fluorescence resonance energy transfer　53
FT-IR（フーリエ変換赤外分光法）　Fourier transform infrared spectroscopy　57
FT-MS（フーリエ変換質量分析）　Fourier transform mass spectrometry　76
FT-NMR（フーリエ変換 NMR）　Fourier transform NMR　63
GC（ガスクロマトグラフィー）　gas chromatography　148
HPLC（高速液体クロマトグラフィー）　high performance liquid chromatography　149
IEF（等電点電気泳動）　isoelectric focusing　155
ITC（等温滴定型カロリメトリー）　isothermal titration calorimetry　109
MAD 法（多波長異常分散法）　multi-wavelength anomalous dispersion method　168
MALDI（マトリックス支援レーザー脱離イオン化法）　matrix-assisted laser desorption ionization　74
MS（質量分析）　mass spectrometry　71
NMR（核磁気共鳴分光法）　nuclear magnetic resonance spectroscopy　61
NOE（核オーバーハウザー効果）　nuclear Overhauser effect　65
PCR（ポリメラーゼ連鎖反応）　polymerase chain reaction　39
pH（水素イオン濃度）　hydrogen ion concentration　16
pH ジャンプ　pH jump　135
pI（等電点）　isoelectric point　18
RNA（リボ核酸）　ribonucleic acid　7
ROA（ラマン光学活性）　Raman optical activity　61
SDS-PAGE（SDS-ポリアクリルアミドゲル電気泳動）　SDS-polyacrylamide gel electrophoresis　154
SEM（走査型電子顕微鏡）　scanning electron microscope　173
SERS（表面増強ラマン散乱）　surface enhanced Raman scattering　61
SPR（表面プラズモン共鳴法）　surface plasmon resonance　138
SPR バイオセンサーチップ　SPR biosensor chip　138
STM（走査型トンネル顕微鏡）　scanning tunnelling microscope　184
TEM（透過型電子顕微鏡）　transmission electron microscope　172, 173
TLC（薄層クロマトグラフィー）　thin layer chromatography　148
TOF（飛行時間法）　time-of-flight method　75
X 線　X-ray　164

X線回折　X-ray diffraction　163

あ

圧力ジャンプ　pressure jump　135
アフィニティークロマトグラフィー
　　affinity chromatography　151
アミノ酸　amino acid　2
アミロイド線維　amyloid fibril　7
アレニウスの式　Arrhenius equation　128
アロステリック　allosteric　143

い

イオン交換クロマトグラフィー
　　ion exchange chromatography　150
イオンサイクロトロン共鳴 FT-MS
　　ion cyclotron resonance FT-MS　76
イオントラップ法　ion trap method　76
位相　phase　160
位相問題　phase problem　168
一次構造　primary structure　4
一次反応　first-order reaction　130
1分子　single molecule　177
1分子蛍光　single molecule fluorescence　185
易動度　mobility　152
イメージング　imaging　159, 160, 182
陰イオン交換体　anion exchanger　150
インコヒーレント　incoherent　165
インターカレート　intercalate　52

う

浮きばかり　hydrometer　→ 液体比重計

え

液体比重計　hydrometer　85, 86
エルゴード仮説　ergodic hypothesis　179, 181
エレクトロスプレーイオン化法
　　electrospray ionization　→ ESI
塩基　base　16
塩析　salting-out　121
エンタルピー　enthalpy　102
エントロピー　entropy　102
円偏光　circularly polarized light　42
円偏光二色性　circular dichroism　→ CD
塩溶　salting-in　121

お

オストワルド粘度計
　　Ostwald viscometer　→ キャピラリー粘度計
温度ジャンプ　temperature jump　135

か

回折　diffraction　161
回折限界　diffraction limit　162
回折パターン　diffraction pattern　166
回転拡散　rotational diffusion　95
回転拡散係数　rotational diffusion coefficient　95
回転緩和時間　rotational relaxation time　95
回転摩擦係数　rotational friction coefficient　95
界面活性剤　surfactant　10, 14
化学イオン化法　chemical ionization　→ CI
化学シフト　chemical shift　63
化学平衡　chemical equilibrium　104
核オーバーハウザー効果
　　nuclear Overhauser effect　→ NOE
核形成　nucleation　122
核酸　nucleic acid　7
拡散　diffusion　92, 93
拡散係数　diffusion coefficient　92, 94
拡散律速　diffusion control　130
核磁気共鳴分光法
　　nuclear magnetic resonance spectroscopy　→ NMR
確度　accuracy　33
ガスクロマトグラフィー　gas chromatography　→ GC
活性化エネルギー　activation energy　128
活性化エンタルピー　activation enthalpy　129
活性化エントロピー　activation entropy　129
活性化自由エネルギー　activation free energy　129
緩衝液　buffer　16, 18
緩和法　relaxation method　134

き

擬一次反応　pseudo-first-order reaction　130
拮抗阻害　competitive inhibition　142
ギブス自由エネルギー　Gibbs free energy　102
逆相クロマトグラフィー
　　reverse phase chromatography　152
逆フーリエ変換　inverse Fourier transform　167
キャピラリー電気泳動　capillary electrophoresis　154
キャピラリー粘度計　capillary viscometer　96, 97
吸光係数　extinction coefficient　27
吸光度　absorbance　26, 30
吸収断面積　absorption cross section　28
キュベット　cuvette　31
共焦点顕微鏡　confocal microscope　55, 162, 163

協同的　cooperative	143	コンフォメーション　conformation	1
共鳴ラマン効果　resonance Raman effect	60	コンプトン散乱　Compton scattering	165
キラル　chiral	44		

【く】

クエット粘度計　Couette viscometer	96
屈折　refraction	25, 161
屈折率　refractive index	25, 161
クライオ電子顕微鏡　cryo-electron microscope	173
クロマトグラフィー　chromatography	147

【け】

蛍光　fluorescence	46, 185
蛍光共鳴エネルギー移動　fluorescence resonance energy transfer　→ FRET	
蛍光顕微鏡　fluorescence microscope	55
蛍光寿命　fluorescence lifetime	49
蛍光相関分光法　fluorescence correlation spectroscopy	186
蛍光プローブ　fluorescence probe	52
蛍光分光計　spectrofluorimeter	46, 47
蛍光偏光解消　fluorescence depolarization	54
蛍光量子収率　fluorescence quantum yield	49
結合平衡　binding equilibrium	111
ケミルミネッセンス　chemiluminescence	55
ゲル電気泳動　gel electrophoresis	153
ゲルろ過クロマトグラフィー　gel filtration chromatography	149
原子間力顕微鏡　atomic force microscope　→ AFM	
原子散乱因子　atomic scattering factor	165, 167

【こ】

光学顕微鏡　optical microscope	161, 162
項間交差　intersystem crossing	55
光子　photon　→ フォトン	
酵素　enzyme	140
構造因子　structure factor	167
高速液体クロマトグラフィー　high performance liquid chromatography　→ HPLC	
高速原子衝撃法　fast atom bombardment　→ FAB	
光電子増倍管　photomultiplier	32
コヒーレント　coherent	165
固有蛍光　intrinsic fluorescence	51
固有粘度　intrinsic viscosity	98
コンタクトモード　contact mode	182
コントラストマッチング法　contrast matching technique	171

【さ】

差スペクトル　difference spectrum	41
差モル吸光係数　molar differential extinction coefficient	43
酸　acid	16
三次構造　tertiary structure	4

【し】

紫外/可視スペクトル　ultraviolet and visible spectrum	35, 40
紫外/可視分光法　ultraviolet and visible spectroscopy	30
時間分解法　time-resolved method	186
磁気分析法　magnetic analysis method	74
自己相関時間　autocorrelation time	96
仕事　work	101, 102
示差走査型カロリメトリー　differential scanning calorimetry　→ DSC	
脂質　lipid	10
脂質二重層　lipid bilayer	10, 11
四重極型分析計　quadrupole analyser	76
シッティング・ドロップ法　sitting drop method	123
質量分析　mass spectrometry　→ MS	
質量分析計　mass analyser	74
脂肪　fat	10, 11
重原子法　heavy atom method	168
自由誘導減衰　free induction decay　→ FID	
縮重度　degeneracy	103
シュテルン-フォルマーの式　Stern-Volmer equation	50
シュテルン-フォルマープロット　Stern-Volmer plot	51
小角散乱　small-angle scattering	170
消光　quenching	49
衝突因子　collision factor	128
触媒効率　catalytic efficiency	142
シングルビーム分光光度計　single beam spectrophotometer	30, 31
シンクロトロン放射光　synchrotron radiation	164
振動管密度計　vibrating tube densimeter	86
振動数　frequency	24
振動分光法　vibrational spectroscopy	57

す

水素イオン濃度　hydrogen ion concentration　→ pH	
水素結合　hydrogen bond	12
水素交換　hydrogen exchange	136
ストークス-アインシュタインの式　Stokes-Einstein equation	94
ストークスシフト　Stokes shift	58
ストークス半径　Stokes radius	91
ストップトフロー法　stopped-flow method	133
スピン-格子緩和時間　spin-lattice relaxation time	64
スピン-スピンカップリング　spin-spin coupling	63
スピン-スピン緩和時間　spin-spin relaxation time	64

せ

生体分子　biological molecule	1
静置ドロップ法　sitting drop method　→ シッティング・ドロップ法	
精度　precision	33
青方偏移　blue shift　→ ブルーシフト	
赤外分光法　infrared spectroscopy	57
赤方偏移　red shift　→ レッドシフト	
繊維回折　fibre diffraction, fiber diffraction	170
遷移モーメント　transition moment	40
閃光光分解法　flash photolysis method	135

そ

相互作用　interaction	101
走査型電子顕微鏡　scanning electron microscope　→ SEM	
走査型トンネル顕微鏡　scanning tunnelling microscope　→ STM	
相対粘度　relative viscosity	98
疎水性効果　hydrophobic effect	14

た

ダイオードアレイ　diode array	32, 33
楕円率　ellipticity	44
多核NMR　multinuclear NMR	65
タッピングモード　tapping mode	182
多波長異常分散法　multi-wavelength anomalous dispersion method　→ MAD法	
ダブルビーム分光光度計　double beam spectrophotometer	30, 31
単位　unit	19
淡色効果　hypochromicity	39
弾性散乱　elastic scattering	58, 164

タンパク質　protein	2
タンパク質結晶学　protein crystallography	163
タンパク質の結晶化　protein crystallization	122

ち

中性子回折　neutron diffraction	171
中性子散乱　neutron scattering	171
超遠心分析　analytical ultracentrifugation　→ AUC	
直線偏光　linearly polarized light	42
沈降係数　sedimentation coefficient	90
沈降速度　sedimentation velocity	90
沈降速度法　sedimentation velocity method	89
沈降平衡法　sedimentation equilibrium method	89

つ

| 強め合い干渉　constructive interference | 160, 161 |

て

デオキシリボ核酸　deoxyribonucleic acid　→ DNA	
電荷結合素子　charge-coupled device　→ CCD	
電気泳動　electrophoresis	147, 152
電子顕微鏡　electron microscope	171
電子衝撃イオン化法　electron impact ionization　→ EI	
電磁波　electromagnetic radiation	23, 24
電子密度　electron density	167
電子密度分布　electron density distribution	164
電子密度マップ　electron density map	169

と

等温滴定型カロリメトリー　isothermal titration calorimetry　→ ITC	
透過型電子顕微鏡　transmission electron microscope　→ TEM	
透過度　transmittance	26
等吸収点　isosbestic point	29
同型置換法　isomorphous replacement method	168
動的光散乱法　dynamic light scattering　→ DLS	
等電点　isoelectric point　→ pI	
等電点電気泳動　isoelectric focusing　→ IEF	
ドブロイ波長　de Broglie wavelength	172
トムソン散乱　Thomson scattering	164

な

内部エネルギー　internal energy	102
内部蛍光　intrinsic fluorescence　→ 固有蛍光	
内部フィルター効果　inner filter effect	48
波　wave	160

索　引　203

波と粒子の二重性　wave-particle duality　159, 160

に

二光子励起　two-photon excitation　56
二次元電気泳動　two-dimensional electrophoresis　156
二次構造　secondary structure　4
二重らせんモデル　double-helix model　170

ね

熱　heat　101, 179
熱シフトアッセイ　thermal shift assay　117
熱容量　heat capacity　12, 105, 106
熱力学　thermodynamics　101, 112
熱力学的平衡　thermodynamic equilibrium　102
粘度　viscosity　91, 96, 97

は

薄層クロマトグラフィー　thin layer chromatography
　→ TLC
波数　wave number　24
波長　wavelength　24
発色団　chromophore　36
パール密度計　Paar densimeter　→ 振動管密度計
半減期　half-life　130
反ストークスシフト　anti-Stokes shift　58
反応速度　rate of reaction　128
反応速度定数　rate constant　128
反応速度論　kinetics　127, 140

ひ

比活性　specific activity　142
光散乱　light scattering　29
光退色後蛍光回復　fluorescence recovery after photobleaching　→ FRAP
光ピンセット　optical tweezers　184
非拮抗阻害　non-competitive inhibition　143
ピクノメーター　pycnometer　85, 86
飛行時間法　time-of-flight method　→ TOF
比重びん　specific gravity bottle　→ ピクノメーター
ヒスチジンタグ　histidine tagging　151
非弾性散乱　inelastic scattering　58, 165
ヒトゲノム　human genome　9
比粘度　specific viscosity　98
比誘電率　dielectric constant　13
表面増強ラマン散乱
　surface enhanced Raman scattering　→ SERS
表面張力　surface tension　15
表面プラズモン共鳴法
　surface plasmon resonance　→ SPR

ふ

フェルスター機構　Förster mechanism　53
フェルマーの最小時間の原理
　Fermat's principle of least time　161
フォトン　photon　26
不確定性原理　uncertainty principle　64
不感時間　dead time　133
浮揚質量　buoyant mass　87
ブラウン運動　Brownian motion　92, 93, 181
プラズモン　plasmon　138
ブラッグの法則　Bragg's law　166
ブラッドフォード法　Bradford assay　38
フーリエ変換　Fourier transform　167
フーリエ変換NMR　Fourier transform NMR
　→ FT-NMR
フーリエ変換質量分析
　Fourier transform mass spectrometry　→ FT-MS
フーリエ変換赤外分光法
　Fourier transform infrared spectroscopy　→ FT-IR
ブルーシフト　blue shift　49
プロテオミクス　proteomics　79
分解能　resolution　161, 162
分光学　spectroscopy　23
分光光度計　spectrophotometer　30
分光偏光計　spectropolarimeter　42, 43
分散　dispersion　25
分子置換法　molecular replacement method　168
分配係数　partition coefficient　148

へ

平衡定数　equilibrium constant　105
平衡透析　equilibrium dialysis method　118
並進拡散　translational diffusion　95
ペーパークロマトグラフィー　paper chromatography　148
ペプチド　peptide　2
ペプチドマスフィンガープリント法
　peptide mass fingerprinting　80
変性　denature　7
偏比容　partial specific volume　84, 85

ほ

ホフマイスター系列　Hofmeister series　121
ポリメラーゼ連鎖反応　polymerase chain reaction

→ PCR

ま

摩擦係数　frictional coefficient		90, 91
マトリックス支援レーザー脱離イオン化法　matrix-assisted laser desorption ionization　→ MALDI		

み

ミカエリス定数　Michaelis constant		141
ミカエリス-メンテンのモデル Michaelis-Menten model		140
水　water		12
ミセル　micelle		10
密度　density		83, 85
密度勾配法　density gradient method		87
ミラー指数　Miller indices		166, 167

め

迷光　stray light		33
メセルソン-スタールの実験 Meselson-Stahl experiment		87

も

モル吸光係数　molar extinction coefficient		27
モル偏比容　partial molal volume		84

ゆ

ゆらぎ　fluctuation		96, 179, 181

よ

陽イオン交換体　cation exchanger		150
溶解度　solubility		120

四次構造　quaternary structure		4
弱め合い干渉　destructive interference		160, 161

ら

ラインウィーバー-バークプロット Lineweaver-Burk plot		144
ラダー配列決定法　ladder sequencing		78, 79
落球法　falling sphere method		96
ラマン光学活性　Raman optical activity　→ ROA		
ラマン散乱　Raman scattering		58
ラマン分光法　Raman spectroscopy		57
ランベルト-ベールの法則　Lambert-Beer law		26, 27

り

離液系列　lyotropic series　→ ホフマイスター系列		
リボ核酸　ribonucleic acid　→ RNA		
流通停止法　stopped-flow method →ストップトフロー法		
りん光　phosphorescence		55

れ

レイリー散乱　Rayleigh scattering		29, 58
レイリーの基準　Rayleigh criterion		162
レヴィンタールのパラドックス　Levinthal Paradox		6
レチナール　retinal		26, 40
レッドシフト　red shift		49
連続フロー法　continuous flow method		132
連続流通法　continuous flow method　→ 連続フロー法		

ろ

ロドプシン　rhodopsin		26, 40

訳者略歴

有坂　文雄（ありさか　ふみお）

1948年神奈川県生まれ．1972年東京大学教養学部基礎科学科卒業．1974年東京大学大学院理学系研究科修士課程修了（生物化学専攻）．1977年オレゴン州立大学大学院博士課程修了（生物物理学専攻）．同年バーゼル大学バイオセンター博士研究員，1980年北海道大学薬学部助手を経て，1990年東京工業大学生命理工学部助教授，2010年東京工業大学大学院生命理工学研究科教授，2014年東京工業大学名誉教授，現在に至る．Ph.D.
専門は生物物理化学．研究テーマは蛋白質，特にバクテリオファージの分子集合など．

クーパー　生物物理化学 ── 生命現象への新しいアプローチ ──（原書第2版）

2014年8月25日	第1刷　発行	訳　　者	有坂　文雄
2024年9月10日	第5刷　発行	発行者	曽根　良介
		発行所	㈱化学同人

検印廃止

〒600-8074　京都市下京区仏光寺通柳馬場西入ル
編 集 部　TEL 075-352-3711　FAX 075-352-0371
企画販売部　TEL 075-352-3373　FAX 075-351-8301
　　　　　　　　　　　振　替　01010-7-5702
E-mail　webmaster@kagakudojin.co.jp
URL　https://www.kagakudojin.co.jp
印刷・製本　モリモト印刷㈱

JCOPY〈出版者著作権管理機構委託出版物〉
本書の無断複写は著作権法上での例外を除き禁じられています．複写される場合は，そのつど事前に，出版者著作権管理機構（電話03-5244-5088，FAX 03-5244-5089，e-mail: info@jcopy.or.jp）の許諾を得てください．

本書のコピー，スキャン，デジタル化などの無断複製は著作権法上での例外を除き禁じられています．本書を代行業者などの第三者に依頼してスキャンやデジタル化することは，たとえ個人や家庭内の利用でも著作権法違反です．

Printed in Japan © F. Arisaka 2014　　無断転載・複製を禁ず　　ISBN978-4-7598-1562-7
乱丁・落丁本は送料小社負担にてお取りかえいたします．